CadnaA4.5 由入门到精通

李晓东　编著

U0323274

同济大学出版社
TONGJI UNIVERSITY PRESS

内 容 简 介

Cadna/A 软件作为业界领先的环境噪声预测软件,具有使用方便,功能强大等特点,软件内置众多国家或地区的标准及规范,并通过国家环境保护总局评估中心组织的专家认证,推荐国内用户使用。

本书主要在 Cadna/A 帮助手册的基础山,结合作者多年的使用经验总结而成。书籍从软件基本界面开始,而后通过快速入门介绍软件的大致使用方法。接下来逐步介绍软件的导入导出、声源、障碍物、设置、网格计算、辅助类物体、设置、进阶操作、大城市模块等,中间穿插大量的应用技巧供用户选用。本书作为国内第一部详细介绍 Cadna/A 使用的教程,由浅入深的详细介绍了软件功能、计算原理、使用方法及步骤。

本书供各类院校相关专业作教材使用,并供各类培训机构作培训教材使用。软件销售机构可用作配套的详细的使用指南。对从业人员,更可作为案头必备的操作手册。

图书在版编目(CIP)数据

CadnaA4.5 由入门到精通/李晓东编著 . —上海:
同济大学出版社,2016.6
ISBN 978-7-5608-6070-1

Ⅰ.①C… Ⅱ.①李… Ⅲ.①环境噪声—噪声
预测—应用软件—教材 Ⅳ.①TB53—39

中国版本图书馆 CIP 数据核字(2015)第 275425 号

CadnaA4.5 由入门到精通

李晓东 编著

责任编辑 张智中 责任校对 徐春莲 封面设计 吴丙峰

出版发行 同济大学出版社 www.tongjipress.com.cn
(地址:上海市四平路 1239 号 邮编:200092 电话:021—65985622)
经 销 全国各地新华书店
印 刷 大丰科星印刷有限责任公司
开 本 787mm×1092mm 1/16
印 张 16
字 数 399000
版 次 2016 年 6 月第 1 版 2016 年 6 月第 1 次印刷
书 号 ISBN 978-7-5608-6070-1

定 价 88.00 元

序

随着社会的发展,城镇化进程的加快,人民生活水平逐步提高的同时,也面临越来越多的环境问题,其中噪声污染业已成为最大的环境影响因素之一,根据环保部门统计,2014 年底,在全国所有的环境影响投诉中,噪声所占比例已达一半以上。

为了准确地评估建设项目可能产生的环境影响,我国于 1979 年就正式确立了环境影响评价制度,特别是近年来,为了准确地评估建设项目可能产生的噪声影响,环境噪声计算软件的使用也越来越多,如 CadnaA、LIMA、SoundPLAN、IMMI、Mithra、Noisemap 等。

CadnaA 为我国最早采用的环境噪声计算软件,作为业界领先的环境噪声预测软件,具有使用方便,功能强大等特点,软件内置众多国家或地区的标准及规范,并于 2001 年通过国家环境保护总局评估中心组织的专家认证,推荐国内用户使用。目前该软件在我国环境噪声预测和评价中已得到广泛应用。

尽管 CadnaA 软件在中国使用已经有十多年,但目前市面上尚无一本中文书籍介绍软件的使用。日常工作中,经常会遇到 CadnaA 使用者询问软件操作的相关问题。本书作者李晓东于 2003 年开始使用 CadnaA,至今已用其完成数百个噪声评估及治理项目,对软件使用有较为深刻的感受,我想,此书的出版,既能提高国内用户使用该软件的水平,也为同行交流提供了新的平台。

本书主要以最新发布的 CadnaA4.5 为版本,但鉴于大部分用户均使用 3.7 或之前版本,因此,所涉及的大部分内容对 3.7 版本也同样适用,附录中对 4.0 至 4.5 版本新增功能也做了介绍,可供老用户作为是否升级的参考。

本书前三章介绍 CadnaA 软件基础知识及快速入门操作;第四章介绍导入操作;第五章介绍声源;第六章介绍障碍物;第七章介绍辅助类物体;第八章介绍网格计算及结果输出;第九章为 CadnaA 进阶应用;第十章介绍系统设置;第十一章介绍用于绘制城市噪声地图或进行噪声影响经济评估的大城市模块;第十二章为附录,主要介绍软件 3.7 后续版本的新增内容及软件常用缩写等;第十三章为噪声的一些基本概念及术语,主要供噪声初学者参考了解,该章是响应部分网友要求的新增内容。

最后,真心希望本书的出版能带动国内 CadnaA 软件的使用水平,更为重要的是,期望国内能开发出属于中国的环境噪声预测软件。

程明昆

2015 年 9 月

前　言

关于写作 CadnaA 使用教程的想法最早始于 2007 年底,当时笔者正好承担 CadnaA 软件的培训业务。培训中多次发现,大部分使用者对该软件的认识及操作还停留在初步水平,因此,想写一本书来介绍软件的主要使用方法,而本书原型也是当时的培训提纲。

至 2008 年底,当时已完成目前内容的 80%,后来由于手头工作很忙,加之当时对确定出版一事还有犹豫,所以一直拖延至今。

写作过程中,笔者尽量将专业知识与软件操作相互结合,尽量避免理论知识的摘抄及生搬硬套。但写作中发现,处理二者关系较难,尽管软件操作不难,但具体每个操作步骤起到的效果只有在了解了相关声学计算标准或规范的基础上才能更加明白。目前为止,笔者也尚未通读软件纳入的全部标准或规范,但写作的主要原则就是将我理解的、确保正确的写到书中,对我理解有所偏差或发现问题的则予以剔除,但即便如此,鉴于笔者水平有限,误错难免,还望读者指正。

本书主要面向 CadnaA 软件的各层次使用者,对 CadnaA 软件感兴趣的读者也可通过本书找到所需内容,书中例子可在"http://pan.baidu.com/s/1qWL0hPE"下载(密码:ejr6)。

本书部分案例内容为 CadnaA 软件光盘自带案例,其版权由 Datakustic 公司所有。

多谢程明昆老师为本书作序,感谢他对我的不断鼓励及支持。

多谢笔者的工作单位——中海环境科技(上海)股份有限公司对本书出版的大力支持,多谢朱鸣跃、徐碧华等各位领导对我的关照,他们多次向我了解写作进展,鼓励我前行,也在出版中给予了许多帮助。

另外,也再次感谢我的家人对我工作的理解与支持,给我提供尽可能多的业余时间让我从事这本书的写作。

作者

2015 年 9 月于上海

目　录

1 CadnaA 简介

1.1 软件简介

CadnaA(Computer Aided Noise Abatement)软件是德国 Datakusitc 公司开发的一套用于计算、显示、评估及预测噪声影响和空气污染影响的软件。无论客户的目标是研究工厂、停车场、大型交通枢纽,还是新建的公路、铁路或机场项目,甚至是整个城市或地区的噪声地图,CadnaA 都可自如应付,其设计目标就是用一套软件来完成上述所有工作。

CadnaA 软件中已经嵌入了众多的预测标准及相关规范,如工业噪声、公路、停车场、铁路、飞机噪声等。

用户可以在 http://www.datakustik.com/en/service-support 网站获得软件 Demo 版的下载及相关学习资料,通过在线指南来学习使用 CadnaA。该指南使用视频文件逐步介绍 CadnaA 的基本功能和高级功能。Demo 版仅供学习,计算结果随机显示,不能保存及导出文件。

功能全面、操作简单使得 CadnaA 成为环境噪声预测领域的领先软件,其市场份额及影响力逐步扩大。与 SoundPlan 等软件相比,在满足绝大部分用户需求的基础上,易用性是其最大特点。

CadnaA 使用 C/C++语言开发并较好地兼容了其他的 Windows 应用程序,如 Word 文字处理程序、Excel 电子表格计算程序、CAD 程序和 GIS 数据库等。使用 CadnaA 可以很好地与这些程序兼容及数据通信。

1.2 软件及 USB 加密锁安装

1.2.1 软件安装

软件安装非常简单,打开安装光盘的安装文件 SETUP.exe,弹出安装窗口,选择安装路径后向下确认即可。

软件安装完成后,会在程序菜单中生成链接,要运行软件,需要插入硬件锁,硬件锁为 USB 接口,插入 USB 接口之前需为硬件锁安装驱动程序,3.7 及之前版本默认驱动程序为安装光盘的 support\hardlock\hldrv32.exe 文件,自 4.0 版本开始,软件更新了硬件锁驱动程序及加密方法,默认驱动为光盘的 Support\Hasp\HASPUserSetup.exe。

• 如果用户用的是 3.5 版本以前安装光盘的驱动程序,在 Windows XP 的 SP2 及以后系统下会提示安装错误,这是由于以前驱动程序不兼容 SP2 系统的原因,利用最新驱动即可。

• 软件安装中,不需要以前安装的任何版本,另外,该软件向下兼容,向上不兼容,即新版本可打开老版本创建的文件,反之不行。4.0 版本之后,程序进行了适当优化,部分老版本可以打开新版本的文件,但部分文件元素会丢失。

1.2.2 软件升级

3.7 版本之前,CadnaA 版本号未与硬件锁关联,如用户购买了 3.4 版本的硬件锁,当安装了 3.7 版本的软件后,则可使用 3.7 版本软件,但可使用的模块保持不变。

4.0 版本以后,CadnaA 版本号与硬件锁关联,硬件锁中包含了软件版本号及购买的模块等信息,软件升级时,除了安装新版本软件外,还要对硬件锁信息进行更新,更新方法如下:

(1)安装硬件锁驱动的过程中,会安装"Sentinel Admin Control Center"(圣天诺管理员控制中心),该控制中心可用于管理或诊断硬件锁,如为默认安装,可以通过 Program Files\Datakustik\CadnaA\HASP Admin Control Center 开口控制中心,如图 1-1 所示。

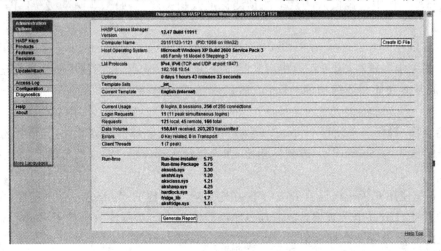

图 1-1 CadnaA 硬件锁控制中心设置页面

(2)点击菜单 Administration Options≫HASP Keys,显示所有的圣天诺硬件锁的相关信息。

(3)点击菜单 Administration Options≫ Update/Attach,选择软件开发商提供的升级文件(V2C-file),点击"Apply File"应用升级文件,向 CadnaA 硬件锁中写入相关信息。

1.2.3 INI 设置文件

CADNAA. ini 为 CadnaA 配置文件,文件于软件第一次运行后自动产生,文件保存了系统常用参数及用户自定义参数,用户可以应用几个 INI 文件,不同文件对应不同的设置。

如打开 CadnaA 后,拖动 CadnaA 窗口至用户希望位置,关闭软件再次打开后,位置为软件关闭前的位置,该信息即保存在 CADNAA. ini 文件中。

依据于系统的不同,CADNAA. ini 保存位置也可能不同,如对 Windows XP,保存位置为 C:\Documents and Settings\username\Local Settings\ApplicationData,对 Windows

Vista，Windows 7 和 Windows 8,保存位置为 C:\Users\username\AppData\Local 或 C:\ Windows。

1.3　模块简介

CadnaA 软件基于模块设计,不同用户可根据需要选择适合的模块,其主要模块有:

(1)基本模块:是软件最基本组成部分,利用基本模块可完成一般项目的噪声预测及评估。最常用的功能都在基本模块中,如水平网格、垂直网格及建筑物立面网格的计算及图形化、计算结果的导出功能等。一般而言,基本模块可满足绝大多数使用情况,也是其他模块所运行的基础。

(2)BMP 模块:该模块允许用户导入 jpg,bmp,gif,png 等众多格式的图片作为建模底图。通过校准后,在底图上进行声源、建筑物、地形等要素的建模,而后进行预测评估等。另外还可以导入 Google Earth 卫星图及 Google Map 地图作为底图,在其基础上进行建模工作。

(3)BPL(Back-Tracing of Power Levels)模块:对应于工具箱上的"Optimizable Area Source"功能,可以在确保工厂厂界噪声达标的情况下,优化噪声源分布。

(4)铁路(Railway)模块:可预测铁路的噪声影响,对应于工具箱上的"Railway"。

(5)飞机噪声(FLG)模块:用以预测飞机噪声的影响。

(6)SET 模块:该模块集成了众多声源如发动机、齿轮、通风系统、冷却塔等声源的频谱及噪声计算参数。另外,利用该模块,用户还可以自定义所需的声源模型,每个模型最多可定义 10 个输入及输出参数。如可完成的功能有:① 可计算由声源的相关参数所决定的辐射声功率频谱;② 使用复合声源和辐射区域来对复杂的设施和设备进行建模,对内部噪声(如冷却塔和管道系统)进行复制;③ 使用预定义的声源模型来建立一个待用数据库;④ 由用户定义的声源模型扩展数据库,如在噪声传播途径的某个位置插入一个消声器,以自动降低其辐射噪声;⑤ 通过相应的调整技术参数(如流量、消声器参数等)检查降噪措施对于预测点的影响。

(7)XL 模块:为大城市模块,一次可最多计算 1600 万个房屋及 1600 万个声源的噪声分布情况,利用 XL 模块,可用图形显示计算区域超标情况,估算不同区域超标人口并进行噪声影响的经济估算。具体为:① 不限制屏障对象的数目(在 CadnaA 的标准版中限制最多有 1000 个声源及障碍物);② 根据 EC 导则计算噪声超标图,网格计算;③ 在输入时自动闭合多边形建筑物(Close Building);④ 估算人口密度;⑤ 噪声影响的经济评价;⑥ 物体扫描模块(Object-Scan)等。

(8)APL 模块:为 CadnaA 的延伸模块,模块基于德国联邦环境署制定的规范 AUST-AL2000,用于计算不同大气污染物的浓度分布。

(9)Calc 模块:在几台电脑上组织数据来对同一项目进行处理,是一种通过计算机网络加快计算的有效解决方案。Calc 模块可以实现使用同一个网络中的所有计算机来计算同一个项目的噪声图并由此节省宝贵时间,特别是当用户只有一个 CadnaA 软件使用许可时。

图 1-2 为 Calc 模块的原理,要求网络中至少有一台电脑安装 XL 模块,其余电脑安装 Calc 模块,该模块 CadnaA 版本仅由 CadnaA 处理核心程序组成,无可输入和编辑对象的用

户接口,计算中需要使用 PCSP 分段批处理计算程序。

Calc 模块提供四个级别,分别为 Calc 5,Calc 10,Calc 15 及 Calc 20。

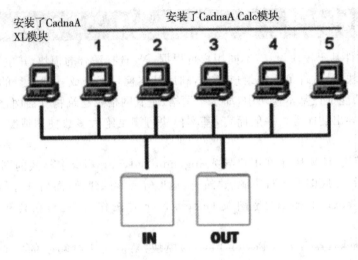

图 1 - 2　Calc 模块示意图

• 除上述较大的模块外,软件还有一些较小模块,若需使用需单独购买,如:输入声屏障时,如设置屏障顶部形式为圆柱体、T 形结构等,需要 Mithra 模块,否则,点击计算时候会提示错误告知该模块没有购买,如果购买了该模块,还可在 Calculation≫Configration 的 General 设置页面中勾选"Mithra Compatibility"选项。

• 说明:以上模块介绍特别是 XL 模块介绍中,用到较多术语,如超标图(Conflict Map),建筑物闭合(Close Building),网格计算(Grid Evaluation),物体扫描(Objec-Scan)等相关内容,均会在后续章节中介绍。

1.4　选择计算标准

使用软件前,用户应根据自己国家认可的标准或规范情况选择相应的标准,即通过菜单 Calculation≫Configuration≫Country 页面,选择所需国家的计算标准(需购买相应的标准模块),软件会自动根据所选标准选择相应的工业声源、道路噪声、铁路噪声、飞机噪声等相应标准或规范,并进行相关设置,选择前提是需要购买相关的计算模块。

目前为止,国内大部分购买 CadnaA 的用户均未单独购买其他国家的计算模块,默认情况下,工业声源按 ISO9613,道路噪声按德国 RLS-90,铁路噪声按德国 Schall03,飞机噪声按 AzB 模式计算。

• 说明:用户得到的计算结果是建立在所选择的相应的计算标准上的,不同的标准对相同条件的计算结果也会不同,CadnaA 软件只是提供了这种计算方法,具体差异只能靠用户自

图 1 - 3　CadnaA 认证证书

已把握(取决于标准)。如计算铁路噪声时选择了德国的 Schall03 标准,输入了相应的参数,但如果将计算标准改成法国标准,则将得到另外的计算结果,这主要是由于铁路的输入参数都是按德国的相应标准或规范输入的,而在法国这些参数也许并不适用。

• CadnaA 根据不同标准及规范的计算结果经过了相关部门的认可,除了在德国等欧洲国家取得相关认证外,2001 年,该软件也已通过了中国国家环境保护总局评估中心组织的专家认证,软件认证号"环声模—001 号"(图 1 - 3)。

1.5 软件特点

与 SoundPlan,Lima 等噪声软件相比,CadnaA 最主要的特点为在满足相关标准或规范要求的基础上更便于操作,主要体现在如下 5 个方面:

① 无论多么复杂的项目,一个项目就用一个后缀名为 cna 的文件保存,所有关于项目设置、建模要素、结果输出、网格计算、图形绘制等内容均保存在这一个文件中。

② 所有的操作均在主界面下完成,通过菜单、工具栏、工具箱及右键菜单的相互配合操作完成建模及计算的所有功能。

③ 项目建模中所有的建模元素有一个数据库表(Table)与其对应,且该表可很方便地通过菜单 Table 选择相对应的要素进行访问,双击相应的元素表可进行编辑。

④ 可随时选中物体后通过右键的 3D-Special 功能观察项目建模实景图,在实景图中双击物体可进行物体属性设置,设置后结果重新显示,该功能对检验建模准确度尤为重要。

⑤ 通过 Table 菜单的预测点表或结果表可方便地查看计算结果,通过 Configuration≫ Protocol 可方便地查看某预测点的计算过程,观察噪声从声源传播到预测点时各种衰减因素值。

1.6 如何学习 CadnaA

首先应尽量利用 CadnaA 的帮助手册,该手册是目前全面了解 CadnaA 的最有效途径,而且软件每次更新对新增功能都有单独介绍,软件使用中可随时通过窗口的 Help 图标获取帮助。

安装光盘中有 Sample 文件夹,里边含有帮助手册中介绍的例子。

如果需更进一步研究,则需要对软件引用的标准、规范或引用文章加以研究,CadnaA 帮助手册列出了软件所引用相关资料的目录清单,对相关资料的掌握,不仅有利于掌握软件应用,更重要的是对模型原理的掌握,因此,如真正理解 CadnaA 软件相关设置参数,需阅读与之相关的标准或规范。

1.7 常用的运算符及函数

1.7.1 字符串

软件使用中,在某些窗口(如搜索选项中),可利用下列的字符串简写形式,如用于:

• Edit≫Search:Name:and ID,查找名称或 ID 窗口;

- File≫Import≫Option Layer selection,选择图层选项;
- Tables≫Groups：Expression box,组的表达式窗口;
- 用于操作 Table 中各列内容时。

可用运算符意义具体见表 1-1。

表 1-1　　　　　　　　　　　主要运算符含义

运算符	意义	例子	结果
?	单个字符	m? t	mat，met 等
*	通配符	l * t	lot，loot，latent，lost 等
[ ]	之内某一个字符	b[au]ll	ball，bull
[—]	字母顺序内的某一个字符	[m-k]street	mstreet，ostreet 等(备注:[-]内字母必须为升序排列)
[^]	除了提及的某一个字符	[^g]ut	but(但不是 gut)
≫	逻辑或	100≫200	100 或者 200
		ab(c≫de)f	abcf 或者 abdef

1.7.2　替换字符串

搜索及替换内容,如编辑 Table 时,利用右键菜单的 Edit Columns(编辑列)命令可用来批量编辑或替换表内所选列的内容。

\1 代表整个字符串

\2 代表第 1 对括号内的内容

\n 代表第($n-1$)对括号内的内容

♯ 表示自动编号

使用这种通配符的替换功能可高效率地批量更改所要编辑的内容,如用于批量修改某一类物体的名称等。

(1) 例子 Sample 1-1

如查找替换前某列的内容为 FBxyz_01。

在 Search(查找)窗口中若输入(　)xyz_(　),则表示

(FB)是第 1 对括号内的内容,(01)是第 2 对(当然也是最后 1 对)括号内的内容,如果替换成：

\1　则结果为 FBxyz_01

\2uvw_\3　则结果为 FBuvw_01

\3u\2　则结果为 01uFB

♯为自动编号,如♯则编号从 0~9,♯♯编号从 00~99,依次类推。

(2) 例子 Sample 1-2

① 打开示例文件后,按键盘"i"键,以快捷方式进入预测点(Receiver)表,该表第一列 Name 部分显示如表 1-2 第一列所示。

② 可见具体有多少个预测点不够清楚,当然可以一个个数,但比较繁琐,给敏感点一个统一标号更为清楚,为了完成此功能,用鼠标在 Name 这一列任意选择一个单元格,通过右键菜单选择 Change Column(修改列内容)命令,在弹出的窗口进行如图 1-4 的设置,则结果如表 1-2 第二列所示。

该例中:Find what 输入:* 为通配符,代表原来所有内容;

Replace with 输入:##\1,其中 ## 代表自动编号,\1 代表引用原来的所有字符。

③ 同理,在②基础上进行如下输入,得到的结果如表 1-2 第三列所示。

Find what 输入:(*)龙(*)G;

Replace with 输入:\2 龙柏小区\3 层

该例中:(*)龙(*)G 为搜索所有含有"龙"和"G"的字符串,第一个用"(*)"用\2 引用,第二个用"(*)"用\3 引用(依次类推),因此最终可将"龙"替换为"龙柏小区","G"替换为"层",见表 1-3。

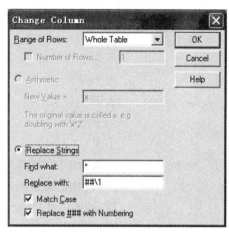

图 1-4 修改列内容设置

表 1-2   查找替换后预测点点名称与原有名称对比

原始 Reciever 表	进行②操作后	进行③操作后
Name	Name	Name
龙 1 1.OG	01 龙 1 1.OG	01 龙柏小区 1 1.O 层
龙 1 2.OG	02 龙 1 2.OG	02 龙柏小区 1 2.O 层
龙 1 3.OG	03 龙 1 3.OG	03 龙柏小区 1 3.O 层
龙 3 1.OG	04 龙 3 1.OG	04 龙柏小区 3 1.O 层
龙 3 2.OG	05 龙 3 2.OG	05 龙柏小区 3 2.O 层
龙 3 3.OG	06 龙 3 3.OG	06 龙柏小区 3 3.O 层
龙 5 1.OG	07 龙 5 1.OG	07 龙柏小区 5 1.O 层
龙 5 2.OG	08 龙 5 2.OG	08 龙柏小区 5 2.O 层
龙 5 3.OG	09 龙 5 3.OG	09 龙柏小区 5 3.O 层
龙 7 1.OG	10 龙 7 1.OG	10 龙柏小区 7 1.O 层
龙 7 2.OG	11 龙 7 2.OG	11 龙柏小区 7 2.O 层
龙 7 3.OG	12 龙 7 3.OG	12 龙柏小区 7 3.O 层
龙 9 1.OG	13 龙 9 1.OG	13 龙柏小区 9 1.O 层
龙 9 2.OG	14 龙 9 2.OG	14 龙柏小区 9 2.O 层
龙 9 3.OG	15 龙 9 3.OG	15 龙柏小区 9 3.O 层

1.7.3 运算符与函数

下列的运算符及函数可应用在表达式框中,如用于:

- Calculation≫Configuration≫General tab≫Total Level 中;
- 声源编辑窗口中,如声源的声功率级(PWL),传输损失及噪声衰减等编辑框中。

==	等于
!=	不等于
>=	大于等于
>	大于
<=	小于等于
<	小于
++	声级相加(能量加),如 40++40＝43
--	声级相减(能量减),如 43--40＝40
+	加,如 40+40＝80
-	减,如 43-40＝3
*	乘
/	除
( )	左右括号
max	最大值,如 max(1,2)＝2
min	最小值,如 min(1,2)＝1
pow	指数,pow(a, b)＝a^b(a 的 b 次方) 如 pow(10, 2)＝100
abs	绝对值,如 abs(-6)＝6
log10	以 10 为底的对数,如 log10(10)＝1
log	自然对数(以 e 为底的对数),如 log(10)＝2.3
exp10	10 的次方,如 exp10(2)＝100
exp	e 的次方,如 exp(2)＝7.39
sqrt	开方,如 sqrt(9)＝3
sin	sine 正弦函数
cos	cosine 余弦函数
tan	tangent 正切函数
ctg	cotangent 余切函数
deg2rad	角度到弧度转换
rad2deg	弧度到角度转换
arcsin	反正弦函数
arccos	反余弦函数
arctan	反正切函数
iif()	条件语句,格式为 iif(x, a, b),如果 x 条件成立,则为 a,否则为 b
rand(x,y)	随机产生一个介于 x,y 之间的数

round(x,y)　四舍五入取整,如:

$$round(x.4) = x$$

$$round(x.5) = x+1$$

$$round(-x.5) = -x$$

$$round(-x.6) = -x-1$$

floor(x)　取整,不四舍五入,如

$$floor(x.5) = x$$

$$floor(-x.5) = -x-1$$

del　删除某个数据,多用于 General Transformation(一般变换)中,如:

x=x;保留 x 坐标值

y=y;保留 y 坐标值

z=iif(z! =0, z, del);如果 z 坐标值不等于 0,保留 z 坐标值,否则删除 z 坐标值

int　数据之间插值(interpolate),多用于 General Transformation(一般变换)中,如:

x=x;保留 x 坐标值

y=y;保留 y 坐标值

z=int(z<0.1, int, z);如果 z 坐标值小于 0.1, z 坐标值由前后两个坐标值自动插值确定,否则为 z 坐标值

• "=="操作,目前 CadnaA 只可对数字进行判断,如 ID==222 这种写法正确,但 ID=="Building"这种写法不能被软件识别为判断 ID 为 Building 的物体。

2 CadnaA 快速入门

通过本章用户将掌握工具栏及工具箱的大致内容,并利用简单实例,了解使用 CadnaA 进行噪声预测的基本流程。

2.1 CadnaA 窗口介绍

软件窗口由标准的菜单、工具栏、工具箱及状态栏等组成。主窗口内所有的物体均可由鼠标或键盘输入或编辑,创建的物体均会在相应的物体列表内(菜单≫Table 表)存在。

窗口下半部分为窗口状态栏,右下角为窗口鼠标位置的坐标,由于默认是在平面图工作,所以坐标分别为 x、y 坐标,如果是在 Option≫3D-view 中选择前视图(Front view)时,则看到的坐标则是 x,z 坐标,另外用户可以在 Option 菜单中设置状态栏的显示或关闭。

2.2 工具栏

工具栏可以利用 Options≫Show Icon 打开或关闭。

`Scale 1: 1000 ▼` 比例栏:通过下拉框可以选择图形的比例,通过鼠标中键滑轮的滚动也可以起到放大或缩小图形比例的作用。

`V01 ▼` 选择当前的计算变量(Variant),关于变量的介绍详见 9.7 节

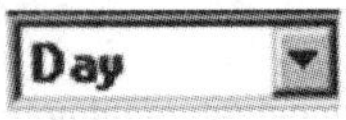

`Day ▼` 选择当前的预测参数(具体与 Calculation≫Configuration 中的预测参数设置有关)

打开文件

保存文件

打印图形

根据当前 File 菜单中 Export(导出)的设置导出文件

将窗口中选择的内容拷贝到剪贴板中

计算当前变量(Variant)下预测点(Receiver)及房屋立面噪声预测点(Building Evaluation)的噪声值(如果要预测水平或垂直声场则要利用 Grid≫Calculate Grid 命令)

校准数字仪

固定窗口中的所有物体

显示 Bitmap 位图

打开鼠标点击处的相关帮助内容

打开帮助

2.3　工具箱

工具箱是软件窗口中重要的组成部分。

项目建模时所有的物体均可以通过鼠标左键单击或通过相应的快捷键选择,快捷键为 CTRL 键＋物体对应的相应字母,如 CTRL＋s 为选择道路 (Road)。

	编辑模式(CTRL＋e)		放大图形
	缩小图形		显示全部
	点声源(CTRL＋q)		线声源(CTRL＋l)
	水平面声源(CTRL＋f)		垂直面声源
	道路(CTRL＋s)		信号灯(CTRL＋a)
	停车场(CTRL＋p)		铁路(CTRL＋b)
	网球场		优化面声源
	火电厂		三维反射体
	房屋(CTRL＋h)		声屏障(CTRL＋w)
	桥梁		地面吸声体
	集中建筑群		草地
	等高线		突变等高线(不连续等高线)
	圆柱体		堤岸
	垂直网格		预测点(CTRL＋i)
	建筑物立面噪声预测		计算区域
	指定土地类型		Bitmap 位图
	预测值标注框		文本框
	区域框		辅助线

符号　　　　　　　　　　　　　　 道路或铁路桩号标注框

2.4　菜单介绍

软件的部分菜单命令在点击后将直接运行,而部分菜单命令后带有三个点"…",则点击后会打开相应的窗口以选择进一步的操作。

2.4.1　键盘

软件主菜单第一个字母都标有下划线,可通过 ALT＋相应的快捷键字幕打开主菜单,如 ALT＋f 键打开文件菜单。

工具箱的物体则可通过 CTRL＋相应的快捷键字母加以选择。

2.4.2　鼠标

• 单击选择:选择选项、执行命令、选择物体或激活工具栏工具箱的物体等均用鼠标左键执行。

• 多项选择:部分窗口中(如 Modify Objects),有时可对部分物体多选。利用 SHIFT 或 CTRL 键可多选,前者为连续选择,后者为间隔选择,这与 Windows 资源管理器中操作文件选项类似。

• 左键双击:如果选中已输入的某个物体,双击后则打开编辑物体窗口。

• 右键单击:当利用鼠标插入物体时,鼠标右键单击则完成命令(等同于 ENTER 键),如再次右键单击则打开该物体的编辑框。

在编辑状态下,选中物体时,右键单击则打开与该物体相关的快捷操作菜单,可在菜单中选择进一步的操作。

• 中键滚轮:利用鼠标中键滚轮的滑动可达到迅速放大或缩小图形的作用。

2.5　使用帮助方法

软件使用过程中,可通过如下 3 种途径获取帮助。

(1)按 F1 键或点击工具栏上的帮助图标;

(2)点击工具栏上的主题帮助图标,选择要获取帮助的内容;

(3)在话框中,选择帮助图标。

2.6　快速入门

为了了解 CadnaA 的基本功能,在此建议用户参照软件光盘提供的示例文件学习该节内容,用户将学会如何插入物体,改变物体尺寸及形状,执行计算及绘制噪声图等基本功能。

当然除了鼠标绘制插入物体外,还有以下几种方法输入物体:

(1)通过与 Windows 接口的数据仪输入数据;

（2）通过键盘输入插入物体的坐标；

（3）通过导入不同格式的图形文件（如 Cad 图等），甚至可通过微软的 ODBC（Open Database Connectivity 开放数据库接口）导入数据，详见第 4 章。

对于不熟悉或未使用过 CadnaA 软件的用户，应仔细阅读以下内容，以求最快捷地掌握软件的初步应用。

2.6.1 三维实景图（3D Special View）

打开例子 Sample2-1 文件，该案例为软件光盘自带案例。

该文件包含了由 CadnaA 创建的部分物体，如道路、桥梁、房屋、等高线、点声源、堤岸等。

① 左键选中道路，右键弹出快捷菜单，选择 3D Special 命令，可以看到项目建模实景图。

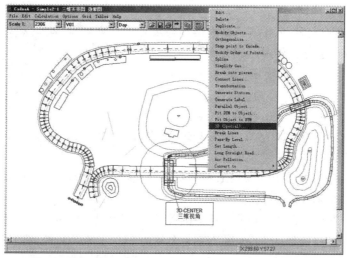

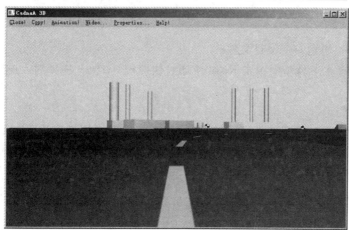

图 2-1 道路右键选择 3D Special 看三维实景图

②按回车键，则看到的动态画面相当于一个相机以 100km/h 的速度沿所选道路前行所看到的项目实景，相机的位置高于路面 1m。如果看不到图像或动态图像不流畅，说明电脑

或显卡配置较差,需要更新或升级硬件才能获得较好效果。

运动中,如果要退出,按下 ESC 键则停止动作,而后可关闭退出 3D(Special)。

③3D(Special)视图中,用户可通过平移鼠标选择相机前进方向,键盘的前后左右方向键移动相机,CTRL＋左或右方向键可平移相机。

利用 3D(Special),用户可随时查看项目实景来检验项目建模是否正确。

④ 3D(Special)视图中,用户可双击看到的某个物体,则弹出该物体的编辑框,如图2-2对屏障编辑。

如按回车键沿道路运动,当运行到桥附近时按 ESC 键停止运动,这时也许会发现路左边的屏障不是从路面开始竖立起来的,而是底部与路面有一段距离,这与实际不符,因此可双击该声屏障,弹出窗口如图2-2所示。

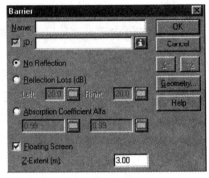

图 2-2 声屏障设置

产生屏障底部不起始于地面的原因是屏障设置为了 Floating Screen(悬浮性屏障),因此不选择该选项即可(即将前边的对号去掉)。确定后可以看到屏障就是起始于地面了。

现在切换到另外一个视图,步骤如下:

① 双击打开灰色的名称为 3D-CENTER 的辅助线,确认 ID 的颜色是黑色的,同时 ID 框输入 3D-CENTER,按 OK 键关闭窗口。

② 依然选择道路,如果按 ENTER 键,则相机在运动的过程中就始终对着刚才在 ID 中输入 3D-CENTER 的那条辅助线。

• 说明:3D-CENTER 为 CadnaA 保留的关键字,其代表 3D-Special 视图的聚焦点,相机沿选择路径运动时,相机是一直"对焦"Name 名称为 3D-CENTER 的辅助线。

2.6.2　插入道路

打开 CadnaA,新建一个项目文件。

利用鼠标左键在工具箱中单击 Road 或通过快捷键 Ctrl＋s 选择插入道路命令,选择后,鼠标形状为 　　　。

左键在某位置单击选择道路起始点(另一种方式是直接用键盘输入起点坐标),而后一直利用左键在道路延伸方向输入不同的坐标点,在道路终点处按鼠标右键或回车键完成命令,完成后,道路形状可能如图 2-3 所示。

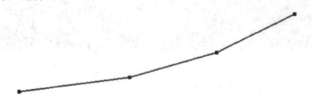

图 2-3　插入道路示意图

插入道路后,可通过菜单 Tables≫Sources 看到 Source 及 Road 前打了勾,说明项目中已有声源,且声源为道路声源,由于项目中无点声源等其他声源,因此点声源等其他声源前并未打勾。

选择工具箱的 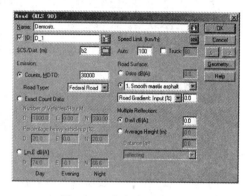或通过 Ctrl＋e 键进入编辑模式,编辑模式下,可双击道路中线打开道路设置窗口,见图 2-4 所示。

· 另外一种打开物体设置窗口的方法是在插入完物体后,不进入编辑状态,直接右键在物体边框处单击即可。

在该窗口中,可以为道路输入名字、ID 标志及与道路源强相关的车流量,道路路面结构、车速等参数。

图 2-4 道路设置窗口

选择 SCS/Dist.(m)右边的文件夹框 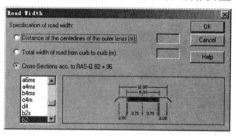可以打开窗口选择具体的道路横断面布置(相当于路的宽度设置),如图 2-5,选择最后一个选项,从下拉框中,选择一个道路断面如 b2,形式为 2 车道道路,选择确定后,可以在道路设置窗口中看到 SCS/Dist.(m)后面的文本框中输入了 b2,并且文件夹框也由灰色变成了黄色,说明是通过文件夹框选择输入了相应的选项。

· 说明,以上图中道路的设置属性窗口基于德国的 RLS-90 规范,如果选择的其他计算方法或规范,则道路设置属性也将不同,具体规范可在菜单 Calculation≫Configuration≫ Country 中设置。

图 2-5 道路横断面选择窗口

2.6.3 计算预测点噪声

输入完道路后,如果要计算距道路路中线 20m 处的噪声值,操作步骤如下:

(1)鼠标左键点击工具箱的辅助线(Auxiliary polygon) 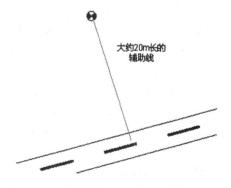,利用辅助线从道路中线开始画一条直线;

(2)鼠标选择进入编辑模式,右键选择该辅助线,从菜单中选择 Set Length 命令,设置其长度为 20m,选择 OK 退出;

(3)鼠标左键在工具箱上点击预测点(Receiver ,或通过快捷键 Ctrl＋i)将一个预测点放置在辅助线终点处(图 2-6);

(4)鼠标进入编辑模式,双击 Receiver,打开设置窗口,在 Name 中可输入预测点名称,中下部分中点选 Standard Level 输入该点的噪声标准

大约20m长的辅助线

图 2-6 在距道路约 20m 距离处设置预测点

值,如图2－7a,名字为IP01,标准值昼间为65,夜间为50(该值仅为示例,并非为国内噪声标准值)。

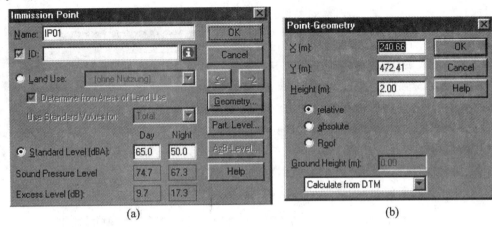

(a)   (b)

图 2－7   预测点设置

设置预测点高度(图 2－7b),本例预测点高度距地面 2m。

三种高度设置方式为:

Relative:相对高度,即输入的高度为相对于物体所在的地面高度;

Absolute:绝对高度,即输入高度为海拔高度,与地面高度无关;

Roof:输入高度为物体相对于下面物体顶部的高度,如房屋高度 6m,对在房子上面一高于房屋 3m 的点声源可通过该选项输入 3m,则其实际距离地面为 9m。一般物体只有在房子、圆柱体等障碍物上输入 roof 选项才有意义,如在路面上 0.5m 输入该选项就没有意义。

设置完后,按 OK 键退出。

(5) 通过工具栏的计算图标(Calculation ▦)进行计算,计算后双击打开 Receiver 的窗口,可以看见计算值。同时发现,未计算前,Receiver 为灰色显示,计算后,如果噪声超标,则 Receiver 变为红色显示。

由于 CadnaA 对项目内所有物体按类组织,均在 Table 表中,因此每个 Receiver 预测值情况也可以通过 Tables≫Receiver 打开。

2.6.4   设置道路声屏障

选择道路,右键单击在弹出的快捷菜单中选择 Parallel Object 打开平行物体窗口,利用该命令,可以自动产生与道路平行的物体,见例子 Sample 2-3。

由于拟在道路一侧与道路伴行位置设置声屏障,因此窗口中,Object 选项从下拉框中选择声屏障(Screen),设置位置为路的左侧。Distance 输入距离为屏障设置位置距路中线距离,Height Offset 为屏障相对于路面高度,分别输入 10 及 3(图 2－8)。

设置完后,如果要看屏障具体细节,可以通过滚动

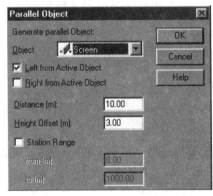

图 2-8   平行物体设置

鼠标中轮或选择工具箱的放大或缩小图标对显示区域进行放大或缩小。

除了利用快捷菜单选择自动生成声屏障外，还可以

通过点击工具箱的屏障图标 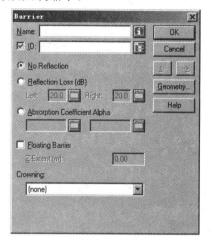 或通过快捷键Ctrl+w，像插入道路一样，在需要的位置插入声屏障。

双击声屏障，打开屏障设置窗口见图 2-9，该窗口中，默认屏障是无反射的，相当全吸声型声屏障，实际中，屏障无论吸声材料多好，吸声系数均不可能为 1，因此这为最理想情况。

因此，如果模拟实际屏障情况，可输入屏障材料的吸声系数（Absorption Coefficient）或反射损失（Reflection Loss），这二者是互相关联的，吸声系数越大，反射声越小，由反射引起的反射损失越大。当然，也可以通过吸声系数右边的文件夹框选择相应的吸声系数频谱，可为吸声材料不同的频率指定不同的吸声系数。

图 2-9 声屏障设置

• 通过 Geometry 属性可指定物体的坐标点，甚至可单独更改某个点的坐标高度，如需这样，则需选择 Absolute Height at every Point，表明为每个坐标点输入高度值。如果某个坐标点高度不知，可将点高度设置为空（必须为空，而不是 0），当关闭窗口后，未输入点的高度将根据该点前后点高度，利用插值自动计算。该功能非常重要，如一条高度不断变化的道路，如果坐标点很多，为每个点输入坐标将非常繁琐，而利用该功能，可以仅输入关键坐标点坐标的高度，其他高度设置为空，则由软件插值自动计算而得。

• 在 CadnaA 中，所有的表格与图形中的物体都是一一对应并同步显示（图 2-10），如在声屏障的 Geometry 表中单击某点坐标，则图形中与该点对应的坐标点会自动闪烁，该功能可让用户始终知道鼠标所点的具体位置（有时候，物体属性窗口可能覆盖了平面视图中物体，则可先关闭 Geometry 窗口，先将物体属性窗口移动到一边然后再打开即可）。

在 Geometry 的表格中，可以将声屏障的某个坐标点删除（直接按 Del 键）或新增（鼠标选中某一坐标点后，通过鼠标右键的 Insert after 或 Insert before 功能）坐标点。除了在 Geometry 表中操作外，通常用另一种方法操作如下。

① 删除坐标点：选中某物体后，按 CTRL+SHIFT 键，此时鼠标变为 ⊟ ，直接点击某点即可将该点删除。

② 增加坐标点：选中某物体后，按 CTRL 键，此时鼠标变为 ⊞ ，直接在要增加坐标点的位置点击即可。

屏障设置后，再点击工具栏上的计算图标进行计算，此时预测点噪声为道路一侧实施了声屏障后的噪声值，计算后，软件默认计算了预测点的昼夜噪声，可以通过工具栏的时段下拉框（见右图）选择昼间或夜间状态。如果预测点夜间超标，昼间达标，则时段由昼间变为夜间时，可看到预测点显示由灰色变为红色。

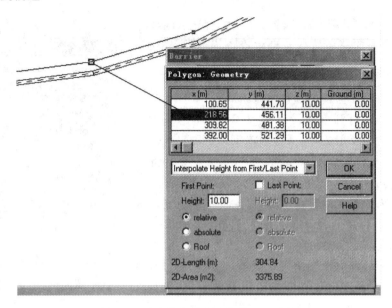

图 2-10　表格与图形中物体一一对应

• 通过菜单 Calculation≫Protocol,可以将所有的中间计算结果保存到一个文件中,详见 9.9 节。

2.6.5　插入房屋

点击工具箱的房屋图标(Building 🏠)或通过快捷键 Ctrl+h,选择房屋,像插入道路等类似,在需要位置插入一个房屋,与道路等物体不同的是,道路是开放体(Open Polygon),房屋是闭合体(Closed Polygon),因此,当用右键或回车键完成插入命令时,房屋的最后一点会和起始点自动连接。

画线时,按住 Shift 键,可确保房屋边框是相互垂直的,见图 2-11。

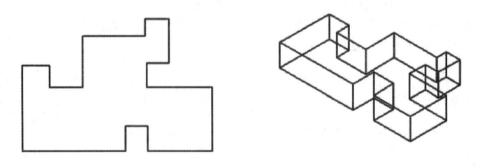

图 2-11　房屋的水平视图及三维透视图

插入房屋后,在编辑状态双击房屋边框,可打开房屋属性窗口,在 Geometry 中设置房屋高度。

2.6.6 复制物体

以示例文件 Sample2-3 为例,打开该文件。

在编辑状态用鼠标选中房屋,右键单击,在弹出的窗口中选择 Duplicate 命令,弹出如图 2-12 所示窗口。

该命令相当于 Cad 中的"阵列"命令,可水平及垂直方向批量生成多个物体,物体间距有如下两种输入方式。

① Gaps:物体间空隙的距离;

② Distance between Center Points 物体中心点之间距离。 图 2-12 批量复制物体设置

通过观看窗口右下角的显示可以看出 Gaps 及 Distance between Center Points 的区别。图 2-12 表示在水平方向产生 7 列,垂直方向产生 5 行(-5 表示向下产生)合计共 35 个房屋(包括选择的房屋在内)。

2.6.7 导入物体

在 Sample2-3 文件中,用户也许可以发现并没有设置预测点(Receiver),我们现将通过复制及修改后的文件另存为 Sample2-4,然后通过如下步骤导入预测点。

除了可导入如 Cad,Mapinfo,Sounplan,Auto-cad-Dxf 等众多格式的文件外,CadnaA 也可以导入 CadnaA 文件,为此:

(1)打开 Sample2-4 文件。

(2)选择 File≫Import 打开导入窗口,下拉框文件类型中选择 CadnaA 文件,然后选择一个 Cad-naA 文件(本例选择 Sample2-5),然后选择 Option 按钮,打开如右图所示话框。

(3)选择要导入的物体类型,本例为从 Sam-ple2-5 文件中导入 Receiver,如果要同时导入其他物体,可通过 Shift 或 Ctrl 等组合键进行连续选择或间隔选择。

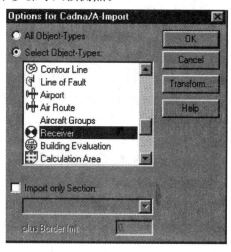

图 2-13 导入物体设置

2.6.8 编辑物体

如果要拉伸、压缩、放大、缩小某个物体,鼠标必须在编辑状态(Edit Mode)下选择该物体,此时编辑状态取决于所选的物体类型呈现以下两种状态。

① 多段线状态(Polygon Mode):如选择线声源(Line Source)、面声源(Area Source)、声屏障(Barrie)、房屋(Building)等大部分物体时,默认为多段线状态;

② 拉伸状态(Stretch Mode):如选择声级值框(Level Box)、文本框(Text Box)、区域框(Section)等时,默认为拉伸状态。

在多段线状态下,可通过 TAB 键在上述两种状态之间来回切换,此时,选择物体周边共出现 8 个坐标点(类似 Autocad 中的夹点),鼠标左键按住不放拖动坐标点后可对物体以质

心为中心点进行放大或缩小。

如图 2-14 为只有四个面的房屋,在多段线状态下只显示 4 个坐标点,但图 2-14 右图为拉伸状态,此时坐标点为 8 个。

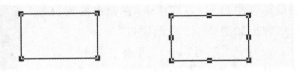

图 2-14　房屋的多段线状态和拉伸状态

在拉伸状态下,鼠标选择黑色坐标点后,拖动时鼠标变为双向箭头,此时可缩放物体,拖动中按住 Shif 键,可两侧同比例缩放;按住 Ctrl 键则可成倍放大(如放大 1 倍、2 倍等,但不能缩小)。

• 除了如 Level Box,Text Box,Section,Bitmap,Symbol,Station 只有拉伸状态外,其余物体默认均为多段线状态,即选择物体时,物体的所有坐标点均用黑色小方块表示,此时可以对单个坐标点进行移动,通过 TAB 键,则可切换物体至拉伸状态。

2.6.9　声场(网格)计算

如果要计算水平声场(水平网格),一般步骤如下。

(1)首先需指定计算区域,可以通过两种方法确定:

① 通过菜单 Options≫Limits,设置图形界限的左下角及右上角坐标,该方法为手动输入坐标设定计算区域,区域内为白色显示,区域外为灰色显示。

② 用上述方法针对性不强,一般不用,而是采用设定计算区域的方法,即在工具箱中选择计算区域(Calculation Area)后,通过鼠标在想要绘制水平声场的地方画出一个区域,该区域永远为自动闭合区域。

以 Sample2-6.cna 为例,设定的计算区域如图 2-15 所示。

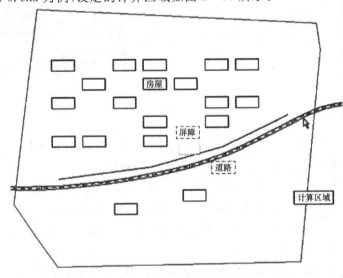

图 2-15　计算区域设置

(2)计算区域确定后,接下来需要设置计算声场的属性。

通过菜单 Grid≫Properties,打开如右图窗口,分别在 Receiver Spacing(网格间距)中 dx 及 dy 均输入 2(表示水平及垂直位置每隔 2m 设置 1 预测点),Receiver Height(水平声场计算高度)输入 1.5m,选择 OK 退出(图 2-16)。

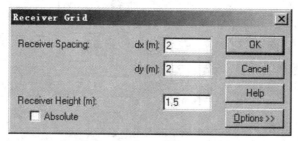

图 2-16　设置水平声场计算网格大小

• 水平声场即是通过在计算区域内设定一系列网格预测点,分别计算这些网格点的噪声值,最后将相同噪声的网格点用相同颜色或线表示为图形。

(3)通过菜单 Grid≫Calc 进行网格点计算。

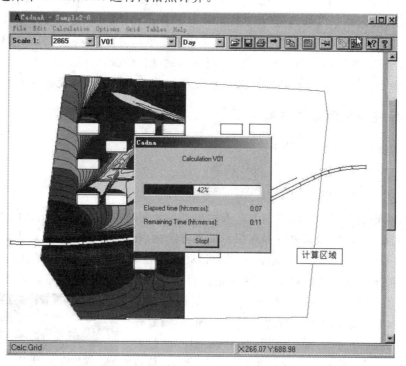

图 2-17　网格计算中的显示

计算过程中,可随时点击 Stop 按钮终止计算(图 2-17)。

另外,随着电脑技术的发展,目前很多电脑的 CPU 都为双核甚至三核、四核等,计算前,可通过菜单 Options≫Multithreading 打开如图 2-18 左图话框选择计算使用的 CPU 核心数,可分别设置只使用一个核心,使用所有核心及选择使用的核心数目,目前软件最多可以支持 32 个核心。

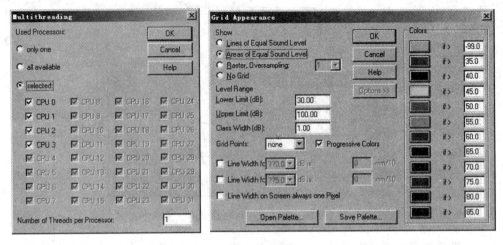

图 2-18　多线程设置及网格颜色设置

计算完成后,可以看到不同噪声用不同的颜色或线型显示,具体显示方式依据所选设置,具体可通过菜单 Grid≫Appearance,打开显示属性设置窗口,如图 2-18 右图。

可以试着改变一下显示设置,如从 Lines of Equal Sound Level(相同声级以线表示)到 Areas of Equal Sound Level(相同声级以区块颜色表示),设置 Class Width (dB)(每隔多少分贝显示一条线)在 1B 到 5B 之间,观察声场显示的变化情况。

选择 Progressive Colours 表示用渐近色显示。关于声场的具体设置见第 8 章。

2.6.10　标注声级值或文本框

仍以 Sample2-6 为例,打开该文件。

打开后,通过菜单 Grid≫Calc 进行计算。

通过 Grid≫Appearance,将网格显示属性设置为 Lines of Equal Sound Level。

此时计算声场将以等声级线的形式表示出来。任何时候,可以通过插入 Level Box (声级值框)显示计算区域某处的噪声值。插入方法为:在编辑状态下,在工具箱上选择 Level Box,在想要标注声级的位置鼠标单击即可,此时将自动标注该点的声级值,如果未进行过网格计算或将其标注在计算区域外,声级值内容将以三个星号表示,表示该值无效。

标注完后,编辑状态下,选择 Level Box,通过鼠标拖曳 Level Box 框周边的黑色坐标点对其进行缩放,缩放时按住 Shift 键为同步缩放,缩放完后,双击 Level Box 打开设置属性窗口,可以设置字体显示类型、颜色、大小,是否显示边框等属性。

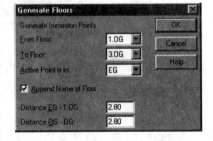

•CadnaA 将插入的最后一个物体的属性作为该类物体的默认属性,并传递给后插入的同类物体,因此,在插入第一个物体后,应仔细修改物体的属性并确认符合

图 2-19　生成不同楼层预测点

要求,然后再插入该类物体,这样可以节省大量时间,避免重复对属性的设置。

同理,按照上述方法可以在想要进行文字标注的地方插入 abc Text Box(文本框),插入时可通过按住鼠标左键在想要标注文字处从左上角至右下角画出一个文本框(与 Level Box 稍有不同,后者只需在插入位置单击即可),其属性设置大部分与 Level Box 类似。

2.6.11 产生不同楼层预测点

打开 Sample2-7 文件。

如果只想知道某个建筑前的噪声值,可以通过 Receiver 预测,如果想了解不同楼层的预测结果,可以通过设置好的一个预测点,在此基础上自动生成不同楼层的预测点。

假设房屋高度 11.5m,操作方法如下:

① 选择菜单 Options≫Object Snap(物体捕捉),在窗口中选择 Snap Radius in pixel 中输入 8,表示捕捉半径为 8 个像素,这可确保不将预测点错误地放置在建筑内。

• 点声源,垂直面声源和预测点等要放置在建筑某侧面前时,可通过激活 Object Snap(物体捕捉),当放置点距建筑侧面小于所设捕捉半径时,则会自动将物体放置到距建筑侧面某距离(在 Distance Points-faceds 中指定)处,如图 2-20 为捕捉至距建筑侧面前 0.05m。

• 利用物体捕捉,也可以将分段插入的 Road 或 Railway 等物体无缝连接(Distance Points-faceds 设置为 0 即可)。

②在想要计算的某建筑前放置一个预测点,打开预测点属性窗口,在 Geometry 中设置预测点高度为 2.2m,Name 为 1m1,Standard Pressure Level(标准值)设置为 50,40dB(A),选择 OK 确定退出。

③选择刚才设置的预测点,在弹出的右键快捷菜单中选择 Generate Floors(生成楼层预测点)命令,打开设置窗口。

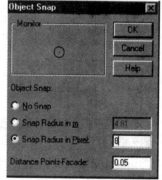

图 2-20 物体捕捉设置

该窗口的 From Floor 和 To Floor 中可设置要产生哪些楼层的预测点,Active Point is in 中代表当前选择的预测点是在几层。

Append Name of Floor:表示在产生的预测点名称后标注楼层。

最下边可以设定底层间距及各楼层(不含底层)的间距。

OK 确认后,软件会自动生成不同楼层的预测点,通过 Table≫Reeivers 可以打开预测点表看到具体的预测点个数,如本例预测点表见图 2-21 所示。

Name	M.	ID	Level Lr		Limit. Value		Land Use			Height	Coordinates		
			Day	Night	Day	Night	Type	Auto	Noise Type		X	Y	Z
			(dBA)	(dBA)	(dBA)	(dBA)				(m)	(m)	(m)	(m)
lm1 EG			54.0	46.7	50.0	40.0				2.20	225.02		
lm1 1.OG			54.6	47.2	50.0	40.0				5.00	r	225.02	482.29	5.00
lm1 2.OG			55.2	47.8	50.0	40.0				7.80	r	225.02	482.29	7.80
lm1 3.OG			56.0	48.6	50.0	40.0				10.60	r	225.02	482.29	10.60

图 2-21 预测点一览表

• EG 默认为 1 层(ground floor),按英国英语对楼层表达方法,1.0G(First Floor)为第 2 层,以此类推,为了方便理解,实际应用中可不设定 EG,如上例,Active Point is in 中选择 1.0G 也可。

关闭该表,在菜单 Options≫3D-View 中打开三维透视图窗口,默认状态下为顶视图 (Top view),可以通过左上角的下拉框中选择不同的视图方式,如选择 Isometric 三维视图,通过鼠标移动、放大或缩小可以三维透视图方式看到生成的不同预测点情况。

一般情况下,看三维透视图建议选择最后一个 Gen. Parallel 视图方式,该视图可自由调节旋转角,灵活度较大,调好角度后可放大或缩小以便细致观察。旋转角度方法为:

①直接在 Phi. 及 Theta. 中设定角度;

②利用键盘的左右方向键或数字键的 4,6 键盘改变 Phi. 角度;利用 3,9 键改变 Theta. 角度。

在 3D-View 视图中,也可以通过双击某物体打开物体打开该物体属性窗口进行相应编辑。

• 如果三维视图中看到的预测点显示过大或过小,可以通过菜单 Options≫Appearance,选择 Receiver,将 Symbol Size 由 mm 改为 m 即可。

产生了不同楼层的预测点后,可以选择工具栏的计算按钮进行计算了,计算结果可以通过 Table≫Receivers 查看。

2.6.12 复制到剪贴板

菜单 Table 中的所有表格都可以通过 Copy 按钮复制到剪贴板中,然后在其他的第三方程序如 WORD,EXCEL 等,选择 Print 按钮也可以直接打印。

除了表格的复制外,也可以用 Section(区域框)选择一个范围进行复制或粘帖,甚至可选择某个物体进行复制粘贴等操作。

2.6.13 创建组

在菜单 Tables≫Groups 中,用户可以发现功能强大的组工具,利用 Group,可以在项目中创建不同的组,组的成员取决于物体的 ID 内容与组的表达式内容一致。

利用组的特性,可以对组进行多种操作,如:

(1)删除组中的物体;

(2)将某种物体如线声源转换为道路或铁路等;

(3)坐标转换;

(4)计算中将物体统一激活(Active)或不激活(Inactive);

(5)结果显示等。

在 Tables≫Patial Level 中可以看到每个声源对每个预测点的噪声影响值,设置了组后,可以在组中看到该组的声源对每个预测点的噪声影响值。

打开 Sample2-7 文件作为示例。

(1)通过菜单 Grid≫Appearance,选择 No Grid,不显示计算的网格;

(2)任意插入其他的声源,如一个道路,两个点声源等;

（3）打开点声源设置窗口，任意输入几个点声源，设置其源强（PWL中）大小，如80，在ID框中输入q。除了单个设置外，也可以通过菜单Table≫Souces≫Point Sources打开点声源表格，直接在表格中设定源强，ID等参数。

（4）在道路的ID属性框中输入D_1。

上述完成后的情况见文件Sample2-8.cna。

通过工具箱的计算按钮进行计算。

通过Tables≫Groups打开组窗口，如果还未设置过组，则组中行是空的，只有相关的列标题显示，此时要新建一个组，需要在空白处鼠标右键单击，在弹出的窗口中选择Insert after，如果有相应内容，可双击该行打开窗口进行如图2-22设置。

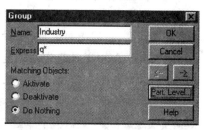

图2-22 组的设置

如在右图中设置一个新组名为Industry，表达式为q＊。

其中＊为通配符，表示所有ID内容以q开始的物体都属于该组。

同理，在新建一个新组名为Traffic，表达式为D＊。

选择菜单Tables≫Patial Level，打开窗口如图2-23左图所示；打开菜单Tables≫Groups如图2-23右图所示。

Partial Level									
Close	Sync. Graphic	Copy		Print...		Font...		He	
Sound Source			Partial Level						
Name	M.	ID	lm1 EG		lm1 1.OG		lm1 2.OG		lm1 3.OG
			Day	Night	Day	Night	Day	Night	Day	Night
PQ01		q	22.9	-27.1	23.9	-26.1	24.9	-25.1	28.3	-21.7
PQ02		q	15.3	-34.7	15.8	-34.2	16.5	-33.5	20.4	-29.6
PQ03		q	15.4	-34.6	15.8	-34.2	16.8	-33.2	22.6	-27.4
PQ04		q	13.3	-36.7	13.7	-36.3	14.4	-35.6	19.3	-30.7
PQ05		q	27.7	-22.3	28.3	-21.7	29.0	-21.0	31.1	-18.9
PQ06		q	41.2	-8.8	41.6	-8.4	42.0	-8.0	42.5	-7.5

Groups							
OK	Cancel	Copy...		Font...		Adjust Col. Width	
Name	Expression	Variant		Partial Level			
		V01	lm1 EG	lm1 1.OG	lm1 2.OG	lm1 3.OG
Industry	q＊		41.5	41.9	42.4	43.0
Traffic	D＊		54.4	55.0	55.7	57.2

图2-23 计算后Partial Level及Groups的结果显示

在Partial Level中可以看到每个声源对每个预测点的噪声影响值，而在Groups中（图2-23）可以看到该组的声源对每个预测点的噪声影响值。

除了组的单独使用外，配合变量（Variant）使用，可以在某变量下激活某个组，在另外一个变量下激活另外的组，从而达到灵活控制项目不同计算状态的目的，关于组与变量的进一步概念，详见9.7节。

至此，通过简单实用的应用案例，已经初步了解了CadnaA软件的应用，可见软件使用起来非常易于上手，尽管使用简单，但功能强大，这是该软件的优势所在。

2.6.14 小结

至此，已初步介绍了CadnaA的使用方法，同样的操作也可以应用到其他物体中，如：

（1）在工具箱中鼠标选择想要插入的物体；

（2）利用鼠标左键将物体插入到项目中；

（3）鼠标右键完成插入命令；

(4)既可以在插入完成后直接鼠标右键点击物体,也可进入编辑状态双击物体而打开属性窗口,第一种方式下,一直处于插入方式,设置完物体属性后,可以继续插入同类物体。

至此,快速入门部分基本结束,用户可以花些时间按照上述方法针对工具箱的其他物体如点声源、线声源、面声源、停车场等进行类似操作,具体细节将会随着以后内容深入介绍。

• 当鼠标左键指向工具栏的物体并按下时,状态栏会显示物体的属性;

• CadnaA 可以计算单一或与频谱相关的 A 计权声级,甚至可以计算不同频谱的声源对预测点的总的影响,预测点声级也基于频谱显示。

2.7　固定缩写

在软件帮助系统中,在索引中输入"Abbreviation"可以查看软件内置变量的意义,软件变量不区分大小写,固定缩写含义见附录 12.2 节。

3 CadnaA 基础

该部分内容主要对 CadnaA 的工具箱及菜单内容进行简要介绍,用户只需了解大致内容及相应功能,具体内容见后续章节。

3.1 工具箱简介

3.1.1 声源

由点声源(Point Source)、线声源(Line Source)、面声源(Area Source)、垂直面声源(Vertical Area Source)、道路(Road)、铁路(Railway)、停车场(Paking Lot)、电厂(Power Plant)、网球场(Tennis)等声源组成。

3.1.2 障碍物

由房屋(Building)、屏障(Barrier)、桥梁(Bridge)、建筑物群(Build-up Aeaa)、草地(Foliage)、圆柱体(Cylinder)、三维反射体(3D Reflector)、堤岸(Embankment)等组成。

FloatingBarrie:悬浮型声屏障,屏障垂直于地面。

Cantilever:折臂型声屏障,在屏障上方向声源一侧有所弯曲,相当于增加屏障的等效高度,提高降噪效果。

房屋或声屏障属性中,均有 Reflection loss(反射损失)及 Absoption Coefficient(吸声系数)选项,二者互为关联,吸声系越大,反射声越小,从而反射损失越大。

3D Reflector:是在 3.4 版本中新增的三维反射体,可用来模拟空间三维的反射物体,而不仅仅像 Barrier 那样仅能模拟垂直与地面的障碍物。如高架桥下面有地面道路时,由于高架桥底部对地面道路有反射作用从而增加近距离处的噪声级,可利用 3D Reflector 来模拟高架桥底部的反射面,做法为在高架道路下生成 3D Reflector 即可。

Build-upArea:可输入? dB/100m,常用来模拟道路两侧绿化带(绿化带不要用 Foliage 模拟),如采用 RLS-90 规范,需在菜单 Calculation≫Configuration≫Road)中选择不完全遵守 RLS-90 规范(不勾选 Strictly according RLS-90),然后不勾选 No Housing Attenuation 即可。

3.1.3 地形

主要由等高线(Contour Line)、高程点(Height Point)、突变等高线线(Line of Fault)等组成。

3.1.4 计算相关物体或功能

由预测点（Receiver Point）、建筑物立面（侧面）噪声预测（Building Evaluation）、计算区域（Calculation Aeaa）、垂直网格（Vertical Grid）、指定的土地功能区（Aeaa of Designated Use）、栅格图（Bitmap）、噪声值（Level Box）等组成。

Receiver Point：为噪声预测点，设置后点工具栏的 Calculate 后可得计算值。

Building Evaluation：置于房屋中，设置好参数后，点工具栏 Calculate 后可得房屋各层不同立面的计算值，可三维显示不同楼层不同立面位置噪声值。

Aeaa of Designated Land Use：与菜单 Option≫Land Use 配合使用，确定项目的土地功能区（也就是确认各个区域执行的噪声标准），除可与 Receiver Point 配合应用外，主要是配合 Building Evaluation 使用，确定建筑物立面噪声预测时的标准值，为噪声影响经济评估提供基础。

3.1.5 辅助物体或附加功能

由区域（Section）、文本框（Text Box）、辅助线（Auxiliary Polygon）、符号（Symbol）、桩号标注框（Station）等组成。

Section 主要用来导入或导出图形、数据交换（如 copy）、批量修改 Section 框中物体及设定批处理计算区块等功能。

辅助线：无任何声学意义，可用来测量距离、确定三维视图角度、辅助线标志等功能，闭合的辅助线或其他物体也可以用来确定批量修改物体的范围。

3.2 主菜单（Main Menu）

3.2.1 File(文件)

New，Open，Save 及 Save as 分别为新建、打开、保存、另存选项，与大多数常用的 Windows 程序类似。

Import：导入操作，可打开导入窗口，导入建模所需模型或数据，如导入 AutoCad 数据，Gis 数据，数据库数据、位图甚至与 Google Earth 无缝结合等。

Export：导出操作，可将计算结果或图形导出为各种各样的格式，如 Cad 文件，Acrview 文件，Acrview Grid，Bitmap 文件，文本文件等，也可导入被其他噪声软件如 Lima 等识别的文件。

Database：可定义数据库及导入数据库，具体见第 4 章。

Print Graphics：选择打印机后，单击 Plot-Designer，相当使用一个小型排版系统打印图形，不仅可以打印平面图，还可打印立体图，同时打印中可添加诸如 Text，Symbol 等控制性元素，详见 9.6 节。

Print Report：打印报告，设置见图 3-1，该设置与 Print Protocol 设置基本一致，详见 9.9 节。

对设置页面的中部区域进一步说明如下。

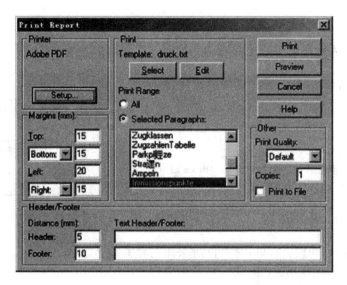

图 3-1 打印报告设置

Print 区域：

Templates：显示模板文件名称，可以用 Select 选择文件，点击 Edit 编辑，用记事本打开，可能的设置见图 3-2。

各设置表中的为字体设置，如可设置为
♯（Font，Times New Roman，14，f）Immission-spunkte

即设置预测点表中的字体为 Times New Roman，14 号加粗字体。

PrintRange：All 对所有信息进行打印；如选择 Se-lected Paragraphs，可对选定的选项进行打印，如选 Immissionspunkte 打印预测点表等，如只有一个预测点时，可能类似如图 3-3。

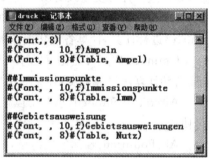

图 3-2 用记事本打开模板的内容

Name	M	ID	Level Lr		Limit Value		Land Use			Height	Coordinates		
			Day	Night	Day	Night	Type	Auto	Noise Type		x	y	z
			(dBA)	(dBA)	(dBA)	(dBA)				(m)	(m)	(m)	
预测点	+	receiver	56.5	52.4	0.0	0.0		x	Total	2.00 r	144.88	919.20	2.00

图 3-3 选择 Immissionspunkte 打印输出预测点表

Project Info：项目属性，可输入项目名称、客户名称，项目概况、评论、编辑者及关键词等内容。

Digitizer：数字化仪，利用连接电脑的数字化仪可将建模数据导入到软件中，如要开展一个城区的战略环评或绘制区域噪声地图，可通过数字化仪将地形及房屋等信息导入，以节省大量的建模时间。

Exit:退出,选择后退出 CadnaA。

3.2.2 Edit(编辑)

Undo:撤销操作,只支持撤销删除的物体操作。

Cut:剪贴。

Copy:拷贝。

Paste:粘贴。

Serch:查找,弹出如图 3-4 窗口,可通过 Name
及 ID 查找物体。

图 3-4 查找窗口

3.2.3 Calculation(计算)

Configration:打开设置窗口,对项目所采用的计算规范、声源、计算方法、预测时间、预测参数等进行设定,详见第 10 章。

Protocol:打开后在弹出的窗口中勾选 Write Protocl 后,可通过 Select 选择一个文件记录计算过程,详见 9.9 节。

Calc:计算,如只有一个计算变量(Variant),则对当前变量计算,如设置了多个就算变量,则可选择计算变量或对所有变量计算。

Optimize Area Sources:优化面源计算,一次对项目中的所有优化面源(optimisable source)进行计算,计算各优化面源的最大源强值。

Optimize Walls:优化声屏障,可根据降噪需求,按给定的经济指标,在投资最小的情况下,自动计算声屏障高度,详见 9.1 节。

Aircraft Contour Lines:用以计算飞机噪声等值线图,只有买了 FLG 飞机噪声模块才可使用。

Air Pollution:预测空气污染,购买了 APL 模块后可用。

PCSP:即程序分段控制处理技术,利用该方法,可按照用户预定义好的计算区域分块逐次计算,如果用户可同时使用几台电脑,也可同时用几台电脑处理一个文件以加快计算,对大文件,也可计算中随意中断,如果需要再重新启动在原有基础上进行计算,详见 9.8 节。

3.2.4 Options(选项)

1.3D-VIEW

三维视图,可选择俯视图、左视图、前视图或透视图等不同的视图类型,但视图与右键菜单的 3D-Special 不同,后者看到的为项目建模实景图,在 3D-Specia 视图中。

① 鼠标左右键可调节观察视角;

② 按 C 键是保存当前视角,保存的视角为辅助线,其 ID 的名字自动生成为 3D-CAM-ERA;

③ 主要设置在 Property 中,可以设置移动速度(Animation Speed);还可以在最下方显示等值线的颜色图例。

键盘前后键是移动,Ctrl+左右键是平移;

鸟瞰视图:通常是先画一个 Cylinder,右键选择 Cylinder 后通过 Convert 命令将其转成圆形辅助线,设置辅助线高度。然后绘制一个短的辅助线作为视角的中心点,将其 ID 设置为 3D-CENTER,在圆形辅助线上右键选择 3D-Special,按 Enter 键将三维视角(相机)将沿圆形辅助移动,移动过程中,相机永远"对准"3D-CENTER,按 Esc 键停止运动。

另外,在 3D-Special 视图中双击物体可以对物体进行修改。

三维实景图中,主要设置见 Camera and Scene 设置菜单见图 3-5。

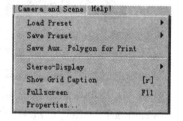

图 3-5 Camera and Scene 设置

Save Present:保存当前三维视图中的视角,最多可以保存 10 个,保存的视角为辅助线,辅助线名称为 3D-CAMER-A-x(x 为 1,2,...9,0)。

Load Present:导入保存的视角。

Save Aux. Polygon for Print:保存当前的视角用于打印,保存的视角的辅助线的名称为 3D-CAMERA。

Stereo-Display:可分屏显示三维视图。

split:left-right:左右分屏。

split:top-bottom:上下分屏。

Show Grid Caption:显示等值线图例。

Full Screen:全屏显示。

Property:打开对话框进行进一步的设置,见图 3-6。

Camera Offset:设置相机沿当前视角路径的垂直高度及水平偏移。

Animation Speed:相机的移动速度。

Rotation Speed:旋转角度。

Field View:视角角度,角度越大,看的范围越广,物体看起来越小。

Distance Range:输入近场及远场距离,小于近场距离或大于远场距离的物体在三维视图中将不显示。

Copy to Clipboard,Resolution Factor:设置拷贝到剪贴板的图像的分辨率,数字越大分辨率越高,拷贝的图像也越大,时间越长,一般情况下默认为 3 即可。

Video Frame Rate:保存三维动态视频的视频帧数,数字越大,保存所需的文件越大,时间越长。

Vertical Grid Transparency (%):垂直声场的透明度。

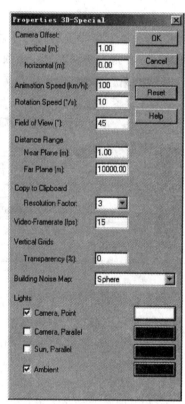

图 3-6 三维视图设置

Building Noise Map:下拉框中可选择,Rectangle,Octagon,Sphere。

Rectangle:建筑物立面被不同栅格的颜色填充表示不同的噪声值,见图 3-7 左图。

Octagon,Sphere:建筑物立面声场预测点位置以八角形及圆形显示,不同颜色表示不同噪声大小,见图 3-7 中图及图 3-7 右图。

Rectangle 设置   Octagon 设置   Sphere 设置

图 3-7　建筑物立面声场预测点显示设置

Light：可分别设置相机、太阳、环境的颜色。

Camera Point：从相机视角到物体的光线。

Camera Parallel：相机平行光线，类似太阳位于相机后产生的光线。

Sun Parallel：太阳位于正当空，垂直于地面照射产生的光线。

Ambient：环境光线。

2. Appearance（显示设置）

该菜单下可设置不同物体显示的颜色（见图 3-8 左图），打开的界面左侧可选择要设置的物体，右侧为要设置的线条颜色、宽度、类型及填充的颜色及类型。

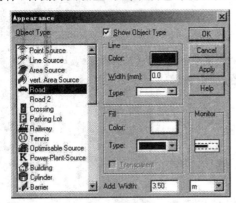 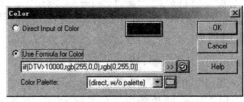

图 3-8　物体的 Appearance 显示属性设置

每种颜色可选择颜色图标打开颜色窗口，打开的窗口如图 3-8 右图所示。

这里可直接输入单一颜色（第一个选项），也可以选择第二个选项采用表达式形式输入，格式为 iif() 语句，类似 EXCEL 函数的 if 语句，只不过软件为了判断采用关键词 iif。

如上例：

iif(DTV>10000,rgb(255,0,0),rgb(0,255,0))

如上例对路的颜色设置为，首先判断车流量（DTV 为内置变量，表示车流量），如大于10000，则道路颜色为红色，否则为绿色，需要说明的是，iif 语句也可以嵌套，目前最多支持 7 层嵌套关系。

另外，要使设置的颜色与显示看到的一致，应在下边的 Color Palette 中选择第二个选项direct. w/o palette。

3. Building Noise Map（建筑物立面声场）

该选项是对建筑物立面声场进行设置，其设置决定了建筑物立面预测点的位置，显示方式等内容,具体如下。

Facade Points according to VBEB:选择时则下面关于建筑物侧面最小及最大值不能输入,由系统根据 VBEB 规范自动决定预测点位的选取。

Minimal Length of Facade:侧面最小值,如输入 2,则长度小于 2 的侧面不参与计算。

Maxmal Length of Facade:侧面最大值,如输入 10,而某侧面长度大于 10,则会在此侧面上产生 2 个预测点,所以一般而言,该项是主要(不是绝对)决定每个侧面预测点个数的因素。

Additional Free Space:如果预测点距相邻障碍物的距离小于输入值时,则不产生预测点,这主要应用于从 CAD 中导过来的建筑物侧面有微小间隙但实际是连续的时候才起作用,默认为 0。

Averaging Method(平均方法):用来显示在 Building Evaluation 中下半部分 左右两侧(分别表示昼夜)所显示的值是所有立面预测点中的最大值(Maximum)、最小值(Minimum)、能量平均值(Enegetic)或算术平均值(Arithmetic)。

Print in Symbols:选 Level 时,计算结果显示的是计算的声级,选 Number 时,显示的是预测点的编号,从 1 开始。

房屋噪声图最强大的应用还是在购买了 XL 模块后,配合计算 Conflict Map,估算受影响人口数量及受影响程度、进行经济估算等。

关于建筑物立面声场的具体设置详见 8.4 节。

4. Land Use(土地类型)

Land Use:主要用于设定不同国家的噪声标准值,可利用 Area of Designated Land Use 配合使用,将其与 Land Use 关联。

同时,可将 Receiver 及 Building Evaluation 中的标准值与其关联设定预测点的标准值,具体使用详见 8.4 节。

5. Prototype(模板)

选择后会打开打开窗口,用以选择以后 CadnaA 新建项目文件时所采用的模板文件,模板文件决定了 CadnaA 的设置信息,具体包括系统设置(Calculation≫Configration)、物体显示颜色(Option≫Appearance)、项目工作区范围等信息。

• 说明:如果 Prototype 被设置过,而新建的项目文件又不想采用这个设置,如果想恢复成 Cadna 安装最初的默认设置,则可以在硬盘任意新建一个文件,将后缀名改为 can,Prototype 选择这个文件既可以恢复为默认设置。

6. Layer(图层)

CadnaA 也是按层来组织项目文件的,不过是一类相同的物体分成一个层(图 3-9),通过拖动某层至需要位置可以改变其与其他图层的上下顺序,其中,越上边的代表实际的越底层,如 Grid 图层默认处于最底层。

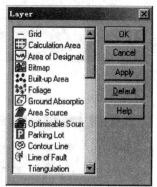

图 3-9 图层顺序设置

单击 Apply 按钮确认图层的调整;单击 Default 可将图层设置为默认次序。

7. Object Snap(物体捕捉)

打开后可设置绘制物体时是否捕捉及如设置为捕捉时的捕捉方式(是以米为计量单位还是以屏幕的像素为计量单位)和捕捉后物体距墙面的距离。这个选项通常是在房屋前放置预测点时,为了将预测点放置在房屋前某一距离处(如0.05m处),则可以利用该功能。

另外,利用物体捕捉,也可以将分段插入的Road或Railway等物体无缝连接(即在插入完某一段道路后,如果另一段道路起点与先前插入的道路终点连接,则通过Distance Points-faceds的值为0即可)。

8. 其他设置

(1)Limits(图形界限):设定项目的工作区范围,默认是左下角是(0,0);右上角是(1000,1000)的1(km)^{2}区域,可以自己设定坐标图(3-10)。

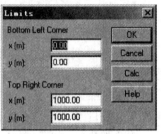

默认工作区域是白色显示的,之外为灰色显示。区域之外的声源及Receiver等能够参与运算,但不能绘制水平声场,因此要保证所有预测点及物体均在区域内。另外如果是从外部导入的图形(如导入的Cad图形),则Limits会自动更新,实际中需要注意,一般情况下,不应让项目的空白区域过大,否则计算速度会较慢。

另外,通过点击Calc按钮,可自动根据项目中各物体的有效坐标,自动设定Limits,将所有物体最左下的点坐标显示在Bottom Left Corner中,右上角坐标自动显示在Top Right Corner中。

图3-10 图形界限设定

(2)Auto Save:见图3-11左图,可设定不自动保存,提醒自动保存及自动保存选项。

(3)Coordinate Grid:设置是否显示项目的网格点,见图3-11右图。

选择Show Coordinate Grid复选框可显示网格点,Grid Distance可输入网格点之间间距,Grid Size(%)为网格点的大小(按百分比输入),如输入100,则网格点之间用线连接,形成绘图网格,可用于出图时的坐标网格显示。

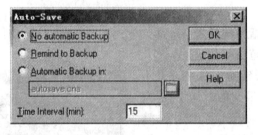
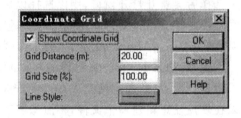

图3-11 CadnaA硬件锁控制中心设置页面

(4)Bitmap:设置Bitmap栅格图形的显示方式,设置见图3-12。

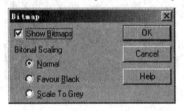

Show Bitmap:显示位图。

Bitonal Scaling:用于显示黑白两色位图的显示方式,对彩色位图无效。

(5)Language:设置软件语言选项,目前软件已支持中文界面显示,但仅界面初步汉化,二级以后界面多未汉化。

图3-12 Bitmap属性设置

(6)Toolbar Config:自定义工具栏显示按钮。

3.2.5 Grid(网格)菜单

Grid 菜单下的命令适用于绘制水平网格,部分如 Property 及 Appearance 等也适用于垂直网格。

(1)Property(属性设置)

可对预测网格点间距、高度、预测范围、是否预测建筑物处网格点等进行设置。

(2)Appearance(显示属性设置)

可设置水平或垂直声场的颜色显示范围,声级间隔、不同颜色所代表声级值范围等内容。

(3)Calc Grid:计算网格,该计算与工具栏或 Calculation≫Calc 计算不同,这里指的是网格计算,结果将得到水平网格及垂直网格计算结果,而后者是计算 Receiver 或 Building Evaluation 的预测值。

(4)Arithmetics(网格计算)

主要用于网格计算,当前网格为 r0,可对不同网格进行叠加计算,目前最多支持除当前网格外的 6 个网格混合计算。

网格计算可使用的固定缩写见附录。

(5)Save 及 Open,可保存或打开网格文件(后缀名为 cnr)。

(6)Calc Map of Conflict,Evaluation,Object-Scan 及 Population Density 为大城市模块(XL Option)内容,主要用于与人口相关的经济损失评估等内容,关于此部分内容详见第 11 章。

(7)Compress/Decompress,Compress 可以压缩计算网格的存储数据,4.3 版本默认为压缩保存,Decompress 为 Compress 的反向操作。

3.2.6 Tables(表)

1. Variant(变量设置)

打开 Variant 窗口,可以为项目设定不同的变量。这里的变量是指项目的工作状态,目前 CadnaA 支持 16 个变量,内部名分别为 V01 到 V16,默认只有 V01 起作用,如果要让其他变量起作用,只要选中变量后勾选"Use Variant"即可。

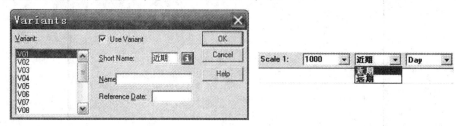

图 3-13 变量设置

另外,我们可以给变量命名不同的显示名称,如 V01 命名为"近期",V02 命名为"远期"等。命名结束后,可以在工具栏(如图 3-13)中变量的下拉框中看到变量名称,具体变量需配合 Group 来应用。

2. Group(组设置)

打开 Group 对话框后,如果未建立过组则对话框中内容是空白的,如果新建组,只需要在空白区域右键选择 Insert 命令(可以用 Isert After 或 Insert Before),双击打开 Group 具体设置窗口。

Group 窗口中可以设 Group 的名称、表达式及激活状态。名称可以任意设定成有意义的字段,表达式则是用来判断哪些物体为所属的设定组。

表达式设定中可采用如"*"号等通配符。

通过 Group 与 Variant 相配合,可以批量控制物体的 Activation 状态(物体 ID 勾选框需显示中间状态时才行),通过批量控制,可达到很便捷的操作。

关于变量与组的应用详见 9.7 节。

3. Partial Level(噪声贡献值)

通过 Partial Level 可得到不同声源对某个预测点的噪声贡献值,这在噪声治理中作用很大,可判定某个预测点的主要影响声源,从而从主到次依次开展噪声治理。

4. Object Tree(物体管理器)

该属性是 3.7 版本新增的功能。

物体管理器类似 Windows 系统的资源管理器,利用物体管理器可方便的分组组织项目中的各类物体,示例见 Sample3-1。

(1)物体管理器的定义:点击 Table≫Object Tree≫Definition 弹出对话框,默认只有 ROOT 组,下无内容,ROOT 组为选中状态,点击 ▢ 图标,可以新建一组,双击修改组名,如图 3-14 分别在 ROOT 组下建立了 Residential Buildings(居民房屋)、Roads(道路)等组。

该操作等同于 Table≫Group 操作中新建组,组的进一步意义见 9.7 节。

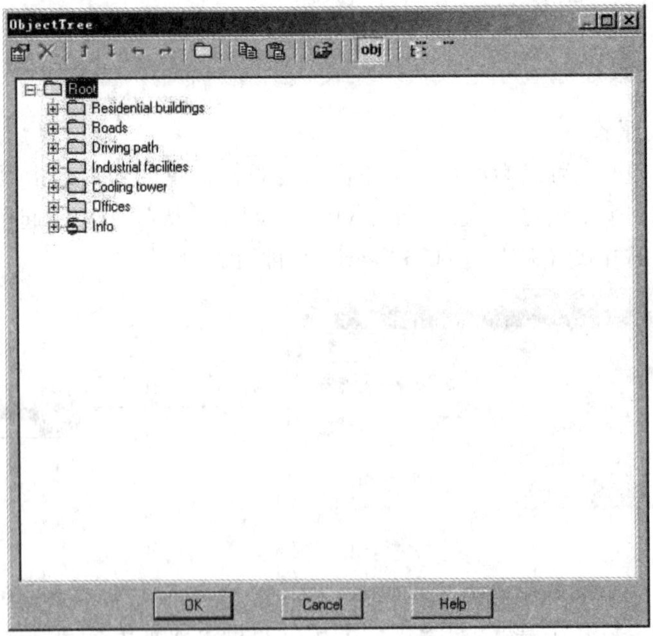

图 3-14 Object Tree 设置

（2）物体与组的自动关联：选择任一物体，如房屋，点击 ID 右侧的图标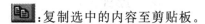，弹出选择界面，见图 3-15，选择房屋所属的组名，如 Residential Buildings，点击 OK 确定。此时即将该房屋指定至 Residential Buildings 组下，同理对其他房屋及其他物体（如道路等）也类似操作，归并至各相关的组。

（3）物体管理器窗口中各工具栏作用：

物体管理器工具栏如下，从左至右意义分别如下。

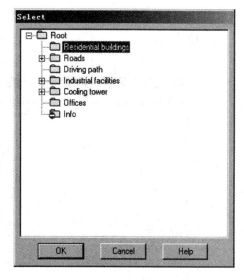

图 3-15 Object Tree 设置

：编辑状态，与选中组或物体后的双击效果一致，弹出组或物体的属性设置框。

：删除当前的组或物体。

：对当前选中的物体或组进行上、下、左、右等移动操作。

：复制选中的内容至剪贴板。

：将剪贴板中的图像粘贴为符号（Symbol，见 7.4 节）。

：打开 CadnaA 文件，导入该文件中的物体管理器中设置的组。

：显示组下关联的物体，含有物体的组，文件夹框的左侧显示加号框。

：展开显示所有元素。

：折叠隐藏所有元素。

上述各命令中，复制粘贴命令非常重要，可以方便地对某个单元进行复制。

如该例中含有冷却塔（Cooling tower），冷却塔由房屋、圆柱体、垂直面声源、水平面声源、点声源等若干物体构成，设置好后，可以将这些物体组成一个单元（即为一个组）。

选中冷却塔，点复制按钮，在相应位置点粘贴按钮，见图 3-16。

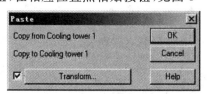

图 3-16 对房屋及声源等构成的冷却塔进行复制操作

可勾选 Transform 选项，点击 Transform 进行相应设置（见 4.6 节）确认。

另外，Table≫Objecttree≫Sound Power level 及 Patial Level 选项与 Table≫Libraries≫Sound Levels 及 Table≫Patial Lever 中的不同。选择后者则项目中所有的声源的信息全部显示，而在物体管理器选项中的这两个命令只显示定义了与物体管理器的组相关联的声源及组的信息（可显示组的源强及组对某个预测点的影响值）。

另外，在 CADNAA. INI. 中的［Main］部分增加如下内容后，Table≫ObjectTree≫

Partial Level 将不显示各频谱处的噪声值(图 3－17,图 3－18)。

增加的内容:

ObjTreePartLevSpekImmAnz＝X。

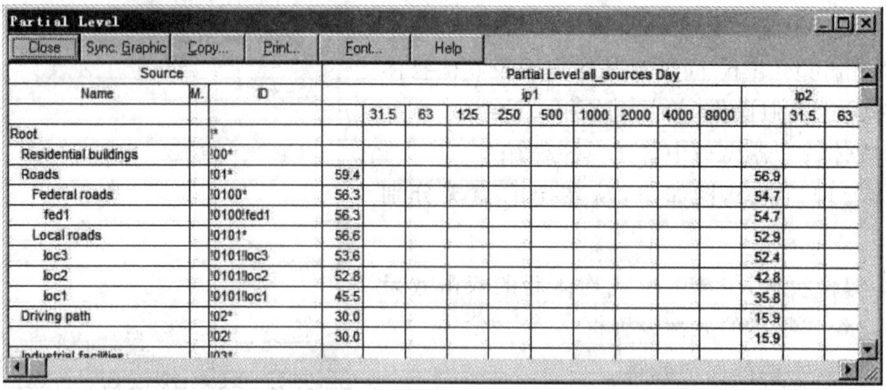

Source			Partial Level all_sources Day											
Name	M.	ID	ip1									ip2		
				31.5	63	125	250	500	1000	2000	4000	8000		31.5	63
Root		!*													
Residential buildings		!00*													
Roads		!01*	59.4										56.9		
Federal roads		!0100*	56.3										54.7		
fed1		!0100!fed1	56.3										54.7		
Local roads		!0101*	56.6										52.9		
loc3		!0101!loc3	53.6										52.4		
loc2		!0101!loc2	52.8										42.8		
loc1		!0101!loc1	45.5										35.8		
Driving path		!02*	30.0										15.9		
		!02!	30.0										15.9		
Industrial facilities		!03*													

图 3－17　CADNAA. INI 中无 ObjTreePartLevSpekImmAnz＝X 设置情况

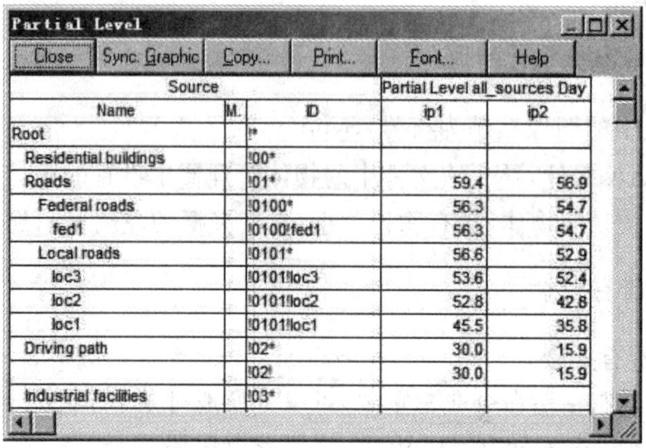

Source			Partial Level all_sources Day	
Name	M.	ID	ip1	ip2
Root		!*		
Residential buildings		!00*		
Roads		!01*	59.4	56.9
Federal roads		!0100*	56.3	54.7
fed1		!0100!fed1	56.3	54.7
Local roads		!0101*	56.6	52.9
loc3		!0101!loc3	53.6	52.4
loc2		!0101!loc2	52.8	42.8
loc1		!0101!loc1	45.5	35.8
Driving path		!02*	30.0	15.9
		!02!	30.0	15.9
Industrial facilities		!03*		

图 3－18　CADNAA. INI 中有 ObjTreePartLevSpekImmAnz＝X 设置情况

5. 物体表或结果表

(1)Receiver:预测点表。

(2)Result Table:结果表,功能大于预测点表,该表同时可以根据用户需要自定义格式,具体使用见附录。

(3)Aircraft Noise:飞机噪声源表。

(4)Source:声源表,含除飞机噪声源外的所有声源表。

(5)Obstacles:障碍物表,对噪声传播有遮挡作用的物体表均位于该选项中。

(6)Other Objects:其他起辅助功能的物体的表,如计算区域、辅助线、位图、声级框、桩号、垂直声场、文本框、区域框等均位于该选项中。

(7)Miscellaneous:其他选项,主要用于完成部分附属功能操作,其功能具体如下。

(a)Purge Tables:清空表格,主要功能如下。

① 删除重复的组及不利用的组,主要用于从第三方数据导入后产生的重复组的情况。

② 删除任何铁路(Railway)均未使用的列车数量表(Lists of Numbers of Trains)。

③ 删除重复的指定的土地功能区(Areas of Designated Use (Table|Other Objects)。

④ 从当前库中删除重复的文字块(Text Blocks)。

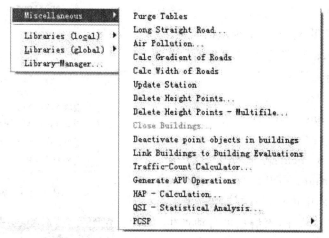

图 3 – 19　Table≫Miscellaneous 选项设置

⑤ 删除重复的频谱及任何声源未使用的频谱。

⑥ 删除重复的指向性(Directivity)及任何声源未使用的指向性。

(b)Long Straight Road:长直道路,选择后打开长直道路窗口,可直接输入道路源强及预测点等参数,对长直道路的噪声影响进行预测。

(c) Air Pollution:空气污染计算,只有购买了 APL 模块才可应用。

(d)Calc Gradient of Roads:自动计算道路坡度。

(e)Update Station:更新桩号,如果对道路或铁路设置了桩号,则道路改变后,选择该项可对桩号同步更新。

(f)Delete Height Points:删除高程点,可在弹出的窗口中设置容差(Tolerance),在满足所设容差要求的基础上删除重复的高程点。

(g)Close Buildings:闭合房屋,只有购买了大城市模块 XL 后方可使用,主要用于导入CAD 等格式底图作为房屋时,对房屋自动闭合操作。

(h)Deactivate Point Objects in Building:不激活房屋中的点声源、预测点等物体。

(i) Link Buildings to Building Evaluation:链接房屋与房屋立面声场预测点。

(j) QSI-Statistical Analysis:根据 DIN45687 的附录 F 要求,统计分析不同参数对预测结果的影响,并可将结果转为 Word 文件。

(k) PCSP:等同于 Caculation≫PCSP,详见9.8节。

(l) Calc Width of Roads:计算道路两侧房屋的平均高度、平均距离及房屋间隙等参数,这些参数保存在 Road 的 Memo-window 窗口中,作为进一步计算道路两侧由房屋引起的噪声修正量的参数(见 9.2 节)。

(m) Excute Scrips:执行 Lua 脚本语言,该功能为 4.4 版本的新增功能。

6."数据库"相关

Libararies(Local)及 Libararies(Global)可定义当前文件或所有文件使用的数据库(图

3－21)，具体如下。

Sound Leverl：源强库。

Sound Reduction Indices：噪声衰减库。

Absorption：吸声系数库。

SET-S 及 SET-T：对应 SET 模块的内容。

Diurnal Patterns：道路的 24 小时车流量库。

Railway Groups：铁路分组库。

Directivity：声源指向性库。

Number of Trains：列车数库。

Symbol Library：符号库。

Paking Lot Movement：停车场停车次数库。

Libararies-Manager：打开后可对数据库进行维护，可在本地库及全局库中进行相互复制等操作。

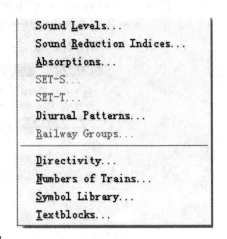

图 3－20　数据库设置

Textblocks：文本块库，该信息可自动产生，如计算后，可产生一名称为 CALC_TIME 的字符块，内容显示计算点数量，计算时间等选项，具体见图 3-21。

各项含义如下。

Points：计算点数量。

Time：计算结束时间。

TimeInit：计算起止时间。

TimeCalc：计算持续时间。

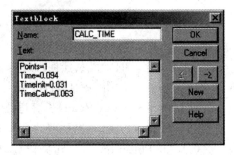

图 3－21　文字块设置

在 File≫Project Info 中输入项目信息后，可自动在 Textblocks 库中产生相应信息，具体对应关系见表 3－1。

表 3－1　　　　　　File≫Project Info 中输入的信息与 Textblocks 的对应关系

Textblocks 的名称	对应 Project-Info 的含义
PI_TITLE	项目名称
PI_CLIENT	客户名称
PI_PROJEKT	项目内容
PI_COMMENTS	项目备注
PI_AUTHOR	作者
PI_KEYWORDS	关键词

• 另外，可用文字块控制计算批处理的计算参数，详见 9.8.5 节。

3.2.7　Help(帮助)

Contents：打开帮助文件。

Search：搜索帮助内容。

Check for update：查找是否有更新版本。

About CadnaA：显示软件版本号及安装模块等。

3.3　Modify Objects（修改物体）

3.3.1　常用命令

Modify Objects 为应用最多的快捷命令之一，建模或计算中，用户可任意在屏幕空白位置或选择封闭区域（如选择 Section 或 Calculation Area 等），右键在快捷菜单中选择该命令进行批量操作，弹出的对话框如图 3 - 22 所示。

1. Action

下拉框中选择需要的快捷操作命令。

常用命令如下，其中大部分命令与选择物体后右键弹出的菜单命令一致。

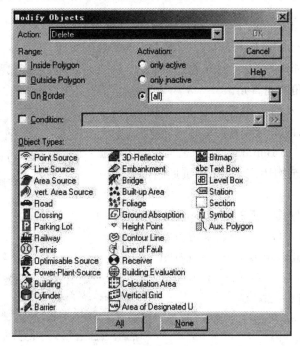

图 3 - 22　Modify Objects 操作设置

（1）Delete：删除物体。

（2）Modify attribute：修改物体属性。

（3）Duplicate：批量复制物体。详见 2.6.6 节，部分选项进一步说明如下。

Move Center Point：将批量复制的物体沿水平及垂直方向移动的距离。

如图 3 - 23，选择最左下角的预测点，右键选择批量复制后，如水平方向复制 5 个，垂直方向复制 2 个，Move Center Point 选项中水平及垂直方向分别输入 20 和 10，则被批量复制的物体沿所选物体 x 及 y 方向坐标偏移 20 及 10。

$5 \times 2 = 10$ 为复制后的物体总数，包含所选的物体。

Scaling Factor：输入被批量复制的物体在水平及垂直方向的放大倍数。

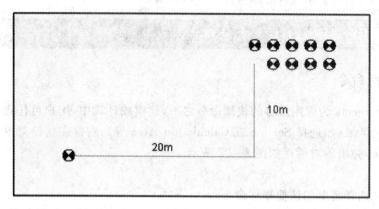

图 3-23　Move Center Point 水平及垂直方向分别设置 20,10 后的结果

Rotation around Center Point：输入被批量复制的物体沿中心点旋转的角度。

（4）Force Rectangle：适用于仅有 4 个坐标点的封闭物体，将物体形状转化为矩形。

（5）Orthogonolize：适用于封闭物体，将满足输入条件的多边形的内角转为直角。

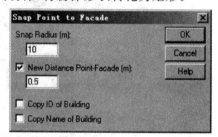

图 3-24　捕捉设置情况

Snap Angle 输入的为角度的容差，如输入 30 度时，则 60～120 度的内角均转为直角。

（6）Snap Point to Building Façade：通过设置捕捉半径及预测点距建筑物距离，捕捉建筑周边的预测点至建筑立面处。

如某预测点距距其最近的建筑 5m，则按图 3-24 设置后，该预测点将被放置在距建筑物表面 0.5m 处。

Copy ID of Building 及 Copy Name of Building：将建筑的 ID 及名称赋值给预测点。

（7）Modify Order of Points：修改物体坐标点的顺序，见图 3-25。

Reverse Order of Points：选择后将物体坐标点的顺序反置设置。

Point with max. Weight becomes Point 1：通过输入的规则确定第一个坐标点的属性。

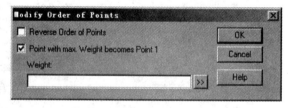

图 3-25　修改物体做标点顺序设置

如 Wight 中选择 ground，则将设置坐标点对应的地面高度最高的那个点为第一个坐标点，如输入 x 则选择 x 坐标最大的点为第一个坐标点。

（8）Spline：通过增加坐标以使曲线光滑，如建模道路时，输入主要坐标点后再利用该命令达到快速建模目的（图 3-26）。

（9）Simplify Geometry：减少物体的坐标点以缩小模型的占用空间。

如从 Autocad，Arcgis 等导入的数据，由于数据点过于密集从而导致文件很大，为了降低文件大小，删除不必要点而设置的功能。

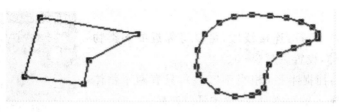

图 3-26　Spline 使用使用前及使用后效果

如图 3-27,从 Autocad 导入的道路,坐标点过于密集,如利用道路的 PO_PKTANZ 属性可知,坐标点数为 159 个。

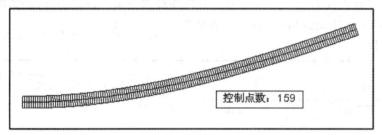

图 3-27　道路的道路坐标点为 159 个

选择道路,右键选择 Simplify Geometry 命令,弹出如图 3-28 窗口。

可输水平允许误差,也可以附加输入垂直误差,则物体两个相邻坐标点之间距离如果小于上述值,则该点将被删除。

对本例如水平允许误差输入 1,则确定后,则道路坐标点优化为只有以下 4 点图 3-29。

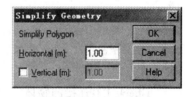

图 3-28　简化物体坐标点设置

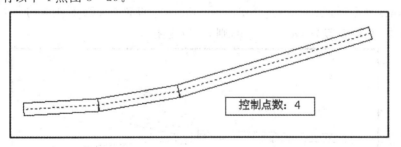

图 3-29　简化物体坐标点设置后坐标点由 159 个变为 4 个

(10) Break into pieces:将所选的物体打断为一段一段的线段,设置见图 3-30。

Lengh of Pieces:被分段的每段的大小。

Number of Pieces:分段的个数。

Split Polygon Points:在坐标点处分段。

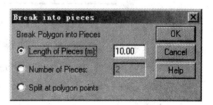

图 3-30　将物体分段设置

（11）Connect Lines：连接线段，可以将邻近的同类物体连接为一个物体，设置见图 3-31。

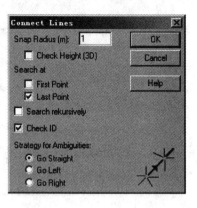

Snap Radius：捕捉半径（相当于容差），只有两个物体的距离小于此处输入的距离时，物体才可以连接。

Check Height：选择后，物体在连接时除了检查平面距离外，还将检查垂向高度的差别。

以图 3-32 为例，a,b 两段道路，距离相距为 x，如 Snap Radius 中输入为 1，则 x 小于 1 时 a,b 可连接为一条道路。勾选 Check Height 后，只有 a,b 的高度差也小于 1 时，才可以连接。

图 3-31　连接线段设置

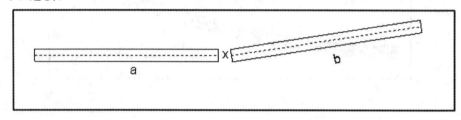

图 3-32　相距为 X 的两条道路

Search at first/last point：在物体的第一个/最后一个坐标点处搜索连接点。

Search recursively：选择后，两个物体连接为一个物体后，仍在新连接后的物体两端搜索连接点。

Check ID：连接的物体需 ID 一致。

Strategy for Ambiguities：设置当搜索点方向有几个满足要求的连接点的时候，与哪个点连接，如图 3-33，如在 a 道路的终点的 b,c,d 三条道路都符合连接条件，则选 a，右键选择 Connect Lines 命令时，如 Strategy for Ambiguities 中设置 Go Left，则 a 与 b 连接；设置 Go Right，则 a 与 d 连接；设置 Go Straight，则 a 与 c 连接。

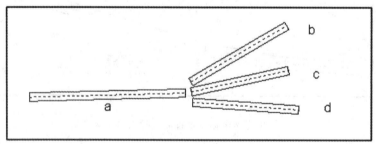

图 3-33　Strategy for Ambiguities 设置不同将使 a 与 b,c,d 三条道路的某条连接

（12）Transformation：变换操作，详见 4.6 节。

（13）Convert to：转换物体的类型。

（14）Generate Rails：适用于铁路，利用选择的铁路产生一组铁路。

（15）Generate Station：适用于道路或铁路，生成里程桩号。

（16）Generate Label：产生标注框。

示例见 Sample 3-2。

选中一个物体如 Receiver，右键可选择 Generate Label 命令，弹出的窗口见图 3-34。

上半部分是生成标注框的位置信息。

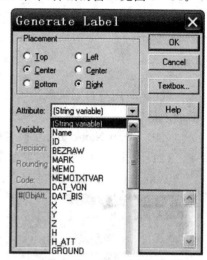

图 3-34　Generate Label 设置

中间的 Atribute 是属性，可以通过下拉框中选择所选物体属性。如对于 Receiver（预测点），如选择 LP1 属性，则 Label 中的内容就是 Receiver 的昼间噪声值。

可以观察最下边的 Code 属性，此时的格式为：

#（ObjAtt，1%，LP1，1，0.500）

#（）为格式；ObjAtt 表示引用的是物体属性；1% 为物体的内置编号，具体软件会自关联，不需要修改；LP1 为昼间噪声值的内置保留字；1 为保留小数 1 位；0.500 代表小数位的进位方式。

因此，在选择时，我们可以选择在 generate label 的 Attribute 下拉框中选择自定义，修改如下。

昼间：#（ObjAtt，1%，LP1，1，0.500）；

夜间：#（ObjAtt，1%，LP2，1，0.500）。

最后产生的结果见图 3-35。

（17）Generate Floors：适用于预测点，利用该预测点产生一组不同高度的预测点，可利用所选择的点最多生成 99 个不同高度的垂直预测点。

（18）Parallel Object：在所选物体的旁边生成一个与该物体平行的物体，主要设置如下。

Object：下拉框中选择生成的物体。

Left/Right from Active Object：在所选物体的左侧或右侧生成物体，参照方向为物体坐标点起点至终点方向。

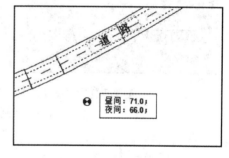

图 3-35　预测点旁标注预测值

Distance：生成的物体距所选物体的距离。

Height Offset：生成的物体的高度与所选物体高度的偏移量。如设置为 0，则生成物体高度与所选物体高度一致，正数表示生成物体高度高，反之低。

Station Range：生产物体的范围。对道路或铁路等线声源，可在 Geometry 中设置起点里程桩号（Station），默认为 0。

如道路长度 200m，在道路右侧 12m 处，Station Range 从 0 到 150m 处生产一屏障后效果见图 3-36。

（19）Activation：设置物体的激活属性。

inactive：物体均不激活。

active：物体均激活。

indeterminate：物体均设置为中间状态，其激活与否取决于物体所在的组。

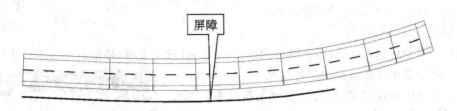

图 3 - 36   道路旁设置声屏障

general：用户自定义激活属性，如将激活的不激活，不激活的激活等。

（20）Swap Name/ID：互换名称及 ID。

（21）Delete Duplicates：删除重复物体，设置见图 3-38。

Take into account：删除时考虑的因素。

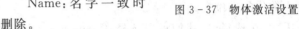

图 3 - 37   物体激活设置

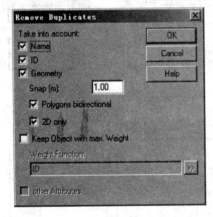

图 3 - 38   删除重复物体设置

Name：名字一致时删除。

ID：ID 一致时删除。

Geometry：设置要删除的重复物体的坐标属性。

Snap：输入容差范围，只要两个物体的坐标差小于该范围时才删除。

2D only：仅控制重复物体的 X Y 坐标，不控制 Z 坐标，即如果两个物体 Z 坐标不满足删除条件，但 X Y 坐标满足，即被删除。

Polygons bidirectional：选中后，如果两个物体满足所需的删除条件（如 snap 输入 1），但坐标点顺序不同，则也被删除。

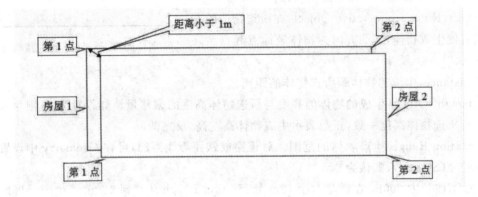

图 3 - 39   Polygons Bidirectional 选中后，房屋 1 或房屋 2 将删除

示例见 Sample3-3。

如图 3-39 中 2 个房屋，房屋 1 的第 1,2 坐标点在上部，房屋 2 的第 1,2 坐标点在下部，2 个房屋 1,2 坐标点对应之间距离均远大于 1m，但平面之间距离小于 1m。在 Snap 中设置 1m，勾选 Polygons Bidirectional 后，房屋 2 可以删除。如果不勾选该选项，房屋 2 将不删除

（因为房屋对应坐标点之间的距离大于 1m）。

Keep Object with Max Weight：选中时可输入条件，确定保留物体的属性。

如上例，该选项输入 ha，表示房屋高度大的予以保留，假设房屋 2 为 22m，房屋 1 为 20m，则房屋 2 保留。

如不设置改选项，则保留的物体取决于其在 Table 表中的位置属性，表中在前的保留。

（22）Fit DTM to Object：

DTM：Digital Terrain Model，为数字地形模型。

该命令是让地形来适应物体，如在模拟道路路堑或挖方路段时，通常不是采取输入等高线等方法进行操作，因为这样比较麻烦，而是在道路的高程数据输入完成后，利用该命令自动进行挖路堑（或挖方）的设置，该命令在选中物体两侧生成 4 条等高线，用 4 条等高线表示新的地形。详见 6.8 节。

（23）Fit Object to DTM：让物体适应地形，详见 6.8 节。

（24）Break Lines：打断线段。

如图 3-40，辅助线与 AB 道路相较于点 C，右键选择辅助线，选择 Break iLines 命令后，将把道路打断为 AC 及 CB 两条道路。

（25）Generate Building Evaluation：在房子内部放置 Building Evaluation，用于计算房屋的建筑物立面声场。

图 3-40　Break Lines 设置

2. Range

选择操作对象的范围，如空白处选择的 Modify Objects 命令，则该选项为灰色。如选择如 Section 等封闭区域选择的操作，可选择对封闭区域内（Inside Polygon）、区域外（Outside Polygon）或与封闭区域边界线相交（On Border）的物体进行操作。

3. Object Type

选择操作的物体类型，可通过 shift,ctrl 等键连续选择或间隔选择。

4. Activation

被选物体的状态。

only active：只选择激活物体。

only inactive：只选择非激活物体。

下拉框：可选择物体管理器（Object Tree）中设定的组。

5. Condition

勾选后可输入表达式对选择条件进一步确定。

3.3.2　其他

（1）Input of Point（输入点坐标）

选中工具箱的物体，如房屋，要插入房屋时，可以直接在图上依次在需要的位置用鼠标左键点击确认，也可以直接通过坐标输入，输入时只要输入数字则将弹出如图 3-41 所示窗口。

X 及 Y 为插入物体的水平及垂直坐标；

选择 Relative,则插入坐标点为相对前一个坐标点的相对值;

选择 Polar,则此时插入点坐标由平面坐标转为极坐标,可分别如入插入点角度及距离等。

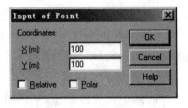

图 3-41　输入坐标点

（2）Display Ground Height(显示地面点)

CadnaA 中,地形由等高线、突变等高线、高程点等控制,Grid 中的计算网格不仅计算了噪声值,还同时计算了项目的地面高程点,在工具栏下拉框中选择 Ground 时可以显示将地面高程点以类似噪声等值线的形式显示,同时可以按 ALT＋F12 键将计算的地面等值线图转为等高线。

（3）Generate Building(生成房屋)

预测工厂噪声时,通常可以预测或类比出厂房室内的混响噪声,而后预测厂房维护结构辐射噪声对周围敏感目标的影响,此时就需要这个命令,具体步骤为:

① 首先绘制水平面声源,设置相关参数(只需要给出相关的室内混响噪声(Indoor Leverl)及 Transloss 等必要参数即可,不需给出高度等参数)后,而后右键选择该命令,将在房屋四周及顶部产生了相应的垂直面声源及一个水平面声源,对周围环境的影响是利用这 5 个面声源的影响来进行计算。

② 该命令应用时注意所产生的房屋周围的垂直面声源中指向性因子 K0 默认为 3,因为是房屋四周不同侧面各产生了一个垂直面声源,相当于从房间辐射出来的噪声有一定指向性,相当于半无限空间传播。

③上述垂直面声源为房屋主体维护结构的影响,未包含窗户、门等维护结构的影响。

④Generate Building 弹出对话框见图 3-42 右上图,各项含义如下。

Height of building rel.(m):房屋相对高度,也是生成的垂直面声源的高度;

Height of ground abs.(m):房屋所在地面的绝对高度;

Absorption:房屋外立面的吸声系数。

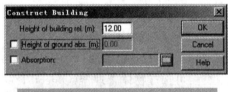

垂直面源

图 3-42　Generate Building 操作

4　导入操作

一般而言,通常在已有资料基础上完成 CadnaA 模型的建立,如通过导入 Autocad 格式或 Bitmap 格式的平面图,在此基础上进行模型建立。

本章以常见图形或数据为例,主要介绍导入 Autocad、数据库数据、Google Earth 影像、位图及 Arcview 等数据的一般方法及注意问题,导入其他数据方法与其类似,同时,本章对数据变换(Transformation)操作做了介绍。

4.1　导入 Autocad 文件

导入 DXF 格式的 Autocad 文件时,应尽量遵循如下选择:

(1)宜将不同物体分层放置在 CAD 的不同图层中。

(2)在 3.7.126 版本开始,软件已经可直接导入 Autocad 的 DWG 格式的图形,在该版本之前,只能导入 Autocad 的 DXF 格式图形。由于对 DWG 格式的支持问题,软件在导入 DWG 格式文件时会有部分元素丢失现象,因此建议仍以导入 DXF 格式文件为主。

在 DWG 格式另存为 DXF 格式前,一些不必要的文字符号、构造线等不需要导入 CadnaA 的物体应在 DXF 中删除。

(3)导入的物体的 Z 坐标在 CadnaA 中为物体的绝对高度。

(4)CadnaA 中的闭合物体如房屋、面声源等在 CAD 中都应以闭合多段线表示,三维物体如房屋等,每个点的 Z 坐标值导入后为绝对高度。

(5)对非闭合物体如道路、铁路、线声源等在 CAD 中应以非闭合线表示。

(6)对道路而言,在导入时,只导入道路的中心线,路的宽度需要在导入后设置,如果在 CAD 中道路的各车道中心线都有,也可将每条车道分别导入(除非路很宽,通常情况下,一般道路不用如此设置),然后输入各车道的车流量。

• Autocad 图形导入时,默认设置为 1 个 CAD 单位为 CadnaA 中的 1m,如果 Cad 中 1 个单位不是 1 米,则可通过 Transformation 进行相关操作,详见 4.6 节。

以 DXF 文件为例,通过菜单 File≫Import,在弹出的窗口下边的文件类型中选择 AutoCad－DXF,此时选择要导入的 DXF 文件,选择 Options 可弹出如图 4－1 所示窗口,相关设置如下。

Object type:为 CadnaA 中的物体类型,如点声源、道路、桥梁、房屋、等高线、辅助线等。

Layer:为要导入的 DXF 文件的各图层的名称,如 CAD 中所有房屋均在图层名为"房屋"的图层上,则可以在 Object type 中选择 Building,在 Layer 中双击打开窗口选择"房屋"图层。

Import only Section(只选择某一区域导入):选择该选项,可在下拉框中选择 CadnaA 中命名的 Section 的名字,这样,导入时,只导入该 Section 中的相关内容。

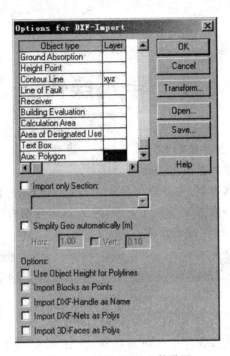

图 4-1 导入 DXF 文件设置

Use Object Heights for Polylines：选中该选项时，导入后物体的高度为 DXF 文件中定义的物体高度与 CadnaA 的 Z 坐标高度之和。

如 Cad 中定义的房屋高度为 15m，CadnaA 中定义的 Z 坐标高度为 20m，则导入后房屋的绝对高度即为 15＋20＝35m。

Import Blocks as Points：选择该选项表示将 Cad 中的块导入为点类物体，如 Cad 中高程点通常表示用十字线表示并定义为块，如选择该项，则该块可导入为 CadnaA 中的一个点（高程点），否则则为辅助线。

如在 Cad 中，高程点有时候用十字星或三角号组成的块表示，如果不激活该选项，则在导入时就导入了十字星或三角号，而不是希望的高程点了。

Import DXF－Handle as Name：选择后允许将 DXF 文件的标识符（也称为 Handle）导入 CadnaA 中，如通过 ODBC 方式导入数据的时候，可选择该选项以同步 DXF 文件中的相关信息与数据库中的一致，将 DXF 文件的 Handle 导入到物体的 Name 属性中，然后通过 Modify Objects≫Swap Name/ID 命令互换物体名称与 ID 中的内容。

Import DXF－Nets as Polys：选择该选项时表示可以导入 Cad 中的填充色块，填充色块导入为辅助线，填充色块导入的一些进一步设置也将在后续版本中进一步开发。

4.2　通过数据库方式导入数据

原理：通过 ODBC(Open Database Connectivity)与数据库连接。ODBC 是微软开发的与不同数据库格式连接的接口，要利用 ODBC，只要系统安装了相应的驱动即可，通常情况下，只要系统正确安装，大部分的 ODBC 连接驱动均可使用。

1.导入文本格式示例

示例见 Sample4-1。

（1）首先定义 ODBC 数据源，以 Windows XP 为例，可通过控制面板≫管理工具≫数据源（ODBC）中定义一个数据源名称（称为 DSN：Data Source Name）进行，这里可以定义用户数据源、系统数据源及文件数据源，用户数据源仅登录到 Windows 系统的用户可用，系统数据源则全部用户可用，文件数据源将关联一个文件。

如本例，已通过 GIS 数据获取了项目地形数据，并将其存储为了文本格式，具体见 Contour. txt 文件。

图 4-2　导入文本格式

在 ODBC 定义中选择用户数据源页面（当然也可选择系统数据源），通过添加选择"Microsoft Text Driver"，选择完成（图 4-2），如将数据源名称定义为"地形文件"，通过"选择目录"选择本例地形文件 Contour. txt 所在的目录，如图 4-3 左图。

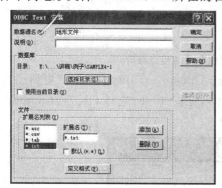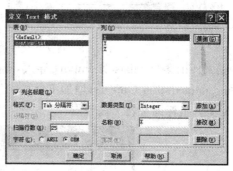

图 4-3　通过 ODBC 数据库导入数据

选择定义格式，在表中选择 Contour. txt 文件，勾选列名标题，格式下拉框中选择 Tab 分隔符，点击右边的猜测按钮，可显示各列名称，该名称在后边选择中要用到，见图 4-3 右图。

• 说明：如果源数据中未定义各列名称，则默认页可用 F1、F2…Fn 等作为第一列、第二列……第 n 列名称引用。

Contour.txt 格式如图 4-4,该文件数据间用 TAB 键分隔,第一行需有标志行(类似数据库表的字段名)。

(2) 在 CadnaA 软件的菜单的 File≫Database≫Definition 中,通过 Data Source 选择刚才的数据源"地形文件"。数据库链接成功后,界面左侧选择要导入的数据库关联的 CadnaA 物体类型,此例为 Height Point(高程点),右边勾选"Import Object Type"选项,则可选择与源"地形文件"相关联的文件,本例选择 Contour.txt 文件。

• 说明:上述(2)中也可以直接在选择 Data Source 的时候同时定义数据源,效果与(1)类似。

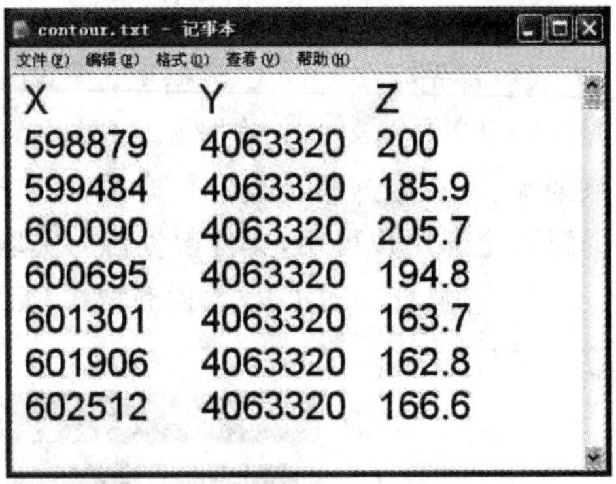

图 4-4　文本格式数据示例

(3)将数据导入为高程点(Height Hoint)时,只要分别将 Contour.txt 的 X,Y,Z 坐标分别赋值给高程点的 X,Y,Z 坐标即可。要完成该功能,只要双击 Assign Columns 下边表中相应的行弹出窗口,进行对应选择即可,然后选择 OK 确认关闭窗口(图 4-5)。

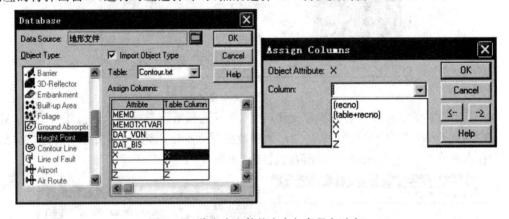

图 4-5　将文本文件的内容与高程点对应

(4)通过 File≫Database≫Import 导入,点选 Update existing Objects(更新已有数据)及 Append nonexisting Objects(增加不存在物体),见图 4-6,选择 OK 后,Contour.txt 文件每行 X Y Z 坐标即被转为高程点。

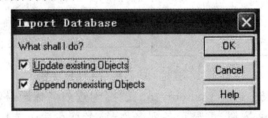

图 4-6　导入数据方式(更新既有数据或增加不存在的物体)

• 说明:(4)完成后,如果平面没有显示,可通过更改高程点显示属性(菜单 Option≫Appearance 功能)及变更自动计算图形显示界限(菜单 Option≫Limits 打开后点击 Calc 按钮)。

2.导入 EXCEL 格式示例

示例 EXCEL 文件见 Contour. xls。

如果待导入数据是 EXCEL 格式,则导入过程与上述类似,要注意如下几点:

(1)建立数据源时,可用"Microsoft Excel Driver"或"Driver do Microsoft Excel"等 OD-BC 驱动程序。

(2)在 EXCEL 中,需要为给要导入的数据标注名称,如本例 Contour. xl 文件,选中所有数据后,在名称框中输入 Contour,见图 4-7 左图。

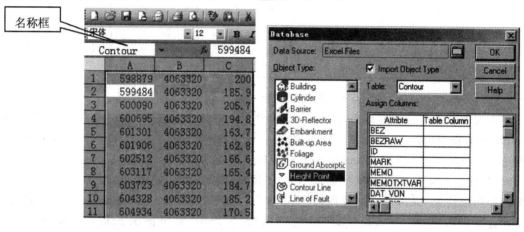

图 4-7 通过 ODBC 数据库接口导入 excel 格式数据

(3)在 File≫Database≫Definition 页面,勾选"Import Object Type"后,则可在 Table 的下拉框中选择刚才定义好的名称 Contour(见图 4-7 右图)。

4.3 利用 Google Earth 导入图形

3.7 版本开始,CadnaA 可以与 Google Earth 无缝连接,可以选择将 Google Earth 的影像导入到 CadnaA 中作为项目底图并进行自动校准,同时建模完成后,可以输出为 Google Earth 后缀名为 KML 或 KMZ 的文件,并在 Google Earth 中打开,在 Google Earth 中显示建模及等值线图显示结果。

示例见 Sample4-2,该例所在区域以上海浦东张杨路民生路口附近为例。

(1)新建一个 CadnaA 文件后,首先在 Option≫Coordinate System 中定义坐标系,软件内置了众多的全球坐标系统,可在弹出的下拉框中选择 UTM Coordinates(northern hemisphere)(北半球坐标系),其他设置默认。

(2)工具箱上选择 Bitmap,插入一个 Bitmap 图框。

(3)双击 Bitmap 图框,选择 Import from Google Earth 导入地图,在弹出的窗口(图4-8)中可先选择第一项 Select in Google Earth and modify the Bitmap-dimention(在 Google Earth 中选择一个视图并修改 Bitmap 的坐标界限),同时勾选最下边的 I agree with the Conditions of Use(同意使用条款)选项。

这一步是进行第一次定位,定位中不要勾选 Position to Current Cadna View(让 Google Earth 的坐标匹配至与 CadnaA 的一致),这是因为,本例中,是新创建的 CadnaA 文件,其默

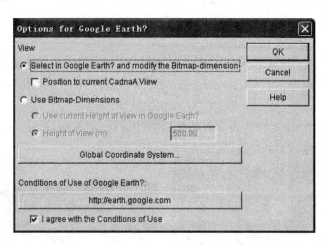

图 4-8 通过导入 Goole Earth 图像作为底图

认左下角坐标为(0,0),右上角坐标一般为(1000,1000)。而我们要导入的底图通过 UTM coordinates(northern hemisphere)坐标展开后与 CadnaA 目前坐标并不一致,将 CadnaA 的现有坐标转化为 UTM coordinates 的相应坐标后得不到所要的结果。

(4)选择 OK 后,系统将自动启动 Google Earth 并将视图指向 Datakustic 的总部——德国穆尼黑西侧约 40km 的格莱芬贝格(Greifenberg),然后,可以在 Google Earth 中选择项目所在处的视图(图 4-9),定位好后,到 CadnaA 界面中,系统提示 Select view in Google Earth and press OK,选择 OK,然后程序将在 Google Earth 中将当前视图捕捉下来并弹出窗口要求对当前捕捉的视图进行存盘,后缀名为 BMP 格式(图 4-10)。

图 4-9 在 Google Earth 中选择项目区域

图 4-10 在 Google Earth 中选择项目区域后进行确认操作

(5)将捉图文件存盘后(BMP 位图格式),弹出如下对话框 Bitmap is outside of Limits. Enlarge Limits(位图的坐标超出当前的图形界限),表明所捕捉的位图经坐标展开后,坐标大于 CadnaA 图形界限,提示是否将图形界限扩大,选择"是(图 4 – 11)",则 Google Earth 的影像被导入到了 CadnaA 中并自动进行了自动校准。

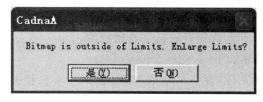

图 4 – 11   位图的坐标超出当前的图形界限时的提示框

• 说明:有的时候,项目区域可能很大,如果再用前述方法,则导入后图像精度较差,应进一步采用以下方法。

① 用前述方法先初步定位,定位的区域大小是项目全部区域。

② 定位好后,双击 Bitmap,重新点击 Import from Google Earth 选项,再勾选第二个选项 Use Bitmap Dimention(使用位图的坐标),在 Height of View 中设置合理的高度(该高度代表 Google Earth 中的视点高度),通常设置 300～500m 即可,这是中国大陆一般能够达到的最大精度,数字再小也通常意义不大。OK 确认后,可以看到 Google Earth 中与 Bitmap 坐标对应的卫星图在当前的高度视图下自动获取图片并进行拼接,处理好的图片需要保存在硬盘中并作为项目文件的相对引用即可。

图形导入后,在 Cadna 中绘制的物体也可以显示在 Google Earth 中,利用菜单 File≫Export 输出为 Google Earth 文件,输出过程中,有如图 4 – 12 设置:

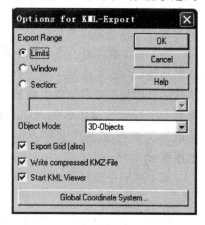

图 4 – 12   输出 KML 文件设置

Export Range(输出范围)

Limits:输出整个图形界限的物体;

Window:输出 CadnaA 中当前窗口中的物体;

Section:可通过下拉框选择一个区域框(Section)进行输出。

Object Mode(物体类型)

Screenshot Only:只进行平面输出;

2D-Objects:输出二维物体;

3D-Objects:输出三维物体;

Export Grid(also):同时输出水平声场图;

Write compressed KMZ-File:输出为压缩性的 KMZ 文件;

Start KML Viewer:输出后马上打开 Google Earth 查看文件。

4.4 导入位图格式图形

导入位图图形时,关键是对图形校准,即将导入的图形通过比例调整使其所代表的实际距离与被 CadnaA 识别。

导入位图方法与导入 Google Earth 图形基本一致,只不过利用 Google Earth 导入时,图形是截取自 Google Earth 的底图并进行了自动校准。

导入位图格式图形步骤如下,示例见 Sample4-3。

① 新建一个 CadnaA 文件,在空白处插入 Bitmap,在编辑状态下双击边框打开属性设置框进行相关设置。

② 在弹出的设置窗口中选择 File 旁边的文件打开框 ,选择本例的 Sample4-3. bmp 文件,确定后返回,则 Sample4-3. bmp 底图已被成功导入到 CadnaA 中。

③ 接下来对图形进行校准,在 Bitmap 属性设置框中选择下部选择 Calibrate Bitmap…,弹出如图 4-13 对话窗口。

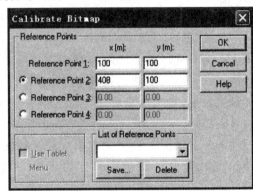

图 4-13 校准位图设置

该窗口最多提供了 4 个参照点,可输入 4 个参照点坐标并依次将这 4 个参照点指定至图形的具体位置从而达到校准图形的目的。

由于实际使用中,导入的位图通常作为项目平面图,X,Y 方向的坐标比例一致,因此,最便捷的方法是指定两个水平或垂直的参照点的坐标即进行校准。如本例,已知该图水平方向距离长 308 米,则两个水平点的坐标输入可如上图所示。

其中第 1 个参照点:$x=100,y=100$
　　　第 2 个参照点:$x=408,y=100$

由于两个点 y 坐标一致,则水平长度即为 $408-100=308$ 米。

• 实际输入中,当然也可以将第 1 个参照点输入:$x=50,y=60$,第 2 个输入点输入:$x=358,y=60$ 等,只要确保 2 个点水平距离为 308m 即可,具体根据需要而定。

④ 参照点坐标输入后,选择 OK,弹出校准位图页面,左上角有提示输入相应校准点位置(见图 4-14),如本例,图形左下角为参照点 1,右下角为参照点 2,依次用鼠标在图像上选择左下角及右下角即可。

图 4-14 选择坐标点进行位图校准

⑤ 输入完成后,可弹出窗口选择是否保存图形,可选择否,最终完成导入及校准工作,接下来可参照该底图开展声学建模工作。

4.5 导入 Arcview 数据

除了最常用的导入 Cad 等格式图形外,CadnaA 也可以导入 ArcView 等 GIS 系统格式的数据,该数据默认是以 shp 作为后缀名的文件,如以某城市某社区为例,要导入的 ArcView 文件名为"Test.shp",该 shape 文件只有一个图层,表示的为建筑物外轮廓线,导入过程如下,示例见 Sample4-4。

① File≫Import 中打开导入窗口,文件类型中选择 ArcView 格式。

② 找到表示某社区的 shape 文件"Test.shp",选择该文件。

③ 在导入窗口的右下角选择"Option"按钮,弹出如图 4-15 左图的设置窗口,在弹出的窗口中选择"Test.shp"文件中与 CadnaA 中物体类型相关联的图层,由于该文件只有一个图层表示房屋,因此在 Building 中选通配符"＊"与之对应。

④ 勾选 Unknown Atribute to Memo-Variable:表示将该层其他的相关属性导入到物体(及本例的房屋)的 Memo 窗口中,这是因为 shape 文件中除了包含最基本的平面信息外,还可能包含了如地址、楼层等信息的众多附加信息(信息情况根据 shape 文件确定),可以将这些附加信息导入到 Memo 窗中进一步处理。

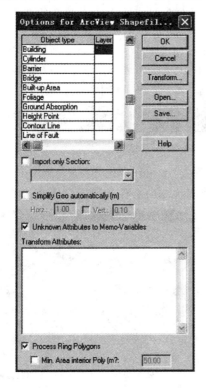
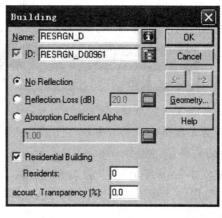

图 4-15 导入后缀名为 shp 的 ArcView 文件

⑤ 导入过来以后,可以看到房屋导入成功,双击某个房屋,可以看到 Name 后边的 ![icon] 按钮(如图 4-15 右图)为蓝色,表示 Memo 窗口中包含了相关信息(这是选择了 Unknown Atribute to Memo-Variable 的原因),单击后,弹出如图4-16图窗口,其中的内容就是与相

应房屋相关的数据,可以看到,ADRE 表示地址,FLOOR 表示楼层等,所以这些信息可以被 CadnaA 进一步处理。

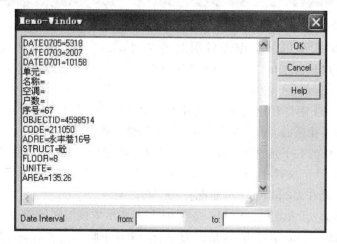

图 4-16　导入 ArcView 中的房屋后房屋属性导入到 Memo 窗口中

• 导入后,如果看到的是空白,并非由于物体没有成功导入,而是由于图形界限太大,导致实际导入的物体位于屏幕角落从而难以发现,通过鼠标滑轮缩小屏幕显示,可以看到导入的物体位于屏幕某个角落。

• 另一种看是否导入成功的方法为:通过菜单 Table 看是否有相应物体,如本例,导入后,Table 下的 Other Objects 前有√号,进入相应的物体表,任意选择一物体,通过选择 Sync Graphic(同步图形)选项,可将所选择物体自动显示到屏幕中(图 4-17)。

图 4-17　在辅助线表中选择 Sync Graphic 将选中的物体自动显示到屏幕中

⑥ 接下来就是把楼层数乘以 3(认为每层楼高为 3m)后作为楼层高度赋值给建筑物。

空白处右键单击选择 Modify Objects,在弹出的窗口中的下部分操作的对象中选择 Building,动作中选择 Modify Attribute,在弹出的窗口,属性中选择 HA(代表房屋高度),在 Arithmetic 中输入 New Value = 3 * Memo_Floor(图 4-18),表示将 Memo 窗口中的 Floor 的值乘以 3 后作为房屋的高度赋值给房屋高度 HA。

• 说明:对导入 GIS 等格式数据而言,在导入设置中,通过选择"Unknown Atribute to Memo-Variable"选项,可将一些附加信息导入到 CadnaA 物体的 Memo 窗中,从而通过"Memo_名称"引用相应内容。

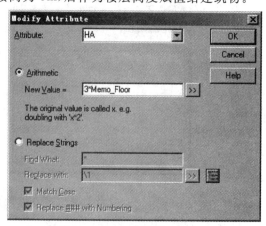

图 4-18　修改房屋的高度

4.6 Transform 操作

在导入操作中,选择要导入的文件后,通过选择 Option,在弹出的窗口中选择 Transform,可以对数据进行坐标变换操作。

各设置介绍如下:

① Roatation＋Translation:旋转＋坐标平移。如图 4-19 左图,将围绕旋转点(Center of Rotation 中设置)逆向旋转 20 度,然后将旋转后的坐标 X 方向加 40,Y 方向加 30 进行移动。

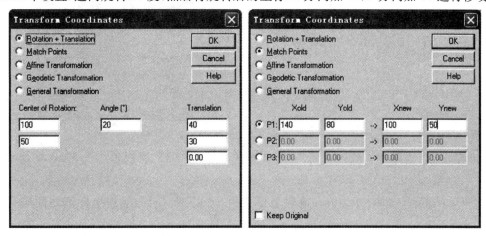

图 4-19　Transform 的设置界面

② Match Points:匹配坐标点,最多可输入 3 个匹配点,但实际应用中,一般使用一个点也可,其余点将根据该点设置情况自动转换。如图 4-19 右图,将点(140,80)平移至点(100,50),即相当于坐标 X 方向减 40,Y 方向减 30。该例相当于操作①中不考虑旋转时的逆操作。

③ Affine Transformation:自定义坐标变换,见图 4-20,为更为灵活的坐标变换方式,既可考虑旋转,还可以考虑坐标平移因素。

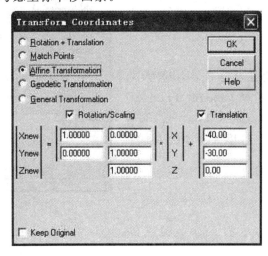

图 4-20　自定义变换操作

•说明：当进行了坐标变换后，可以在 Affine Transformation 中看到相应的参数设置。如图 4 - 20 即是操作②在 Affine Transformation 中应输入参数设置方式。

在 Affine Transformation 设置中，旋转及放大因子由一组向量表示，如要将所有导入的点沿原点(0,0)旋转，则该向量该如图 4 - 21 左图所示。

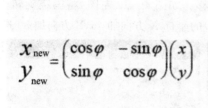 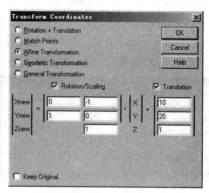

图 4 - 21　自定义变换操作

如图 4 - 21 右图意为围绕原点(0,0)顺时针旋转 90 度后，然后将(0,0)坐标平移至(10，20)。

④ Geodetic Transformation：地理坐标变换，可以在不同的地理坐标系之间进行坐标变换。

⑤ General Transformation：一般变换，可用表达式方式输入新坐标点的表达式。如在导入如 Autocad 图形时，图形比例与实际比例不一致的情况可以该变换方式。

如对于大多数房产项目设计，设计院多用 1：1000 的图形比例，即 CAD 图纸中，1000 个单位为实际的 1m，此时如果不进行坐标变换，则实际的 1m 在 CAD 中为 1000 个单位，在 CadnaA 中将被视为1000m，这相当于把图形坐标比例放大 1000 倍。

为解决该问题，方法一就是更改 CAD 图形，在 Autocad 中就对图形进行缩小操作，缩小后再导入 CadnaA 中，对部分元素可以，但部分元素缩小如此大倍数后会有些其他问题导致匹配性较差。

因此，推荐的解决办法就是在导入过程中，通过 Transform 设置，选择 General Transformation 进行坐标变换，直接输入 $X_{new} = x/1000$，$Y_{new} = y/1000$ 即可(见)。这里 x,y 即代表原来的坐标，见图 4 - 22。

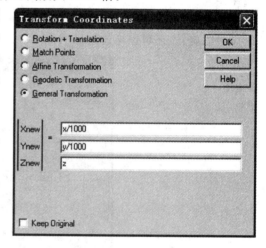

图 4 - 22　一般变换设置

5 声 源

5.1 概述

CadnaA 可处理普通声源及特殊声源两大类型,其中普通声源可输入单一频率或频谱,如果声源输入的为频谱,则预测点的计算结果也以频谱显示。

频谱可通过本地或全局库(Table≫Libraries)的 ID 名称引用,频谱也可采用不同的计权方式输入。

普通声源包括:

点声源(Point Source);

线声源(Line Source);

水平面声源(Area Source);

垂直面声源(Vertical Area Source)。

特殊声源包括:

① 道路(Road);

② 停车场(Parking Lot);

③ 信号灯(Traffic Lights);

④ 铁路(Railway);

⑤ 飞机(Aircraft),需另外购买 FLG 模块;

⑥ 网球场(Tennis)。

5.2 普通声源的基本概念

5.2.1 Point(点声源)

如果声源的尺寸远小于声源到预测点的距离,则该声源可视为点声源,典型的点声源如排风口、水泵、马达、小型压缩机等。

在声环境影响评价中,当声源中心到预测点之间的距离超过声源最大几何尺寸 2 倍时,可将该声源近似为点声源〔见环境影响评价技术导则 声环境(HJ 2.4-2009)〕。

5.2.2 Line Source(线声源)

如果声源的尺寸主要向一个方向延伸,另两个方向尺寸与声源至预测点距离相比很小,则该声源可视为线声源,典型的线声源如管道、传输带、运输线路等。

线声源是以柱面波形式辐射声波的声源,辐射声波的声压幅值与声波传播距离的平方根(r)成反比。

线声源计算时,CadnaA 软件采用 Projection Method(投影法)方法,即首先将线声源分成被遮挡及不被遮挡两大部分,而后各部分再微分成更小的区块,每个小区块作为点声源参与计算(即每微分区块长度小于微分因子与声源距预测点距离的乘积,详见 10.5 节)。

5.2.3 Area Source 及 Vertical Area Source(水平及垂直面声源)

如果声源的尺寸向两个方向延伸,而另一个方向尺寸与声源至预测点距离相比很小,则该声源可视为面声源,面声源可分为水平面声源及垂直面声源,水平面声源外轮廓为闭合多段线,典型如操场、停车场、作业场地等。

面声源为以平面波形式辐射声波的声源,辐射声波的声压幅值不随传播距离改变(不考虑空气吸收时)。

垂直面声源在平面图的投影用开放式多段线表示,典型的垂直面声源为工业厂房的窗户或门等。

水平面声源计算时,与线声源类似,软件采用 Projection Method(投影法)方法,即首先将面声源分成被遮挡及不被遮挡两大部分,而后各部分再微分成更小的区块,每个小区块作为点声源参与计算。

垂直面声源 Geometry 的 Z 坐标为面声源顶部高度,设置属性中 Z−extent 为面声源从上至下延伸高度(图 5−1)。

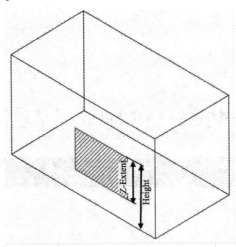

图 5−1 垂直面源高度及 Z-extent 属性的关系示意

•垂直面声源计算时,将面声源划分为相距 1m 的一条条线声源,然后再根据线声源方法(将线声源进一步微分为点声源)进行计算。

5.3 普通声源的输入参数

声源的声功率级 PWL 由以下综合决定。

① Type:声源类型;

② Hz:声源频率;

③ Correction：修正量；

④ 输入参数 PWL，PLW′，PLW″，PWL-Pt；

⑤ Transloss：传输损失；

⑥ Attenuation：衰减量；

⑦ Area：面积（m²）；

⑧ Normalised A：归一化的 A 计权声级。

下面主要以点声源为例讲解参数意义，其操作同样适用于线声源、面声源。

线、面声源与点声源主要不同之处如下。

① 线声源：输入总声功率级 PWL 或单位长度声功率级 PLW′；

② 面声源：输入总声功率级 PWL 或单位面积声功率级 PLW″。

• 如果线声源或面声源的 Z 坐标通过相对坐标输入，而地形为非平坦地形时，线、面声源并非"水平"，输入 PLW′或 PLW″时，实时计算得到的声功率级 PWL 并不正确，只有第一次计算后结果才正确。

点声源设置如图 5-2，见示例 Sample5-1。

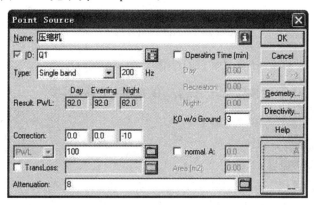

图 5-2 点声源设置界面

5.3.1 A 计权声级

Type：可在下拉框中选择单一频率或频谱。

Single band：单一频率，可直接输入中心频率，如图 5-2 表征声源为单一频率声源，其频率为 500Hz。实际中的噪声源，没有理想的单一频率，其频率总是包含一定范围，如果该范围内某一频率噪音特变显著，则可用软件近似模拟为单一频率声源。

Spectrum：频谱，表征非单一频率声源。

PWL：可直接输入声功率级，如 Type 中选择频谱，则可单击右侧的文本框打开声源库选择相应声源，对线、面声源可输入单位长度或面积的声功率级。

Correction：如果声源昼、夜噪声不同，可输入不同修正量，如夜间噪声源强降低 10dB（A），则在夜间对应的修正量中输入−10。

Transloss：传输损失，如果勾选该选项，则 PWL 项变为室内声压级（Indoor Level），主要用来模拟室内声源向室外传播的影响计算。

Attenuation:衰减量,表示声音传播过程中,从声音产生处到声音向外传播处的噪声衰减量。

如上例声源源强100dB(A),采取消声器后,噪声降低了8dB(A),则Attenuation中输入8。

• PWL,Transloss,Attenuation中数值可通过表达式输入,如PWL=100+5等,通过表达式输入的好处是可记录原始参数。

PWL-Pt:当声功率为PWL的点声源(如车辆或船舶)沿固定路径或固定区域移动时,则该路径或区域可用线或面声源模拟(看移动路径如何),声源源强要求输入移动点声源的声功率级、移动速度、每小时事件次数(如对车辆,相当于每小时有多少辆车经过)。面声源源强要求输入点声源的声功率级、每小时事件次数,不需输入移动速度。

源强计算公式如下。

线声源:

$$PWL = PWL_{Pt} + 10\lg(\frac{Q}{m}) + 10\lg(\frac{l}{m}) - 10\lg(\frac{v}{km/h}) - 30 \qquad (5-1)$$

$$PWL' = PWL_{Pt} + 10\lg(\frac{Q}{m}) - 10\lg\frac{v}{km/h} - 30 \qquad (5-2)$$

面声源:

$$PWL = PWL_{Pt} + 10\lg Q \qquad (5-3)$$

$$PWL'' = PWL_{Pt} + \lg Q - 10\lg(\frac{S}{m^2}) \qquad (5-4)$$

式中　Q——点声源每小时事件次数;

　　　l——线声源长度;

　　　v——声源移动速度;

　　　S——面声源面积。

5.3.2　归一化A声级

如果normal.A选项勾选并输入数值(如110),则在当前的频谱中统一加或减去一常数K,已使得总的A计权声功率级为此处的输入值。

该功能主要用于某一声源频谱与另一声源频谱类似,但源强不同时的情况,则可通过引用类似声源的频谱,然后在normal.A中输入实际源强。

5.3.3　源强频谱(Sound Level)

除了输入单一频率源强外,在声源Type下拉框中选择Spectrum,可单击源强右侧的文本框■打开声源库选择相应声源,所选择的声源通过ID引用在源强框中显示。

源强输入框中也可进行表达式运算,如声源由两个点声源组成,频谱对应ID分别为com1及com2,则可输入com1++com2表示该源强,见例子Sample5-2。

源强设定后,可通过右下角图像框观察当前频谱分布情况(图5-3)。

5.3.3.1　源强类型
源强总体分为声功率级及室内声压级两类,分别用L_w及L_i表示,除直接输入外,还可通

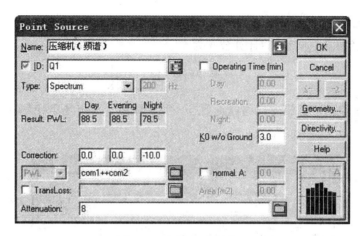

图 5-3 压缩机声源设置

过计算得到,其中 L_w 给出了两种计算方法,L_i 给出了一种计算方法。

(1) L_w calculated from L_p + area + nearfield correction

利用测得的声压级、面积及近场修正来获得声源的声功率级,通常用于表征从某声源出口(Openning)排出的辐射噪声源强,如排气噪声等,计算公式为

$$L_W = L_P + 10\lg(S) \tag{5-5}$$

式中,S 为声源出口面积。

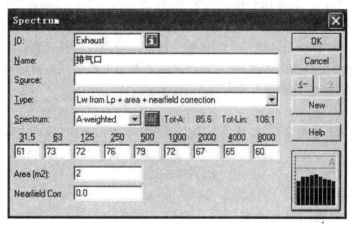

图 5-4 排气口的倍频带噪声设置(利用面积及近场修正计算声功率级)

nearfield correction 近场噪声修正量的确定:

当测量声压级位置距离声源特别近时,此时测量距离远小于声波波长,此时易产生近场误差。又如声源声线并非沿物体表面垂直传播时也易产生近场误差。

如果从面积 S 穿透出来的声音向各个方向传播,则近场修正量为 -3 dB,如房间内机器的噪声通过敞开的门向户外的传播;如果声音是从吸声管道的开口向外辐射,则修正量为 0,如管道是没有吸声的,则修正量介于 $0 \sim -3$dB 之间。

以上为近似修正方法,关于近场修正的取值方法可进一步参照声学类书籍。

(2)L_w calculated from L_p + distance + spherepartition

大多情况下,可根据测量的声压级及测量条件计算声源的声功率级,需要测量距离明显

大于声源尺寸,如果声源影响各项异性,则应在声源周围尽量多布置测点测量,根据测量距离、测量声压级及测量空间计算,计算公式为

$$L_W = L_p + 10\lg(4\pi r^2) + \lg(\frac{n\%}{100\%}) \qquad (5-6)$$

式中,$10\lg(\frac{n\%}{100\%})$ 为声源辐射空间修正项,$n=100$ 时为自由声场空间辐射,$n=50$ 时为半自由场空间辐射。

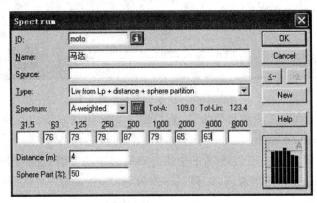

图 5-5　马达的倍频带噪声设置(利用距离及空间修正计算声功率级)

• 根据计算原理知,利用该方法计算源强时,需要求测点距声源距离明显大于声源尺寸,此时声源才可计算按点声源处理,很多情况下,由于声源很大,测点距声源在 1m 附近时,此时声源近似为“体源”(可用“面源”模拟),则不能应用该方法计算。此情况下,为了准确计算源强,可将声源模拟为体源,通过对源强的不断输入调整反推预测测点噪声,使其值与测量值一致,从而确定源强。

(3)L_i from interior sources

根据室内声源及室内条件,按统计声学原理计算室内声压级,假设室内为混响声场时,计算公式为

$$L_i = L_w - 10\lg(A) + 6 \qquad (5-7)$$

式中　L_i——室内声压级;

　　　L_w——室内声源的声功率级;

　　　A——吸声量,m^2。$A = \alpha \times S$;

　　　α——室内平均吸声系数;

　　　S——室内表面积。

如图 5-6,某木材加工厂室内面积为 1100m^2,平均吸声系数为 0.2,内有 3 台声功率级为 95dB,2 台声功率级为 97dB 的设备,经过计算,室内声压级为 92.5dB(A)。

由于用上三种方式输入的声功率级 L_w 或声压级 L_i 由于均由其他参数推导而得,因此,输入完成后,在源强库(Sound Level)中,可以看到 Type 一列如显示为 Lw(c),则表示该声功率级是利用其他参数推导(图 5-7)。

5.3.3.2　频率计权

传输损失、噪声衰减等与声源源强类似,也可输入频谱,其操作方法与源强频谱操作方

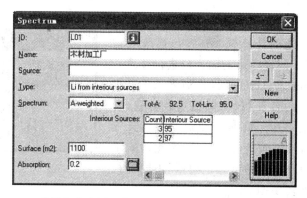

图 5-6　利用室内声源及房间属性计算木材加工厂的室内声压级

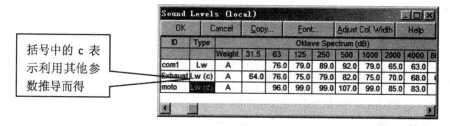

图 5-7　声源源强表中 Type 中的 c 表示利用其他参数计算而得源强

法类似。

　　声源输入中,Spectrum 下拉框中可以选择 Linear 及 A,B,C,D 四个计权选项,可以输入 31.5~8000HZ 各倍频带中心频率下的噪声大小,见图 5-8。

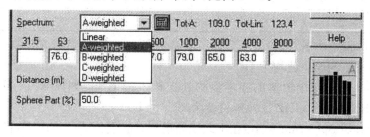

图 5-8　频谱计权属性选择

　　Linear 为线性,表示不同频率下输入的噪声值是未经过计权处理的,其他四个计权则是计权的数值,例如,测得的频谱在各频率的数值是 A 计权的,则应选择 A,相对于 Linear 而言,不同计权在不同范围有不同的修正量。

　　•输入中需要注意,如果某频率没有测得噪声(比如部分声源噪声没有低频或高频,则主要频率可能主要集中在几个倍频程上,而不是上述的 9 个都有),则应该保留其为空白,而不是输入 0。

　　噪声值输入后,选择下拉框中的不同计权方式,可看到输入的数值在变,这是由于同样噪声在不同计权下数值不同,但噪声频谱本身未变,变的只是不同计权的表现形式。

5.3.3.3　频率计权计算

　　选择不同计权时,如按住 SHIFT 键,则数值不变,变化的为计权方式。如以 Linear 计权输入了噪声值后,发现输入的数值是对的,但是按 A 计权测量的,因此此时可按住 SHIFT

键选择 A 计权。

选择计权方式后边的计算框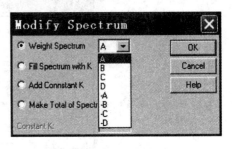弹出修改频谱窗口(图 5-9),选择不同选项可对输入值进行计算。

Weight Spectrum:有八个选项,分别为 A B C D 四个计权及与之对应的负计权(实际无这种计权,只是一种数据计算方法),由于每种计权对应线性计权实际上对应的为一组计算向量(即不同频率噪声有不同修正值),下拉框的选项即是该修正向量,不同计权与对应的修正向量见表 5-1。

图 5-9 修改频谱设置

表 5-1 　　　　　　　　　　　不同频率计权对应的修正量

频率 计权	31.5	63	125	250	500	1000	2000	4000	8000
A	−39.4	−26.2	−16.1	−8.6	−3.2	0	1.2	1	−1.1
B	−17.1	−9.3	−4.2	−1.3	−0.3	0	−0.1	−0.7	−2.9
C	−3	−0.8	−0.2	0	0	0	−0.2	−0.8	−3
D	−16.5	−11	−6	−2	0	0	8	11	6
−A	39.4	26.2	16.1	8.6	3.2	0	−1.2	−1	1.1
−B	17.1	9.3	4.2	1.3	0.3	0	0.1	0.7	2.9
−C	3	0.8	0.2	0	0	0	0.2	0.8	3
−D	16.5	11	6	2	0	0	−8	−11	−6

Fill Spectrum with K:将输入一个统一 K 值给各个频率,即各频率的噪声值均为 K,如 K=60,则各频率下的噪声值均为 60。

Add Constant K:每个频率的噪声值均加上输入的 K 值,如原来 500HZ 下噪声值为 70,选择此项,K=5,则 500HZ 下噪声值变为 75。

Make Total of Spectrum to K:在不改变频谱相对能量分配的情况下,将总声级叠加后为 K。

• Global Library 存在于安装目录下的 Cadna. dat 文件中,更新时需手动更新该文件,另外,可以将 CADNA. DAT 放在局域网的服务器上,只要在 CADNAA. INI 文件中设置 LibFile=DRV:\Path\Cadna.dat,则该数据库均可被局域网用户统一使用。

5.3.4 噪声通过建筑物侧面(如窗户等)向外传播的模拟

基本原理:声源位于室内时,噪声通过门、窗户或墙壁等向室外传播,假设室内为扩散声场,则可通过统计能量法估算室内声压级,然后将门、窗户或墙壁等用垂直面声源(当预测点距窗户较远时也可用点源模拟)模拟。

模拟时,勾选 Transloss 选项,则输入声功率级处变为 Indoor Level,可输入对应的室内声压级,Transloss 输入门、窗户或墙的传输损失(隔声量)。

前述的点、线声源也可用于模拟噪声通过室内向室外的传播(图 5-10)。

图 5-10 通过围护结构对应的室内声压级、传输损失及面积确定声功率级

• Transloss 选择后,输入数值不能为空,因此,如果没有传输损失时(如敞开的门或窗),可输入 0。

5.3.5 辐射面积(Sound-Radiating Area)

如果用点声源或线声源模拟噪声辐射面(如工厂的窗户或门)时,必需输入噪声的辐射面积(窗口右下角附近的 Area(m²)选项),当用水平或垂直面声源模拟时,该辐射面积会根据设置自动计算,只有当计算值与实际值不一致时才需输入。

如对工厂厂房某一窗户,假设面积为 $10 \times 5 = 50 m^2$,如果预测点距窗户较远,如 50m,由于该距离远大于窗户尺寸,则此时窗户可近似为点声源,因此窗户可用点声源模拟,勾选 Transloss 选项后,输入相应的室内声压级及窗户的传输损失,同时需在辐射面积中输入 50,对本例,利用点源比利用垂直面声源建模简单很多,且计算结果二者一致(只有当预测点距声源较近时,用垂直面源模拟才更准确)。

5.3.6 运行时间(Operating Time)

Operating Time 勾选后,可输入声源昼间、傍晚、夜间时段的运行时间,则计算的等效声级将运行时段的影响平均到昼间、夜间等全部时间,按能量等效平均原理进行计算,时间设置具体见 Calculation≫Configration≫Reference Time。

如 Operating Time 未勾选时,计算得到的某处声级为 63dB(A)。

Operating Time 勾选后,昼间输入 480min(8 小时),假设昼间设定为 16 小时 = 960min,则再次计算后该处声级为 $63 + 10 \times \log(8/16) = 60 dB(A)$。

5.3.7 K0 参数设置

K0 w/o ground:点声源的指向性因子,主要用来表征点声源距反射体较近时所产生的附加噪声,需要说明的是,如果输入这项,则不要在重复计算反射面的噪声影响,一般情况下,可输入 0,而直接通过设置反射次数及反射属性来决定反射噪声的影响(关于反射属性的设定详见 10.4 节)。

K0 = 0,对应立体角 2π,声源高于地面任意高度时;

K0 = 3,对应立体角 π,声源高于地面任意高度位于一反射体前时;

K0 = 6,对应立体角 $\pi/2$,声源高于地面任意高度位于一角落。

• 如果输入了 K0 >0,表示已经考虑了声源附近的反射体影响,因此在计算反射声影响时不应重复计算,这可通过在 Calculation≫Configuration≫Reflection 页面中设置适当的声源距预测点的最小距离,以避免反射声的重复计算。

5.4 Road(道路)

双击某道路,打开道路属性设置窗口见图 5-11。

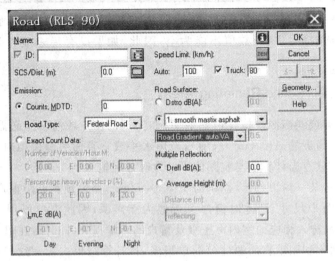

图 5-11 道路属性设置

5.4.1 SCS(横断面设置)

SCS(Standard Cross Section),即为道路的标准横断面设置情况,该值的输入决定了道路的宽度,可以在后边的输入框中输入一个数值,默认情况下,输入的数值代表道路最外侧

两条行车道中线的距离,因为默认情况下,道路计算采用的是德国的 RLS —90 规范,该规范是将道路最外侧两侧行车道中线作为两个线声源,然后分别计算线声源的影响然后再叠加。同时,可以通过输入框右边的图标打开如图 5-12 所示的窗口,选择具体的道路宽度(相当于道路横断面布置)表达方式。

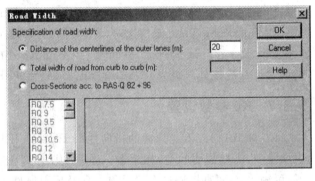

图 5-12 道路宽度设置障碍

该窗口中三个选项分别如下。

① Distance of the center lines of the outer lanes:直接输入道路最外侧两条行车道中线距离。

② Total width of road from curb to curb 道路路边之间距离。该选项很少用,该选项默认道路路边(Curb)距道路外侧行车道中线距离为 1.75m,如该选项输入 15,则相当于方式①中的值为 15-1.75×2=11.5m;

③ Cross-Section acrr. to RAS-Q 82+96:根据 RAS-Q 82+96 选择几种典型的道路断面。

无论上述何种方式,软件最终均确定道路的最两侧行车道中线的位置,利用该位置进行计算。

5.4.2　道路宽度的显示方式

CadnaA 对所有物体分类组织及显示,要修改道路显示属性,可通过 Options≫Appearance 菜单,选择道路进行修改,其中可选择 Road 及 Road2 分别修改,意义如下。

Road 中可选择实际道路边线的线型颜色、宽度、显示方式及填充色的颜色及填充方式等,如下例道路道路边线颜色为棕色,线宽为 0,填充色为白色实体填充,最下侧附加宽度为道路最外侧行车道中线至道路路边线的距离。

• 上述道路附加宽度属性相对于项目中所有道路,如果某条道路在其 Geometry 属性中选择了 Self-screening 选项,可输入该道路具体的附加宽度,则该条道路的附加宽度取决于 Self-screening 中输入的值,而不是上述的全局属性。

Road2 中可选择道路声源(将道路最两侧行车道中线作为声源)的显示颜色、显示方式及路中心线的显示颜色及方式,如下例,声源以棕色虚点线显示,中心线为实体棕色显示(图 5 - 13,图 5 - 14)。

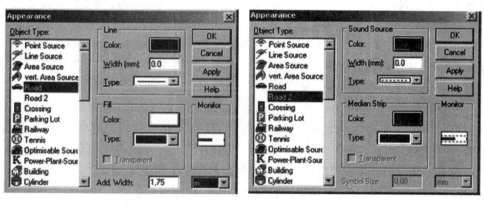

图 5 - 13　道路显示属性设置

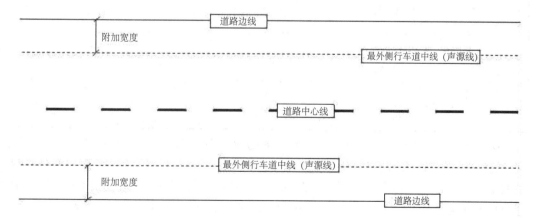

图 5 - 14　道路各显示边线含义

5.4.3 道路辐射源强

根据 RLS－90 规范,道路源强 $L_{m,e}$ 为自由声场中,距车道中心线水平距离 25m、高度 2.25m 处的平均声级,源强可以自己输入,也可以通过输入车流量、重型车比例、道路设计车速及路面结构等有关参数获得,通常采用后者。

车流量输入中,用户可输入全天车流量(MDTD：Average Daily Traffic Density),根据规范,通过选用不同的道路类型(Road Typer),将会自动将全天流量按相应比例分配到昼间或夜间进行计算。

常用且最灵活的为第二种输入方式,即选择 Exact Count Data 选项,可以输入道路具体的昼夜车流量(number of vehicles)及重型车(大于 2.8 吨的车型)比例(percentage of heavy vehicles)。

Speed Limit：道路限速设置,可以分别输入小车(Auto)及重型车(Truck)的限速值,如果 Truck 前选择框不勾选,则默认所有车辆限速一致。另外,也可以通过选择道路限速设置右边的图标打开限速设置窗口(图 5－15),分别输入道路昼夜小车及重型车的限速值。

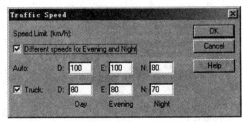

图 5－15　道路限速设置

Road Surface：道路不同路面结构对噪声大小有直接影响,比如以光滑沥青路面作为基准,水泥路面较沥青路面有 2dB(A)的噪声增量,路面结构的噪声修正值既可以直接在 Dstro dB(A)中输入一个具体值,也可以在下边下拉框中选择不同路面结构,通过不同路面选择可以观察 Dstro 中值及噪声源强的变化,可见路面修正直接叠加到源强上。

根据 RLS－90 规范,不同速度与路面结构的修正关系见表 5－2。

表 5－2　　　　　　　　不同路面结构对应不同车速的噪声修正量　　　　　　　　单位：dB(A)

序号	路面结构,	车速		
		30 km/h	40 km/h	≥ 50 km/h
1.	光滑沥青路面	0	0	0
2.	水泥路面	1.0	1.5	2.0
3.	平整的土路	2.0	2.5	3.0
4.	其他道路	3.0	4.5	6.0

Multiple Reflection：该选项多用于模拟经过城区的道路,道路两侧往往分布有密集建筑,噪声会在建筑间来回反射,最终导致噪声增加,根据 RLS-90 规范,只要输入道路两侧建筑的平均高度,道路两侧建筑的平局距离及房屋的吸声属性即可,该计算方法与《环境影响评价技术导则 声环境》(HJ2.4—2009)中的附录 A 中的公式 A.19—A.21 一致。

两侧建筑物表面为反射表面时：

$$\Delta L = 4H_b/w \leqslant 3.2 \quad dB \tag{5-8}$$

两侧建筑物表面为一般吸声型表面时：

$$\Delta L = 4H_b/w \leqslant 1.6 \quad \text{dB} \tag{5-9}$$

两侧建筑物表面为全吸声型表面时：

$$\Delta L \approx 0 \quad \text{dB} \tag{5-10}$$

式中　w——为线路两侧建筑物反射面的间距，m；

　　　H_b——为道路两侧建筑物的平均高度，m。

　　• $L_{m,e}$ 为假设道路为自由声场中时，距车道中心线水平距离 25m 处的平均声级（假设声线集中在中心线处），该值仅用于表征道路源强大小，其与道路流量、车速、车型比例、路面结构等有关，实际距离距中心线水平距离 25m、高度 2.25m 的预测点的噪声大小和道路结构（如路基、桥梁、道路宽度）等有关，并不一定为 $L_{m,e}$ 值。

　　• 流量及车速输入中，E 为 Evening，代表傍晚，如国内规范主要是对昼夜噪声进行预测，因此 Evening 相关选项不输入即可。

5.4.4　道路 24 小时车流量设置

　　除了上述为道路输入昼、夜平均小时车流量及重型车比例等流量参数外，也可以为道路输入 24 小时车流量，输入方法如下：

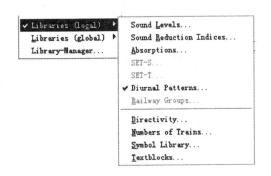

图 5-16　道路 24 小时流量设置

　　(1)通过 Table≫Libraries(Local)≫Diurnal Patterns(见图 5-16)打开 24 小时流量表，如未设置过 24 小时流量，则内容为空，可通过右键在空白处单击选择 Insert after 新建一行 24 小时流量表，双击该行弹出如图 5-16 右图所示的 24 小时流量表。

该图中,可以为该 24 小时流量表输入名字(图中为 BAB)及 ID(图中为 TG_1),名字用于记忆,可输入有意义的内容,也可用中文标识。ID 用于引用,建议用英文标识。

(2)选择某条道路双击打开道路属性窗口,在 Road Type 选择 TG_1 即可,见图 5-17。

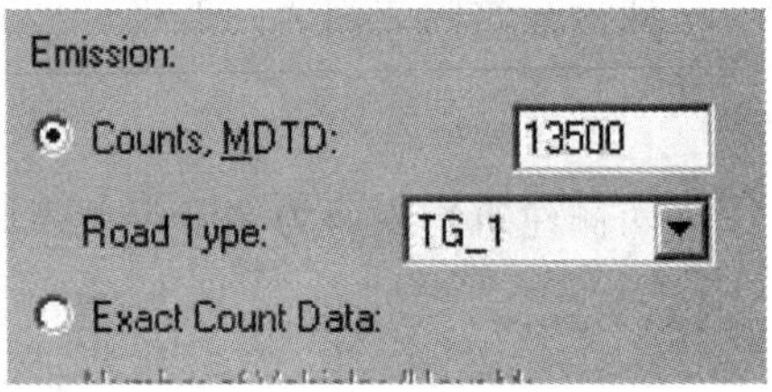

Emission:
- ⦿ Counts, MDTD: `13500`
- Road Type: `TG_1` ▾
- ○ Exact Count Data:

图 5-17 24 小时流量的引用

5.4.5 道路行车方向设置

道路路面结构下方有一选项为设置道路坡度,可选择 input 选项手动输入。

另外不输入坡度并不代表不考虑道路不同纵面对声传播的影响,如果一条路的高度不断变化,则软件计算时会自动考虑不同高度的影响,道路坡度通常是输入道路各坐标点高度后由系统自动计算(利用 Tables≫Miscellaneous≫Calc Gradient of Roads 命令)。

根据 RLS-90 规范,小于 5%的坡度对源强没有影响。

车辆行驶方向可在 Road Gradient 下拉框中设定,见图 5-18。

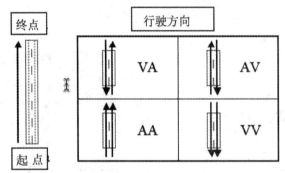

图 5-18 道路行驶方向设置

VA:双向车道,靠右行驶;

AV:双向车道,靠左行驶;

AA:单向车道,自起点向终点方向行驶;

VV:单向车道,自终点向起点方向行驶。

5.4.6 Self Screening(自我遮挡)

打开道路属性窗口,单击 Geometry 按钮,可在弹出的窗口中进行 Self Screening 属性设置。

这里可以输入道路实际的附加宽度及考虑桥梁时防撞墙的高度,附加宽度输入的是最外侧行车道中线到实际道路边线的距离。

选中 Self-Screening 时,道路本身将对车辆噪声产生屏障作用,也就是道路噪声向道路上方和两侧辐射,利用该属性,可以直接利用 Road 模拟桥,而不需要像以前老版本那样,如果模拟桥梁,需要利用 Bridge 插入一个桥,再在桥上插入 Road,因此在用 Road 模拟实际中的桥梁时,一定需要选中 Self-Screening 选项,如果是地面路,选择与否对计算结果几无影响。

　　Additional Width left/right(m)：分别输入左右两侧道路实际边线距最外侧行车道中线的距离，单位，米；

　　Height of Parapet left/right(m)：分别输入路边两侧防撞墙的高度，在模拟桥梁时，需要输入，防撞墙可增加桥梁声影区范围，对桥面及以下预测点影响较大。

　　from Station(m)及 up to Station(m)可输入附加宽度及防撞墙起作用的桩号范围。

　　例如：假设 SCS 为 20m 宽，高度为 7m 的桥，是否激活 Self-Screening 选项的垂直断面声场分别见以下两图，在未激活 Self-Screening 选项情况下，道路声源向四方是均匀辐射的，桥梁本身无"屏障"作用，这与实际不符。

　　而选择 Self-Screening 后，桥梁对本身声源起到"屏障"作用，桥下面处于声影区，与实际情况一致。

　　Only for Ground Absorption No Screening：如果选中，则道路及其附加宽度的遮挡效果不起作用，勾选该项，

图 5 - 19　道路自我遮挡属性设置

同时勾选 Configration≫Ground Absorption 下的 Roads / Parking Lots are reflecting 选项后，计算中，道路将作为反射体(G＝0)考虑。

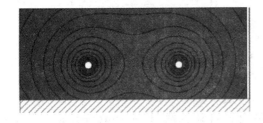

未激活 Self-Screening 选项

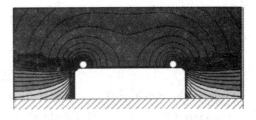

激活 Self-Screening 选项

图 5 - 20　道路是否激活 Self-Screening 属性的效果

　　仍以 Sample5-4 为例。假设高架桥下有一线声源，假设线声源位于地面处，距地面高度 2m(位于高架桥下)有一预测点，可以计算在上述 2 个选项勾选情况下的噪声预测结果。

　　• 道路的 Self-Screening 属性仅对自身道路起作用，该选项选择后，并不能认为道路为"障碍物"，其对其他声源(包括其他道路)并无"遮挡"作用。

5.4.7　道路桩号设置及自动生成

　　道路设计中，通常用桩号表示道路的某个位置点，CadnaA 可设置及自动产生桩号，具体操作如下。

　　(1)在道路的 Geometry 属性窗口中，最下边可输入道路桩号，如图 5 - 21 左图表示该条道路起始桩号为 1200m，(相当于设计中的 K1＋200)，桩号按升序(accending)方式排列。

　　(2)设置好后，选择该道路，右键选择 Generate station 可设置每间隔多长距离产生一个桩号及桩号产生的位置(图 5 - 21 右图)。

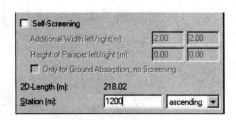

图 5-21 道路桩号设置及生成

5.4.8 交叉路口信号灯设置

示例见 Sample5-5。

两条道路平交时,可在交叉路口设置信号灯,设置方式为:选择工具栏的 [⚏] ,设置在两平交的交叉路口附近即可,信号灯设置见图 5-22。

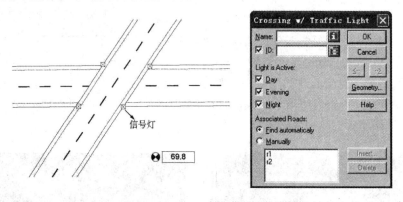

图 5-22 路口信号灯设置

Light is Active:可设置信号灯起作用时间,可选择昼间、傍晚、夜间。

Associated Roads:信号灯关联的道路,可设置自动关联(Find automaticaly)及手动(Manually)设置,一般信号灯设置在路口后,进行自动关联即可。

5.4.9 Long Straight Roads(长直道路)

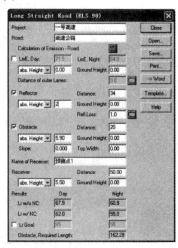

选中道路后,右键快捷菜单或 Talbe≫Miscelanious,打开长直道路窗口(图 5-23),将根据 RLS-90 规范的 4.4.1 节计算无限长直线道路的影响。

① $L_{m,E}$:道路源强,默认为所选择道路的源强,也可手动输入。

②relative/absolute Height:可输入道路、反射体、屏障、预测点及地面的相对或绝对高度。

③ Distance:反射体或屏障距道路的距离。

④ Reflector 及 Obstacle,可分别输入反射体及屏障的高度及距离。

⑤ Name of Reciever:预测点名称。

图 5-23 长直道路设置

⑥ Results：计算结果。

Lr w/o NC：无屏障时预测噪声值；

Lr w/NC：有屏障时预测噪声值。

⑦ Lr Goal：噪声目标值，选择后声屏障高度将根据噪声目标值自动计算。

⑦ Obstacle Required Length：满足噪声目标值所需的声屏障长度。

⑨ －＞ Word：可将计算结果导入到 Word 文件中。长直道路计算示意图见图5－24。

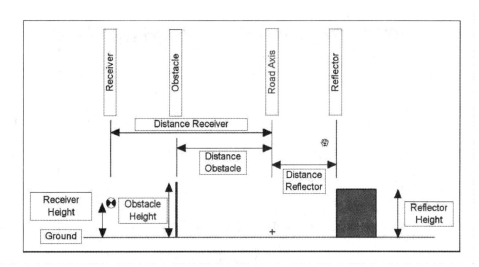

图 5－24　长直道路各参数含义

5.4.10　Pass-By Level（通过噪声）

选择道路后右键菜单选择 Pass-By Level，可进行通过噪声的模拟计算，设置见图 5－25，示例见 Sample5-6。

Reciever：预测点选择，必需有预测点才能选择道路后右键选择通过噪声的计算。

Src. Type：声源类型，可选择轻型车（Light）及重型车（Heavy）或自定义。

Sound Power Level：单车源强，声功率级。

Lengh：声源长度。

Speed：声源速度。

Sampling Interval：采样时间间隔，数字越小，则通过噪声的时程曲线（即不同时间对应的噪声值曲线）越平滑。

Append to Diagram：将当前设置的通过噪声的时程曲线加入到图形中。

Video-Options：视频记录选项。

Selection：选择视频记录区域。

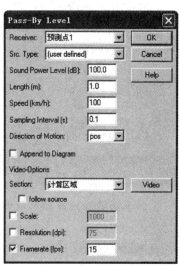

图 5－25　道路噪声设置

follow source:跟随声源,选择后记录视频过程中声源不动,道路移动,一般不选。

Scale:比例尺。

Resolution:分辨率。

Framerate:视频记录帧率(每秒多少幅图像)。

选择 Video 可弹出窗口,选择保存文件,计算声源通过时的动态声场分布图。

选择 OK 确认弹出如下窗口(图 5-26),表征声源运动过程中预测点处的时程曲线,横向为时间,纵向为噪声值。

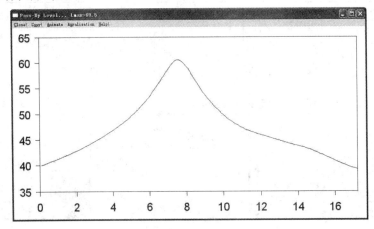

图 5-26 车辆通过噪声的时程曲线

各菜单作用如下。

Animate:设置声源移动倍速,可选择 0.1,0.2,0.5,1,2,5,10 倍声源速度。

Auralisation:对听到的声音进行设置(图 5-27),Property 设置如下。

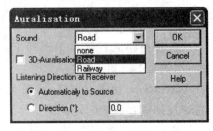

Sound:选择声音类型,道路或列车噪声等。

3D-Auralisation:三维声,选择时开启多普勒效果。

Listerning Direction at Receiver:设置预测点处听到声音的指向性。

Automaticaly to Source:一直指向声源。

图 5-27 通过噪声可听声设置

Direction:可输入方向,角度,逆时针为正,顺时针为负。

Calibrate…:打开声音校准窗口,对听到的声音按照实际噪声值大小进行校准。

5.5 Parking Lot(停车场)

停车场的噪声计算可依据的导则或规范有:

• RLS-90

• LfU-Study 1993

• LfU-Study 1995 precise

• LfU-Study 1995 approximate

- LfU-Study 2003 separate
- LfU-Study 2003
- LfU-Study 2007 separate
- LfU-Study 2007
- SN 640578

停车场为水平面声源(图 5-28),采用闭合多段线表示,面声源可通过输入的参数进行计算,选择的计算规范不同,则设置参数也不同,主要参数如下。

Type:声源类型,可选择 public 或 private,公用和私用停车场。

Calc emissioon according to:可从下拉框中选择采用的计算标准。

Emission L$*_{m,E}$:辐射源强,用自由声场中,距面声源中心点垂直高度为 25m 处的噪声值表示,该源强可直接输入,如按 RLS-90 规范,辐射源强与面声源声功率级的关系为

$$PWL = L^*_{m,E} + 17 + 19.2 \qquad (5-11)$$

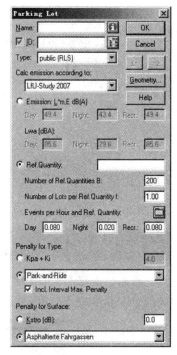

图 5-28　停车场设置

除了直接输入源强外,也可以类似道路一样,通过输入车流量等方式输入源强,如根据 RLS-90 规范,在选择 No. of Parking Spaces 后可通过以下方式输入源强。

Number of Lots:停车位数量。

Events per Hour and Parking Spaces:每小时每个停车位的平均停车次数,如输入 2 表示 1 个停车位 1 小时内平均停 2 辆车。

Penalty for Type:修正量,选择后,可直接输入不同类型停车场对源强的修正值 Dp 或通过下拉框中进行选择,选择的参数如下。

Parking Auto:小型车停车场,修正量为 0dB(A)。

Parking Motorcycle:机动车停车场,修正量为 5dB(A)。

Parking Truck/Bus:大型货车或客车停车场,修正量为 10dB(A)。如在计算规范或标准中选择 LFU-Study 1993 等规范,则在停车场类型下可勾选 Inc. Interval Max. Penalty 选项,选择后,可设置更多的设计参数,此时修正量为 Kpa+Ki。

当选择 LfU-Study 2007 规范时,可在 Parking Lot 的属性窗口的最下面选择路面修正(Penalty for Surface),可直接输入路面修正因子 Kstro(dB)或从下拉框中选择相应的路面结构。

Library Parking Lot Events:

可以通过 Events per Hour and Parking Spaces 右边的文件夹图标或 Tables≫Libraries (global)≫Parkong Lot Movements 打开如图 5-29 所示窗口进行设置。

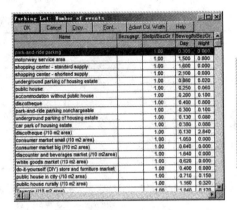

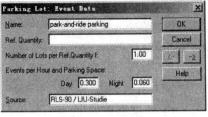

图 5-29 停车场类型设置

5.6 Railway(铁路)

铁路与道路类似,均为"线性类"物体,插入铁路的方法与插入道路类似,以 CadnaA 默认的 Schall03 规范为例,见图 5-30。

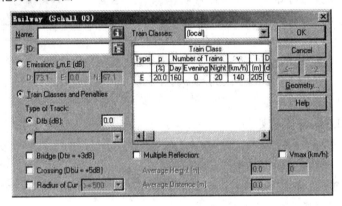

图 5-30 铁路设置

5.6.1 铁路源强

铁路源强取决于所选择的计算规范或标准,如采用 Schall03,则源强 $L_{m,E}$ 值为自由声场中,无线长直铁路,距铁路中线 25m,高度 3.5m 的噪声值。

源强输入方式有两种,一种为直接在 Emission $L_{m,E}$ 中输入;一种为选择 Train Classes and Penalties,输入列车类型及修正量等参数,计算而得。

Type of Track(轨枕类型):

Dfb(dB):可直接输入轨枕类型修正量;也可在下拉框中选择相应的轨枕结构(如木制轨枕、水泥混凝土轨枕等),不同轨枕结果对应不同的 Dfb 值,该值直接叠加到源强中。

Bridge:当铁路为桥梁结构时,源强增加 3dB(A)。

Crossing:铁路与公路交叉路口时,源强增加 5dB(A)。

Radius of Curvature:曲率半径,输入后,可按照相应的标准计算相应的源强,对小曲率半径线路(如小于 300m),噪声通常增 5dB(A)左右。

Multiple Reflection：与 Road 类似，点选该项，可输入铁路两侧建筑物平均高度及平均距离，以考虑多次反射声的影响。

Vmax：列车最大速度，一般可不输入。

关于列车类型、流量等数据需在铁路属性窗口右侧中部的 Train Class 白色区域输入，具体如下。

5.6.2 Tain Class(列车分类)

示例见 Sample5-7。

在 Train Class 空白区域，右键选择 Insert After 或 Insert Before 可弹出 Train Typer 窗口(见图 5-31)，具体设置参数如下。

Train Type：列车类型，可在可在下拉框中选择，如选择 ICE Inter City Express 为城际高速列车，列车类型选择后，典型的列车速度及列车长度也即确定。

Percentage of Disk Brakes（%）：采用盘式制动器的比例。

Number of Trains：可输入昼间、傍晚或夜间全部时段的列车次数(并非每小时车流量)，引用中注意与国内标准的对应。

Speed v（km/h）：列车运行速度。

Length of one train(m)：列车长度，对同类型车，如果列车编组不同导致的长度不同，则应在 Train Type 中再增加一行记录分别设置。

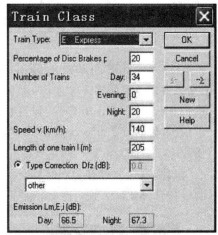

图 5-31 列车分类

Type Correction Dfz(dB)：列车类型修正值，可直接输入数值或在下拉框中选择。

Emission$L_{m,E}$：根据上述输入值计算得到的等效源强。

• Number of Trains：可输入昼间、傍晚或夜间全部时段的列车次数，而非该时段内每小时的列车次数，软件根据输入的列车次数及各时段小时数(默认昼间 12 小时、傍晚 4 小时、夜间 8 小时，详见 10.6 节)计算该时段的等效声级。因此如计算夜间通行时段内的等效声级，列车通过次数需进行相应转换。

如仅夜间 22：00～23：00 运行 1 小时，1 小时内通行 10 次列车。如仅计算夜间列车运行时间的噪声影响，则 Number of Trains 夜间列车次数应输入 10×8=80。

按照 Schall03，可选的列车类型如下。

ICE：城际特快列车，列车类型修正量 D_{Fz} 为 3dB。

EC：欧洲城际列车，列车类型修正量 D_{Fz} 为 0dB。

IR：区界列车，列车类型修正量 D_{Fz} 为 0dB。

D：普通列车，列车类型修正量 D_{Fz} 为 0dB。

E：本地列车，列车类型修正量 D_{Fz} 为 0dB。

N：通勤列车，列车类型修正量 D_{Fz} 为 0dB。

S：市郊快速列车，多为短途，列车类型修正量 D_{Fz} 为 0dB。

SB：柏林市郊快速列车，列车类型修正量 D_{Fz} 为 0dB。

SH：汉堡市郊快速列车，列车类型修正量 D_{Fz} 为 0dB。

SRR：莱茵鲁尔市郊快速列车，列车类型修正量 D_{Fz} 为 0dB。

G：长途货运列车，列车类型修正量 D_{Fz} 为 0dB。

GN：短途货运列车，列车类型修正量 D_{Fz} 为 0dB。

U：地铁，轻轨，列车类型修正量 D_{Fz} 为 0dB。

STR：有轨电车，列车类型修正量 D_{Fz} 为 3dB。

TR1：磁浮列车，列车类型修正量 DFz 为 0dB。

TR2：磁浮列车，列车类型修正量 DFz 为 −1dB。

5.6.3　TrainGroup(列车组)

在菜单 Table≫Library(local)≫Number of Trains 可进行列车流量及车型等设置，点击后设置窗口见图 5-32 左图，可在空白区域通过右键 Insert After 等命令插入一行双击后进行相应设置(与 Tain Class 设置相同)，如设置一名为"高铁及特快"的列车组。

设置好后在 Railway 属性的 Train Classes 下拉框中可选择刚才定义的"高铁及特快"组(图 5-32 右图)。

因此，事先通过在 Train Group 中设置好某条铁路通行的列车类型，使用中在 Train Class 中选择比较方便。

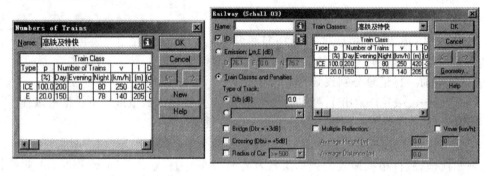

图 5-32　列车分组

5.6.4　Traffic-Count Calculator(流量计算器)

Tables≫Miscellaneous 的 Traffic-Count Calculator 选项，可以批量修改已经输入好的列车流量(或飞机流量)等参数(图 5-33)。

Apply to 设定可适用于铁路、列车次数及航线等。

内置参数为 nd、ne 及 nn，分别代表现状昼间、傍晚及夜间流量。

如图 5-33 表示全天总流量保持不变，昼间流量减小了 25%，夜间流量减小了 20%，多余的流量分配到了

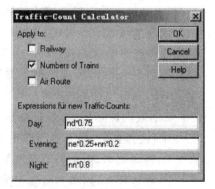

图 5-33　流量积算器

傍晚。

5.6.5 其他设置

① Railway 的 Geometry 中的 Self-Screening 中的设置与公路类似,但附加宽度及两侧防撞墙的设置不能通过平面图及 3D-special 显示,但计算中此项设置则予以考虑。

② 如果导入一个设置了"Numbers of Trains"的 CadnaA 文件,则"Numbers of Trains"列表也被导入进来,为了避免该列表的不断增长,可通过菜单 Tables≫Miscellaneous≫Purge 命令删除未被应用的"Numbers of Trains"列表。

5.6.6 铁路的源强修正

由于铁路预测模式默认采用德国的 Schall03 规范,其铁路系统与国内有明显差异,如完全利用该规范提供的源强计算方法,计算结果与国内实际情况有所差别,因此,本节主要介绍利用 CadnaA 预测铁路(含轨道交通)噪声时如何对源强进行修正。

修正原理:基于模型预测基础及噪声传播规律的基本一致性,而预测结果的不一致性主要体现在源强上,因此通过选取类似的铁路系统,利用右键快捷菜单"Pass-By Level",通过修正铁路经过噪声最大值的方法修正铁路源强。

见 Sample5-8。

本例共有 4 条铁路,其中北侧 2 条为客运高铁,为桥梁形式,桥梁高度约 9m;南侧 2 条为货运铁路,为地面形式,高差较小约 1m,效果图见图 5-34。

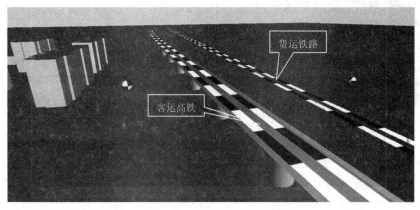

图 5-34 2条高铁及2条货运铁路建模效果图

首先对客运高铁源强进行设定,双击最北侧一条高铁,打开铁路设置窗口,选择 Train Classes and Penalties,在右侧空白 Train Class 区域右键插入一列车类型,双击该行对其设置。

选择与高铁列车类型最接近的 ICE Intercity Express,默认设置见图 5-35。

本例已知高铁在此处运行速度约 300km/h,列车长度约 200m,因此在 Speed 及 Length of one train 选项分别输入 300 及 200。

由于目前只校准单类列车的单车源强,与车流量尚不相关,因此可暂不输入流量,选择 OK 后退出该窗口。

由于列车源强表征为距铁路轨道中线 25m,高于铁轨 3.5m 处的最大噪声值。因此在距客运高铁 25m,高于其轨面 3.5m 处插入一名为"客运高铁校准点"的预测点。

选择最北侧的客运高铁,右键快捷菜单中选择 Pass-By Level 命令,在弹出的对话框见图 5-36。

Reciever:预测点选择,选择"客运高铁校准点"。

Src. Type:声源类型,下拉框中选择 ICE(用 ICE 类比高铁)。

Length 及 Speed 输入 200 及 300。

其他设置保持默认即可,点击 OK 确定后弹出该类型列车经过时的时程曲线,见图 5-36。

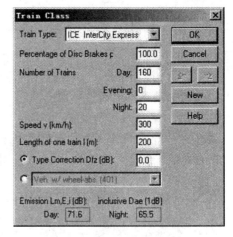

图 5-35 客运铁路设置

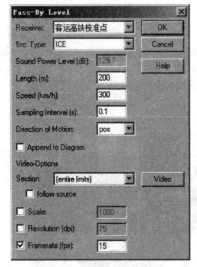

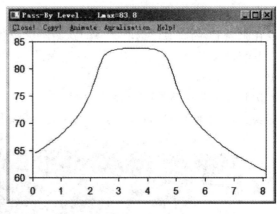

图 5-36 客运铁路的源强校准点

从图 5-36 可见,该类型车经过时的最大噪声约 83.8dB(A)。

如根据类似列车的噪声实测值,列车经过时,源强噪声约 88dB(A),因此此时噪声修正量为 88-83.8=4.2dB(A)。

因此直接将该修正值输入到 Train Class 窗口的 Type Correction Dfz(dB)中即可。

同理,货运列车源强修正也采用类似方法,修正中注意:

① 货运列车类型选择相近的列车为 G Freight Train。

② 设置好列车长度及车速后,选择"货运列车校准点"进行校准。

③ 如列车速度 80km/h,列车长度 750m,选用 G Freight Train,源强校准点处最大经过噪声为 73.7dB(A),而根据类似列车的噪声实测值源强约 80dB(A),因此修正量为 80-73.7=6.3dB(A)。

•以上只是利用最大值校准源强的一种方法,其中给出的客运高铁及货运铁路的源强不代表推荐选用值,用户应根据实际情况或相应规范选择相应的校准值。

• 校准中应避免桥梁结构噪声的重复叠加。如上例高铁为桥梁结构，而模拟中已予以考虑，如果校准的源强是在桥梁结构下所测，则所测源强已包含桥梁的影响，因此应避免在铁路设置中勾选 Bridge 选项（见图 5-37），否则，将导致结果的错误。

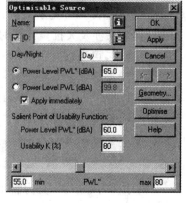

图 5-37　铁路桥梁等附件选项

• 上述修正方法仍有明显不足。对高铁而言，噪声除了来自于轮轨噪声外，空气动力学噪声、受电弓噪声、结构噪声也较为突出。而 CadnaA 在实际处理中，仍将声源模拟为线声源，位置在轨道位置附近，因此即使源强修正准确，在特定条件下（如实施了屏障，钢结构桥梁等）也将导致敏感点处噪声与实际有一定差异。因此，为了准确模拟，应将源强分配到上述 4 处，分别计算各自影响后叠加。当然国内对于高铁噪声的模拟目前仍按老的"铁路"噪声计算模式模拟，其预测模式也急需进一步的标准化。

5.7　Optimisable Source（优化声源）

只有在购买了 BPL 模块后才可以使用优化面源，主要功能是自动优化计算在确保面声源周边设置的预测点达标的情况下，计算面声源的最大源强。如可利用该功能优化规划待建企业的声源布局，确保企业厂界达标。采用优化面源计算中，注意的主要问题有：

（1）计算中，优化面源的计算方法与水平面声源或垂直面声源一致，也是把声源微分为一个个小区块，每个区块作为点声源，综合叠加计算各点声源对预测点的影响。

（2）计算中通常勾选工业声源设置页面（见 10.7 节）的"Obstacles within Area Sources do not shield"选项以确保面源内的障碍物对声线传播不起遮挡作用。

（3）优化面源计算中，Day/Nigh 下拉框中仅可对昼间或夜间噪声进行选择并计算，不能计算昼夜等效声级等，因此应确保预测参数设置页面（10.8 节）的前两项预测参数分别为昼间噪声及夜间噪声。

（4）优化面源的进一步设置（图 5-38）与普通面源不同，具体为：

① Power Level PWL" 或 PWL"：计算量为优化面源的声功率级或单位面积的声功率级。

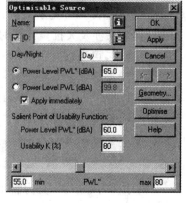

图 5-38　优化面源设置

② Apply immediately：默认为选择状态，优化面源源强的变化会立刻影响计算结果。

③ Salient Point of Usability Function：临界点及利用率，具体见图 5-39。

可为待优化面源输入一个临界点及利用率，在噪声值小于临界点时，利用率随着噪声的增加而增加，当噪声大于临界点时，噪声再增加，则利用率的曲线并不再显著增加，曲线变得

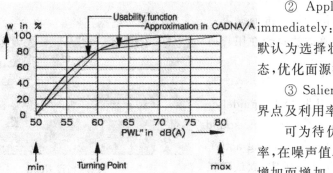

图 5-39　优化面源的进一步设置

更为光滑。默认临界点为60dB(A),利用率最大为80%。

因此,噪声小于临界点时噪声降低1dB(A)导致的土地利用率的较低要显著大于噪声大于临界点时。

④ 优化面源界面下部可分别输入面源的下限值和上限值,中间的滑块可以移动,为面源的源强值,滑块所在位置的噪声值与 PWL 或 PWL"的一致。

示例如下:

三个优化面源,分布在两条路之间,周围有一些敏感点,为保证敏感点达标,确定三个优化面源的最大声级,计算后 receiver 红色时代表超标,而优化面声源的目的就是让这些预测点不超标并将面源源强最大化(图5-40)。

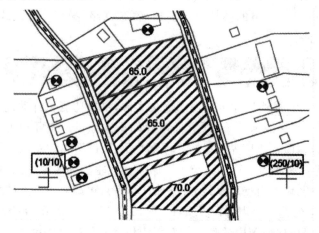

图5-40 优化面源计算案例平面图

• 默认情况下,优于面源计算时噪声增量按0.1 dB计算。在涉及大批量计算时候,计算量较大,为加快计算速度,可通过文字块(Text Block)设置噪声增量,具体设置为:

在 Table≫Libraries(local)≫Textblocks 中新增一文字块,设置如图5-41。

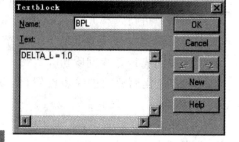

图5-41 通过文字块设置计算增量

5.8 Tennis(网球场)

网球场为点声源,是为满足德国计算标准而设置的声源,用户在使用时应注意该计算方法是否在用户所在国家或地区被认可。

网球场设置见图5-42。

用户不需设置源强,源强将根据"VDI guideline 3770 Characteristic noise emission values of sound sources, Facilities for recreational and sporting activities, April 2002, Beuth Verlag, Berlin"确定,默认源强按 PWL=90dB 计。

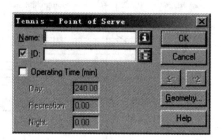

图5-42 网球场设置

Operating Time（min）：运行时间，如果全天运行，则不需要输入。

网球场点声源的高度默认按高于地面 2m 计算，声源位置为网球场边线中点位置，见图5-43。

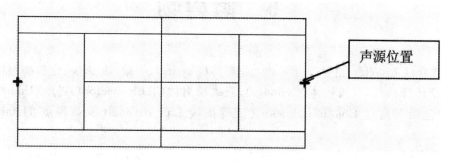

图 5-43 网球场声源位置示意图

6 障碍物

障碍物(Obstacles)由房屋(Building)、屏障(Barrier)、桥梁(Bridge)、建筑物群(Build-up Aeaa)、草地(Foliage)、圆柱体(Cylinder)、三维反射体(3D Reflector)、堤岸(Embankment)及地形(包括等高线 Countour lines,突变等高线 Line of Fault 及高程点 Height point)组成。

其中房屋、屏障、圆柱体、三维反射体等可以通过属性设置外表面吸声系数以考虑外表面对反射声的影响。

6.1 障碍物对声音的反射影响

障碍物的外表面吸声系数可通过三个选项设置,以房屋为例(图 6-1),选项如下:

三个单选框是房屋外侧面属性窗口。

① No Reflection:计算中不考虑反射。

② Reflection Loss:反射损失,反射声相对于入射声损失了多少,单位:dB。

③ Absorption Coefficient Alpha:吸声系数。

可见,①是最理想情况,外表面相当于全吸声,声音入射后不产生反射。②与③互为关联,吸声系数越大,反射声越小,由反射引起的反射损失越大,如图 6-1,输入反射损失为 0.5dB 即相当于吸声系数为 0.1,另外,也可以通过吸声系数右边的文件夹框选择相应的吸声系数频谱,可为不同的频率指定不同的吸声系数。

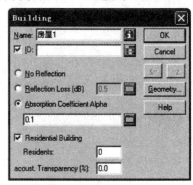

图 6-1 房屋设置

假设吸声系数为 α,则反射系数为 1−α。

$$\text{Reflection Loss} = 10\lg(\frac{1}{1-\alpha}) \tag{6-1}$$

以 Sample6-1 为例,考虑房屋多次反射产生的影响情况。

① 新建一个 CadnaA 文件,在菜单 Calculation≫configration≫Reflection 中 max Order Reflection(最大反射次数)中设置为 5,表示最大考虑 5 次反射。

② 输入两个房屋,长度约 33m,宽度约 8m,房屋间距约 9m,房屋高度 12m。

③ 房屋之间输入一点声源,声功率级 PWL=80,距点声源水平距离约 20m 处输入一预测点,点声源及预测点高度均按 4m 计。

④ 打开预测点属性窗口,勾选"Generate rays(as Aux. Polygons)"选项,表示激活预测点的声线显示功能。

首先计算不考虑建筑物反射(No Reflection 选项)时,预测点噪声大小,见图 6-2 左图;

然后再计算房屋外表面吸声系数为 0.1,结果见图 6-2 右图。

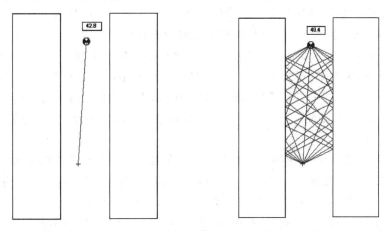

图 6-2　无反射及反射次数为 20 时的计算结果

可见,不考虑反射时,预测点噪声为 42.8dB(A),考虑 5 次反射时,预测点噪声为 49.4dB(A),二者差值很大,达到了 6.6dB(A)(为反射声引起的噪声增值)。大部分情况下,图 6-2 右图更接近实际情况,因此,工程设计中,也应尽量避免将声源放置于距周边建筑过近处,特别是两侧较近距离都有建筑或障碍物处,以尽量避免由多次反射产生的混响声影响。

6.2　房屋(Building)

CadnaA 中,房屋是由四周连续的"围墙"闭合而成的,计算中,房屋屋顶不予考虑(即既不认为反射体,也不认为遮挡体),如果建模中要考虑屋顶,可用三维反射体(3D-Reflector)模拟,输入中,三维反射体的高度用"Roof"选项。

如果在菜单 Calulation≫Configuration≫Reflection 中设置了考虑反射因素,则房屋外侧面对声音的反射影响将被考虑。

当一个声源(如点声源)位于房屋内部时,则默认计算中会出现如图 6-3 提示以告知声源位于房屋内部,这种情况应尽量避免(关于声源由室内向室外传播产生的影响,详见 5.3.4 节)。如选择 Continue 继续计算,则房屋四周的墙壁被认为"屏障"(Barrier)起到"遮挡"作用。

另外,可通过勾选 Calculation≫Configuration≫Industry 中的选项"Sources in Buildings/Cylinders do not shield",使房屋中的声源不受房屋的"遮挡"影响而直接辐射噪声。

Residential Building 标志量:选中时,表示该房屋为居住房屋,可在后面输入居住人口数。

Acoustic Transparency 声学透明度,单位:百

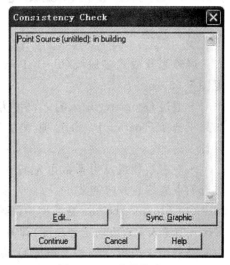

图 6-3　一致性检查

分比。

0%相当于无透射声,房屋后侧仅形成绕射声,50%为有一半能量的声音可穿透房屋,相当于房屋产生的传输损失为 3dB,透明度对声音的传播是各向同性的。

• 说明:Acoustic Transparency 选项并未包含在任何标准或规范中,该功能仅是 CadnaA 软件根据部分用户的特殊需求而增加的功能,可以利用该功能模拟有一定隔声量的声屏障(用 Barrier 模拟声屏障默认声屏障隔声量无限大,即不考虑透射声的影响)。

示例见 Sample6-2,如假设一点声源,无房屋时,水平声场为圆形,声学透明度,假设以下两种情况:

① 声学透明度为 0%,则房屋后声场为点声源传播中遇到房屋产生的绕射声场,无直达声,水平声场如图 6-4 左图,无房屋时,直达声为 61dB,受房屋遮挡后,声音仅为 48.9dB。

② 声学透明度为 50%,则房屋后声场为点声源传播中遇到房屋产生的绕射声场并叠加透射声场,水平声场如图 6-4 右图,此时,原有的 48.9dB 变为 58.2dB,此时主要以透射声为主,噪声值为透射声叠加绕射声的影响。

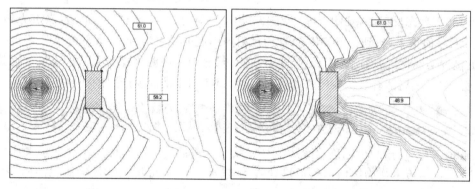

图 6-4　房屋的声学透明度分别为 0%及 50%的计算结果

6.3　屏障(Barrier)

6.3.1　概述

屏障为开放式多段线(Open Polygon),其属性窗口见图 6-5。

• 通过 Geometry 输入的 Z 高度为屏障顶部的高度,如果不选择 Floating barrie 选项,则屏障底部一直从地面开始。

• 吸声系数或反射系数可左右分别设置,左右方向按起始点到终点方向定义。

(1) Floating barrie:悬浮型声屏障,选中后,可在 Z-Exten 中输入垂直方向延伸高度,即为屏障真实高度。此选项通常用于模拟高架桥上声屏障,如桥高 5m,屏障高 4m,则屏障的 Z 坐标应为 9(5+4),并选中该选项,Z-Ex-

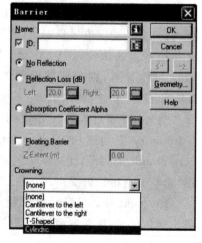

图 6-5　声屏障设置

ten 中输入 4。

（2）Crowning：为屏障顶部形式，有如下几种选项。

① Cantilever to the left：向左折臂型声屏障。

② Cantilever to the right：向右折臂型声屏障。

③ T-shapes：顶部为 T 形的声屏障。

④ Cylindric：顶部为圆柱形声屏障。

上述左右由坐标点顺序决定，以上四种屏障形式横截面示意图分别见图 6-6。

图 6-6　声屏障的常见顶部结构形式

• 顶部为 T 形及圆柱形的声屏障只有在购买了 Mithra 模块后才可应用。

• Crowning 选择中还有 Roof Edge 选项，为 4.3 版本后新增功能，可以配合 building 设置屋顶的顶部型式，具体见附录中 12.1.5 的详细介绍。

选中折臂型屏障后，可在 horizontal 及 vertical 中输入水平及垂直折进程度，见图 6-7。

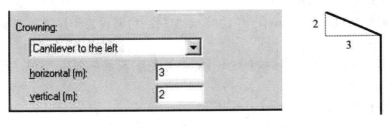

图 6-7　折臂型屏障设置

6.3.2　考虑屏障透射声的模拟

所有的户外声传播的相关规范，在处理屏障的影响时，都认为屏障的透射损失很小，屏障的降噪效果主要取决于绕射声衰减，即计算中不考虑透射声影响。

当然，为了满足上述要求，不少规范也对屏障有所要求，如 ISO 9613-2 要求屏障的面密度至少为 $10kg/m^2$，屏障表面不能有孔洞等。又如《公路声屏障材料技术要求和检测方法》（JT/T646—2005）规定声屏障隔声材料的隔声指数应大于 26dB。

但在实际中，很多屏障不具备上述条件，此时屏障的透射声影响不可忽略，CadnaA 中的 Barrier 不能直接考虑透射声影响，但可通过 Building 的 Acoustic Transparency 属性模拟屏障的透射声影响。

如 Sample6-3。

一道路距居民房屋约 36m，为降低道路噪声影响，设置了 6m 高声屏障，以昼间为例，在是否考虑屏障透射声影响的情况下，预测结果见表 6-1。

如果屏障隔声量仅有 15dB（A）时，考虑透射声时，预测结果将有约 2dB（A）的差异。

表 6-1   不同工况的计算结果

预测点	无屏障	有屏障 (不考虑透射声影响)	有屏障(考虑透射声,按屏障隔声量 15dB(A)考虑)
1 层	60.8	48.5	47.3
2 层	63.1	51.0	49.3
3 层	64.1	52.0	50.7

6.4　桥梁(Bridge)

Bridge 为水平平板型障碍物,主要在 CadnaA 早期版本中使用,可配合道路(Road)模拟桥梁,但 CadnaA 后期版本中,利用 Road 的"Self-screening"属性即可模拟桥梁,所以 Bridge 的使用也越来越少。

基于 Bridge 的特殊属性,因此,在应用中,要特别注意以下问题。

① Bridge 用闭合多段线(Closed Polygon)表示,为一水平平板,对声线无反射作用(因此其属性中无吸声系数或反射损失等输入参数),仅在桥梁两侧产生绕射声。

② Bridge 的高度永远为第一个坐标点的高度,因此,尽管可以为 Bridge 的不同坐标点输入不同的高度,但实际计算中,Bridge 永远作为"水平平板"型障碍物,不能代表实际中高差有所变化的桥梁,也与实际地形无关。

③ 可利用窗口 Bridge≫Geometry 中的"Roof"属性,将其设置于房屋顶部模拟房屋的水平屋顶或水平平台。

④ 声源在 Bridge 之上(或下)时,会在 Bridge 下(或上)形成声影区,但该声场与实际情况不符,不可使用。

⑤ Bridge 在垂直声场(Vertical Grid)中不显示。

6.5　三维反射体(3D-Reflector)

6.5.1　概述

3D-Reflector 是 3.4 版本中新增的功能,与 Barrier 只能设置为与地面垂直不同,3D-Reflector 可以设置为空间中的任意形状,如加油站的顶棚(图 6-8),与 Barrier 的折臂型屏障配合使用,可模拟折臂型屏障的真实效果。

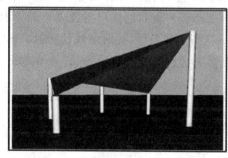

图 6-8　用三维反射体模拟顶棚

打开 3D-Reflector 属性窗口,可以设置物体表面的吸声系数及反射系数等(与房屋属性类似),其中左、右定义分别为:

如果看 3D-Reflector 的某一表面(如平面图从上向下看也是一种看法),如果围合该表面的坐标点在 Geometry 表中是逆时针排列(即在 Geometry 表中依次点击坐标,坐标按逆时针排列),则该表面即为右面,反之为左面,可利用口诀"逆右顺左"记忆。

声学效果:声音传播过程中,遇到 3D-Reflector 后,会在其表面形成反射声(按"镜像原理"),同时在所有侧边形成绕射声。

• 无论 Calculation≫configration≫Reflection 中的最大反射次数如何设定,3D-Reflector 只计算一阶反射。

• 3D-Reflector 对声线具有反射及绕射作用,绕射发生在该物体的所有侧边,如果物体与墙、屏障相交,尽管在相交部分在空间上构成密闭体,但依然会在相交部分的 3D-Reflector 的边侧产生声音绕射,为了忽略此处绕射,应在 3D-Reflector 的设置窗口中利用 Exclude Edges 功能排除该边。

6.5.2 3D-Reflector 与 Building 结合示例

通过以下示例,可以利用 3D-Reflector 与 Building 结合使用,模拟建筑顶棚或走廊,如声源位于顶棚下,可正确模拟出声音遇到 3D-Reflector 后的反射及顶部绕射情况,如图6-9。

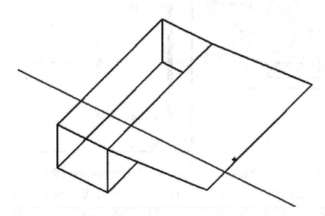

图 6-9 三维反射体与房屋的无缝结合

(1)示例见 Sample6-4,该例所用到的物体具体为:

Point source:坐标 85/65/4,声功率级 SPL:100 dB;

Building:坐标 60/50 - 70/50 - 70/80 - 60/80,高度 10;

Barrier:坐标 70/50 - 70/80,高度 12,折悬型屏障(Cantilever),水平距离 20,垂直 2;

3D-Reflector:70/50/10 - 90/50/12 - 90/80/12 - 70/80/10;

Verticle grid:40/65 - 110/65,高度 15。

(2)首先不激活声屏障(点击 ID 使 ID 变为红色),则垂直声场计算结果如图 6-10(计算网格精度 0.5×0.5m)。

可见,尽管 3D-Reflector 左侧与房屋为"无缝接合",但由于 3D-Reflector 属性所致,计

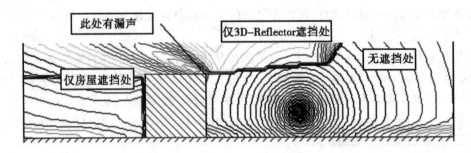

图 6-10 在三维反射体两侧产生了声音绕射道路与房屋结合处漏声

算中并不能对这种"无缝接合"进行判断,而是在 3D-Reflector 边侧形成绕射,从而导致结合处有漏声现象,这与实际不符。

(3)为了避免上述现象,可以通过 3D-Reflector 的"Exclude Edges"功能,选中(蓝色框为选中状态)与房屋接合的侧边 E04,表示在计算中不考虑该侧边,具体如图 6-11 所示。

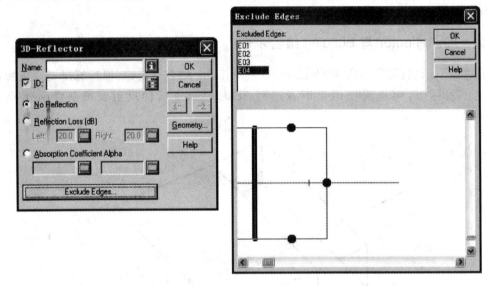

图 6-11 排除三维反射体与房屋结合处的绕射声计算设置

(4)重新计算后,结果如图 6-12,可见 3D-Reflector 与房屋接合的左侧不再产生绕射声,图中声线为房屋遮挡的效果,但这也与实际仍然不符,实际上由于 3D-Reflector 与房屋的"无缝结合",后面的声场应该很小。

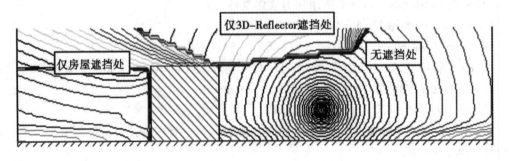

图 6-12 三维反射体与房屋结合处的噪声存在突变

(5)为此,激活声屏障,利用声屏障特性,避免结合处的漏声,计算后结果见图6-13,此图是正确的结果。

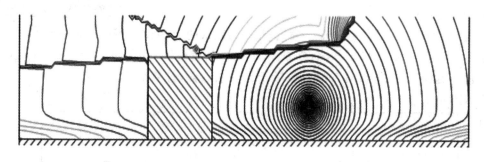

图6-13 正确的计算结果

(6)如进行更精确模拟,可指定 3D-Reflector 的反射系数,如假设吸声系数为 0.1,设置完重新计算后结果如图 6-14。

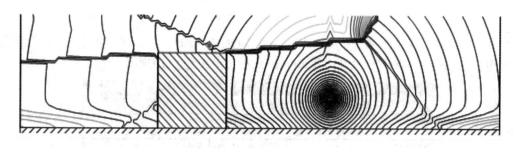

图6-14 设定反射体吸声系数为 0.1 后的计算结果

综上可见,3D-Reflector 与折臂型声屏障均有其适用条件,在特定情况下,二者结合应用,可正确模拟类似上述的应用案例。

6.6 地面吸声体(Ground Absorption)

根据 ISO-9613 规范,地面吸声的处理有两种方法:

① 当计算频谱无关的 A 计权声级时,多孔地面及混合地面均视为多孔地面。

② 当计算频谱相关声级时,可以考虑不同地面的吸声效果,地面吸声因子为 Q,用 0~1 之间的数字表示,数字越大,表示吸声效果越好,CadnaA 中,与频率相关的地面吸声效果的设置在详见菜单 Calculation≫Configuration≫Industry(见 10.7 节)。

全局地面吸声因子在菜单 Calculation≫Configuration≫Ground Absoption 中设置,详见 10.3 节,地面吸声因子,1 表示多孔地面,0.5 为混合地面,0 为反射地面。

③ 除全局设置地面吸声因子外,也可通过工具箱选择 Ground Absorption 对局部地面吸声单独设置。

下面给出具体示例看地面吸声效果,见 Sample6-5。

① 新建一个文件,利用鼠标输入方式在 $x=30$,$y=50$ 处输入一个点声源(工具箱选择点声源后,直接按键盘数字输入)。

② 分别在距点声源水平距 10m、100m 的地方输入两个预测点(Receiver)。

③ 确认 Calculation≫Configuration≫Industry 中 Ground Attenuation 选择了 not spectral(图 6 - 15,即代表地面吸声中不考虑频谱相关性)。

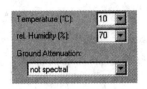

图 6 - 15　地面吸声设置

④ 输入点声源 PWL=105,单一频谱,频率为默认的 500HZ,右键空白处单击 Modify Mbjects 命令,对 Receiver 利用 Generate Label 命令,选择 LP1,将预测点噪声值标于预测点右侧,计算后预测点噪声如图 6 - 16。

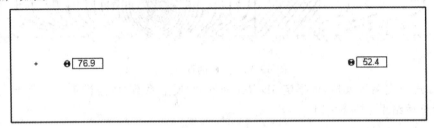

图 6 - 16　计算案例平面示意图

⑤ 双击点声源,打开属性框,声源 Type 选项选择 Spectrum,PWL 中通过点击右侧 打开窗口选择一个一频谱相关性声源 pump,其声功率级约为 105dB(A)(图 6 - 17)。

Sound Levels (local)											
OK	Cancel	Copy...		Font...		Adjust Col. Width			Help		
Name	ID	Type	Oktave Spectrum (dB)								
			Weight.	31.5	63	125	250	500	1000	2000	4000	8000	A
水泵	pump	Lw	A			68.9	81.4	96.8	100.0	101.2	96.0		105.1

图 6 - 17　噪声源强库中的源强显示结果

计算后可知,由于 Industry 设置页面中未考虑地面吸声的频谱相关性,计算结果与单一频率时基本一致。

以上结果也可以通过菜单 Calculation≫Protocol 打开 Calculation Protocol 窗口,选择 Print 命令,在 Print Range 中选择 IP1 及 IP2 后选择 OK 查看计算结果见图 6 - 18。表中 Agr 即为地面吸声情况,可见对各频率,地面吸声考虑情况都是一致的。

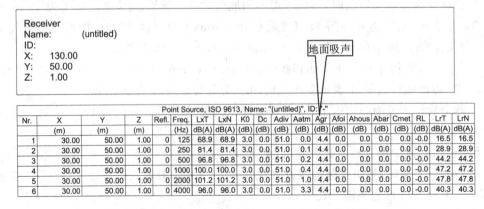

图 6 - 18　Calculation≫Protocol 显示的计算结果

⑥ 在菜单 Calculation≫Configuration≫Industry 中，Ground Attenuation 选项中选择 spectral，spectral sources only 选项。

⑦ 在两个预测点之间通过工具箱 随意输入一块代表特殊形状的地面吸声的区域，设置其吸声因子 G＝0，因此除了该区域为吸声因子为 0 外，其余区域都为 1。

⑧ 最后，进行计算，结果如图 6-19，可见图中部区域的地面吸声为 0，相当于全反射，对声音传播不起吸声作用，从等声级线分布也可较好说明由于反射地面导致的噪声增加的情况。

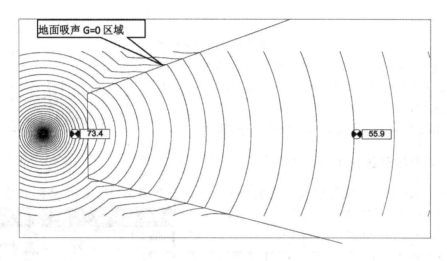

图 6-19　地面吸声对计算结果的影响

6.7　其他障碍物

6.7.1　圆柱体(Cylinder)

圆柱体可通过鼠标选择两个点输入，第一个点为圆柱体中心点，第二个点到中心点距离为圆柱体半径。

圆柱体外表面与房屋类似，可定义吸声特性。

圆柱体配合点声源可用来模拟烟囱的排气噪声(详见 9.3.3 节)。

6.7.2　堤岸(Embankment)

堤岸与屏障类似，为开放式多段线(Open Polygon)，多段线位置为堤岸底边位置。

Relative Heightt：相对高度，即堤岸顶部到底部的高度，底部高度可通过 Geometry 输入。

Slope 1：堤岸边坡，如图 6-20 表示边坡坡度为 1∶1.5，表示边坡高度∶边坡水平距离为 1∶1.5。

Top Width：堤岸顶部宽度。

声学效果：堤岸为障碍物，声线传播过程中遇到堤岸时，会在顶部两侧产生绕射，其遮挡

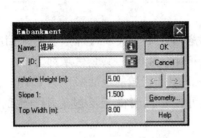
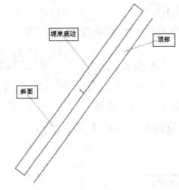

图 6-20　堤岸的属性设置

作用相当于两个距离为 Top Width 的平行的全吸声声屏障，横截面示意图如右图，因此横截面(Cross Section)图中(图6-21)，堤岸用两个平行屏障表示。

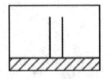

- 利用堤岸可自动优化计算声屏障高度，详见9.1节。

图 6-21　堤岸在垂直断面中的显示

6.7.3　集中建筑区(Built-up Area)

集中建筑区由闭合多段线表示，可通过 Geometry 设置其平均高度，具体的衰减量与所选择的标准或规范有关，如果通过菜单 Calculation≫ Configuration，在 Road 或 Railroad 页面设置了严格遵循 RLS-90 或 Schall03 标准，则集中建筑区的衰减影响不予考虑(图 6-22)。

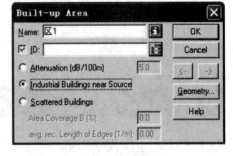

图 6-22　集中建筑区设置

(1) VDI2714

根据 VDI2714 规范 6.4.2 节，草地引起的衰减 D_G 如下计算。

$$D_G = (m \times B \times S_G - D_{BM})\text{dB} \geqslant 0 \quad (6-2)$$

式中　m——平均边长的倒数，1/m；

B——沿声线传播方向建筑物的密度，为房屋占地面积除以总的占地面积的值，%；

S_G——声线通过集中建筑区的长度，m；

D_{BM}——由地面及气象条件产生的衰减，dB。

对单个房屋，m 最大为 0.1，房屋越分散，m 值较小。

根据 VDI 2714，$D_{BM}+D_D+D_G$ 最大值为 15dB(其中 D_D 为草地引起的衰减)。

(2) ISO 9613-2

根据 ISO 9613-2 标准附录 A 的公式 A.2，集中建筑区引起的衰减 $A_{Hous,1}$ 计算公式为：

$$A_{Hous,1} = 0.1 \times B \times d_b \quad (6-3)$$

式中　B——沿声线传播方向建筑物的密度，为房屋占地面积除以总的占地面积的值，%；

d_b——声线通过集中建筑区的长度，m。

根据表中，$A_{Hous,1}$ 最大不超过 10dB。

- 目前 CadnaA 软件不支持计算 ISO 9613-2 附件 A.3 中的衰减量 $A_{Hous,2}$。

• 如果模拟绿化带衰减,也可用 Built-up Area,可通过第一个选项输入 100m 衰减多少 dB 来确定绿化带的单位衰减量,一般而言,对有一定高度且较浓密的绿化带,可近似按1~2 dB/10m 计算。

6.7.4 草地(Foliage)

草地由闭合多段线表示,可通过 Geometry 设置草地高度,草地的具体的衰减量与所选择的标准或规范有关,以下主要介绍 VDI2714,ISO9613-2 中草地引起的噪声衰减如何计算。

（1）VDI2714

根据 VDI2714 规范 6.4.2 节,草地引起的衰减 D_D 如下计算。

对 A 计权:

$$D_D = 0.05 dB/m \times s_D \tag{6-4}$$

对频谱:

$$D_D = \left[0.006 \left(\frac{f}{HZ} \right)^{1/3\xi} \right] dB/m \times s_D \tag{6-5}$$

式中,s_D 为声线通过草地的长度,m。

（2）ISO9613-2

根据 ISO 9613-2 标准附录 A 的公式 A.2,草地引起的衰减 A_{fol} 计算公式为

$$A_{fol} = D_f \cdot d_f \tag{6-6}$$

式中,D_f 为声线通过草地的长度,m。

d_f 根据表 6-2 查得,当沿声线传播方向草地长度大于 200m 时,可按 200m 取值。

表 6-2   查表确定 d_f 的值

声线通过草地的长度 D_f(m)	倍频带中心频率	63	125	250	500	1k	2k	4k	8k
$10 \leqslant D_f \leqslant 20$	衰减量(dB)	0	0	1	1	1	1	2	3
$20 \leqslant D_f \leqslant 200$	衰减量(dB/m)	0.02	0.03	0.04	0.05	0.06	0.08	0.09	0.12

6.8 地形

地形由等高线(Countour lines),突变等高线(Line of Fault)及高程点(Height point)等组成。

6.8.1 非平坦地形介绍

对大部分情况而言,项目所处环境为非平坦环境,此时就需要输入等高线等信息以模拟真实地形,因为地形不仅决定了声源、障碍物及预测点高度,同时会对声音传播产生衰减或屏蔽作用,因此,地形建模的精度对预测结果影响很大。

CadnaA 在进行噪声计算前,首先根据输入数据计算地形,如果没有地形数据,则当做平地计算,平地高度可以在 Calculation≫Configration≫DTM 中设置,因此,对非平坦地形,应尽可能多输入地形数据,如果数据过少,将导致软件模拟地形时与实际不符,从而产生计算

误差甚至错误。

相反,有时地形数据通过 CAD 或 GIS 等数据导入,从而导致地形过细(如等高线坐标点过于密集),此时为了加快计算或减小项目大小,需通过右键菜单"Simplifying Geometry"以删除"冗余"数据。

下面对 CadnaA 是如何处理地形数据的做一简单介绍,以帮助用户了解计算过程及地形输入输入时如何确定输入是否合适。

对等高线和突变等高线,软件计算中,内部相当于在等高线位置插入一个屏障(Barrier),屏障高度与等高线高度一直,垂直于所在地形平面。

如果物体的高度通过 Relative 指定为相对高度,即输入高度为相对于物体所在处地形的高度,则在计算前,首先通过周围等高线计算物体所在处地形高度。

计算中,声线由声源向预测点传播,如遇到屏障,则计算屏障的屏蔽效果,如声线高于屏障,则根据距离及高于屏障的高度,根据积分方法确定平均高度从而确定地面衰减。

6.8.2　Geometry 选项

所有物体、地形等均可由工具箱输入,所有物体或功能在鼠标点击选中物体后均可使用,物体在项目中的具体位置均由物体的 Geometry 属性决定,物体属性均取决于所选物体。

Geometry 选项:物体 x、y 决定了平面位置(在状态栏右下角有显示),z 决定了物体的高度位置,可选择为:

(1) Relative:相对高度,即输入的高度为相对于物体所在地形处的地面高度,如未输入等高线等地形数据,默认高度在菜单 Calculation≫Configration≫DTM 中设定(Standard Height 项)。

(2) Absolute:绝对高度,即输入高度(Z 值)为绝对高度,与地形无关。

(3) Roof:输入高度为物体相对于下面物体顶部的高度,如房屋高度 6m,如房屋上面有一高于房屋 2m 的点声源(如模拟置于房屋顶部的冷却塔),则可通过选择 Roof 输入 2m,则其实际距离地面就为 8m(6+2)。

6.8.3　FitObject to Dtm(物体适应地形)

图 6-23　某不平坦地形的横断面示意图

通过该功能可修改物体相应坐标点的高度,从而与地形匹配,如下例,某处地形的横断面图如图 6-23。

平面图如图 6-24。

假设某条道路如图中位置经过,如仅为道路设定了起终点高度(图 6-25),则道路不能与地形匹配。

为了将道路与地形匹配,选择道路后,右键选择"Fit

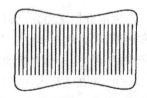

图 6-24　该不平坦地形的平面图

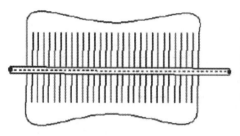

图 6-25　一条路穿过该不平坦地形示意图

Object to Dtm",则将在道路与等高线水平投影相交处自动生成一些列坐标点,坐标点高度与等高线高度相同,见图 6-26。

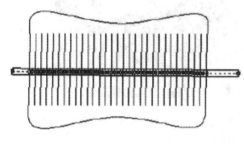

图 6-26　对道路右键执行 Fit Object to Dtm 命令后效果

6.8.4　Fit Dtm to Object(地形适应物体)

上例继续。

如选择道路后,选择"Fit Dtm to Object",弹出如图 6-27 所示窗口。

该命令是让地形来适应物体,将在所选物体两侧各生成两条等高线,一条等高线高度与所选物体一致,另一条等高线高度与周边地形一致。

Width/Additional Width:为所选物体边线距第一条等高线之间的距离的 2 倍,对道路为道路最外侧等效行车线中线至第一条等高线间的距离的 2 倍。

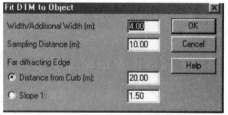

图 6-27　地形适应物体设置

Sampling Distance:采样距离,为等高线坐标点之间距离。

Distance from Curb:为第二条等高线与第一条等高线间的距离。

如选择 Slope(坡度)时,可在道路两侧生成一路堑边坡,常用于模拟丘陵或山区有一定坡度护坡的高速公路等,此时两条等高线之间距离取决于两条等高线之间高度差及 Slope 设置情况,参数示意图见图 6-28。

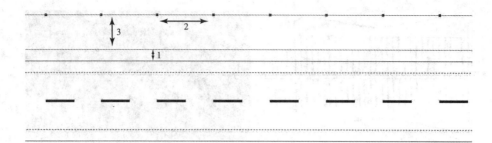

1—Width/Additional Width;2—Sampleing Distance;3—Distance from Curb

图 6 - 28 Width/Additional Width、Sampleing Distance 及 Distance from Curb 含义

如选择 Distance from Curb 为 20 时效果见图 6 - 29。

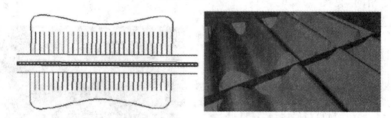

图 6 - 29 对道路右键执行 Fit Dtm to Object 命令后效果(Distance from Curb=20)

如选择 Slope 为 1:1.5 时候时效果见图 6 - 30。

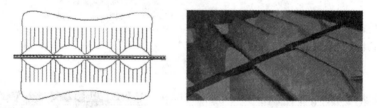

图 6 - 30 对道路右键执行 Fit Dtm to Object 命令后效果(Slope 为 1:1.5)

又如,可以用此命令模拟城市中的下穿地道。

如示例 Sample6-6。东西向道路下穿南北向道路,平面图见图 6 - 31。

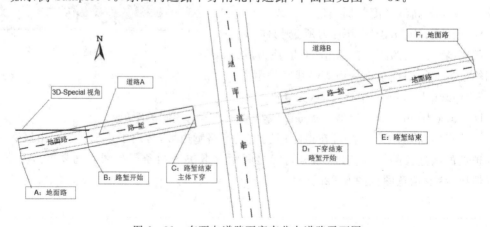

图 6 - 31 东西向道路下穿南北向道路平面图

假设 AB 为地面路,BC 开始进入挖方,为路堑,经过 C 后道路开始下穿地面道路至 D 结束,以后又分别为路堑及地面路。

假设地面绝对高程为 0,A,B 点 Z 坐标为 0,C 点 Z 坐标为 −7(由于位于地面以下,所以为负)。

选择道路 A,其属性 Geometry 中高程点选项中输入"absolute Height at every Point",为每个坐标点输入不同高度,即 0,0,−7,选择 3D-Special 视角观察,发现未出现路堑结构,是由于尚未形成下穿地形。

选择道路 A,右键在快捷菜单中选择 Fit Dtm to Object,弹出的窗口中设置如下:

Width/Additional Width:4.2

Sampling Distance:采用默认值

Distance from Curb:0.2

OK 确定后,再选择三维视图看到的建模效果见图 6-32,可见,路堑结构在 B 点已经形成,但在 C 点与实际不符,这是由于采取 Fit Dtm to Object 操作后,生成的等高线没有在 C 点附近闭合的缘故。

新建一条高度为 −7m 的等高线,将道路左右两侧最靠近道路的两条等高线 C 点附近的终点连接起来,表示 C 点附近靠近道路这里等高线高度为 −7m,即代表路面处地形,详见图 6-33(为了显示方便,该图进行了旋转)。

图 6-32 建模效果图(峒口不对)

同理,再新建一条高度为 0m 的等高线,将道路左右两侧最外侧的两条等高线 C 点附近的终点连接起来,代表地面处地形。

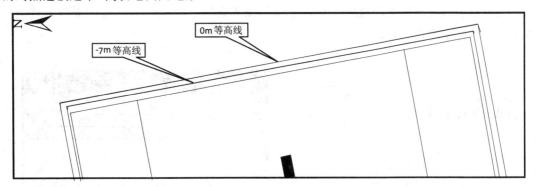

图 6-33 新建 −7 及 0m 等高线完善隧道峒口建模

最后再选择三维视图观看效果图可以得到正确结果见图 6-34,同理,可对道路 B 进行类似设置。

6.5.5 等高线(Contour Lines)

等高线及突变等高线用来模拟地形,输入的高度均为绝对高度,其中,可为一条等高线

图 6 - 34　正确的峒口地形效果

不同坐标点之间输入不同高度（这有别于传统上理解的一条等高线上高度相同这一概念），等高线之间地形采用插值法计算，CadnaA 提供了不同的插值算法，具体参考 Calculation≫Configuration≫DTM 页面。

- 计算中，等高线及突变等高线作为声屏障对噪声起"屏蔽"作用，由等高线之间差值而产生的新的地形在计算中不予考虑。
- Table≫Contour Lines 表中只给出了第一个及最后一个坐标点的坐标，坐标高度为绝对高度。
- 等高线的地形数据可通过关键字♯(Table，Hline_GEO)导出或打印。

6.8.6　突变等高线(Line of Fault)

突变等高线主要用来模拟地形的突变，如两条等高线之间距离很小，但高差很大从而形成类似"山崖"的地形效果。

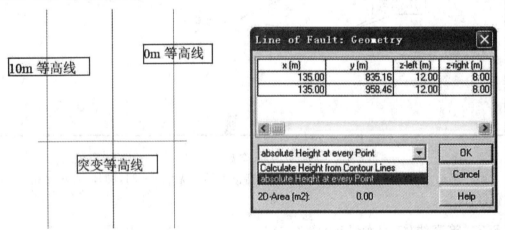

图 6 - 35　突变等高线设置

示例见 Sample6-7,平面图见图 6 - 35,打开突变等高线,其 Geometry 属性设置见图 6 - 35,其中对其高度设置有两个选项。

Calculate Height from Contour lines:选择本选项后,断面处地形如图 6 - 36 左图所示,可见,突变等高线左右两侧高度与两侧等高线高度相同,从而在突变等高线两侧形成平台,突变等高线处形成类似"山崖"的效果。

Absolute Height at everyPoint:可为突变等高线左右两侧分别输入不同的高度,如分别输入 12 及 8,则断面处地形如图 6 - 36 右图所示,可见突变等高线处依然形成类似"山崖"的效果,但两侧地形根据设置高度与周边等高线高度采用自动插值方法形成一定坡度的地形。

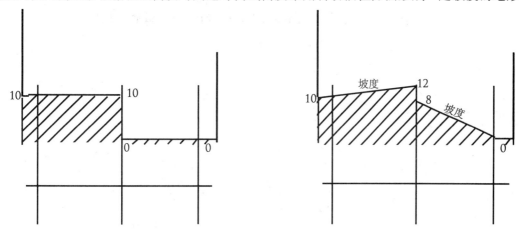

图 6 - 36　突变等高线的不同设置效果

6.8.7　高程点(Height Point)

高程点与等高线及突变等高线类似,主要作为构成非平坦地形的补充要素,与等高线等不同的是,无论单独的高程点,还是为房屋等物体输入坐标点坐标时所输入的地形高度(也作为单独的高程点),尽管决定了该点处的地形高度,但其对声线无"遮挡"作用(当 Calculation≫Configration≫DTM 的选项"Explicit Edges Only 勾选时",详见 10.11 节),因此,如果项目中无等高线,但由众多高程点表征项目地形(如导入 GIS 数据的 DEM 地形文件),则应利用高程点生成等高线。

利用高程点生成等高线除了可考虑地形的"遮挡"作用外,还可降低较多高程点时占用的大量存储空间,具体操作步骤如下。

将高程点导入 CadnaA 的方法很多,主要采用数据库的方式导入(见 4.2 节)。

如例 Sample6-7,假设高程点已成功导入到 CadnaA 中。

利用高程点生成等高线原理为:采用 CadnaA 的 Grid 计算功能,像计算水平声场一样,利用已知的高程点信息,反推计算获得地形的等值线图,从而生成等高线,具体过程为:

① 首先通过工具箱的 ⊞ ,在平面图上选择计算范围,如对本例是计算全部范围(图形界限范围),因此该步骤可省略。

② 在 Grid≫Property 设置计算精度,如本例 dx、dy 精度均设置为 3m。

③ 在工具栏的预测参数下拉框(图 6 - 37)中选

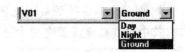

择 Ground,表示对地形进行计算。

④ 通过 Grid≫Calc Grid 进行计算。

⑤ 计 算 后 可 通 过 Grid ≫ Grid Appearance 的　　图 6 - 37　　在工具栏的下拉框中选择地面

Level Range 设置相应的显示下限及上限,否则,结果可能会显示不全。

最后通过快捷键"ALT+F12"将计算后得到的等值线转换为等高线(Contour Lines)。

·计算地形时,为了加快计算速度,可将所有声源全部不激活,否则,也将同时计算声场。

·声场计算后,均可通过具栏的预测参数下拉框选择 Ground 查看地形。

7 辅助类物体

辅助类物体主要由区域框(Section)、文本框(Text Box)、辅助线(Auxiliary Polygon)、符号(Symbol)、桩号标注框(Station)等组成,这些物体均没有声学意义,主要起辅助作用。

7.1 区域框(Section)

区域框的主要作用有:

① 选中区域框,通过 Ctrl+C 可拷贝区域框中的内容至剪贴板。

② 用于打印图形(Print Graphics,见 9.6 节),可在打印区域选项中选择要打印的区域框 ID。

③ 选中区域框,右键选择 Modify Objects 可对区域框中的物体进行操作。

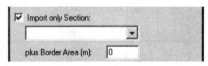

④ 导入(File≫Import 的 Option 设置中,如导入 CAD 文件)操作时,通过设定区域框,可只导入指定区域框中的内容(图 7-1)。

图 7-1 导入指定区域的 CAD 地图

⑤ 利用批处理(PCSP,程序分段处理技术,见 9.8 节)计算时,用于设定计算区块。

7.2 文本框(Text Box)

7.2.1 概述

文本框主要用来标注文本,最多可输入 3000 个字符,其主要设置内容有(图 7-2):

Centre:设定文本框中心位置。

Lengh 及 Width:设定文本框宽度及高度。

Aligment:选择对其方式,上、下、左、右、居中等。

Frame:勾选后显示边框。

Angle:设定旋转角度,逆时针为正,顺时针为负。

Scale Dimension:选择后,文本框可根据平面图比例自动放大或缩小,此时,文本框长度及宽度单位由 mm 改为 m。

Draw Line to Point:从文本框拉出一条辅助线指向某点。

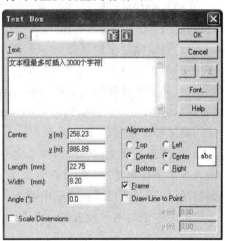

图 7-2 文本框设置

该选项主要用于利用右键 Modify Objects≫Generate Label 自动生成与物体相关的信息时,可自动生成一条辅助线将生成的文本框与物体连接,当移动文本框时(图7-3)或进行变换操作时,该辅助线将自动更新。见示例 Sample7-1。

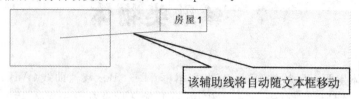

图 7-3 勾选 Draw Line to Point 后辅助线将自动随文本框移动

7.2.2 Table 表中的 Text Box

通过 Table≫Other Objects≫Text Frame 打开文本框表,表格见表7-1。

表 7-1 Table≫Other Objects 中文本框表的显示样式

Text	M.	ID	Font		Frame	Dimensions			Angle	Coordinates	
			FontType	Size(pt)		Length	Width	Unit	(?	X(m)	Y(m)
6			Arial	7.9	x	25.09	8.37	m	0.0	4451618.76	5401729.71

通过改变,也可批量控制文本框属性,其中 M,ID 等属性设置与其他物体类似。

Frame 列:控制文本框边框是否显示,"x"表示显示,""表示不显示。

Unit:单位,可输入 m 及 mm,对应文本框的 Scale Dimension 属性。

m:相当于选择 Scale Dimension 复选框,此时文本框框可根据平面图比例自动放大或缩小。

mm:相当于不选择 Scale Dimension 复选框。

7.2.3 为房屋自动标注楼层

原理:

(1)每个房屋设置好高度后,房屋的相对高度就已经确定了,利用内置变量 HA 可以访问该高度;

(2)假设楼层平均高度为3m,则 HA/3 即为每个房屋的楼层数;

(3)将 HA/3 得到的楼层数的值暂时储存在房屋的 Memo 属性中;

(4)利用查找替换命令将存在 Memo 中的数保留到整数形式;

(5)将 Memo 中的值利用 Generate Label 命令标注到房屋上。

具体操作步骤如下:

(1)打开示例文件 Sample7-2 文件后,先通过工具箱的 Text Box 插入一个文本框,任意输入个数字表示楼层,如5,调整文字大小及格式,调整文本框外形大小,直到将其调整到放到房屋上时,感觉尺寸正合适的程度,该步目的主要是利用物体的继承属性功能,让新自动生成的文本框与刚才设置的一致。

(2)空白处鼠标右键单击,在弹出的快捷菜单中选择 Modify Mbjects,在下表的物体中选择 Building 表示对房屋进行操作,下拉框的动作菜单中选择 Modify Attribute,弹出修改房屋属性窗口,如图 7-4 左图所示。在属性下拉框中选择 MEMO 表示对 MEMO 属性内容进行修改,选择 Arithmetics 单选框,后面内容中输入 HA/3,表示将楼层层数暂存到 MEMO 中,选择 OK 完成命令。

可以任意选择一个房屋看,可以看到房屋 NAME 后边 MEMO 框的 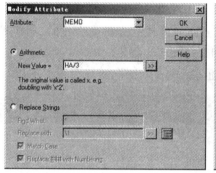 图标是蓝色的,表示里边有了内容,打开后可以看到其内容。

(3)从 Memo 内容中可以看出,里边楼层数的小数点后边有 6 位数字,因此接下来就是取整,只保留小数前的整数表示楼层。

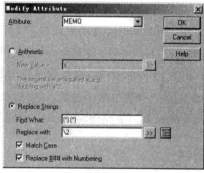

图 7-4 通过修改房屋的 Memo 属性设置房屋层数

(4)空白处鼠标右键单击在弹出的快捷菜单中选择 modify objects,在下表的物体中选择 Building 表示对房屋进行操作,下拉框的动作菜单中依然选择 Modify Attribute,弹出修改房屋属性窗口,在属性下拉框中选择 MEMO,选择 Replace Strings 单选框,Find what 中输入:(∗).(∗),表示修改所有 memo 中的值,Replacing with 中输入\2,详见图 7-4。

• Find what 中:∗ 为通配符,括号将 ∗ 包含起来表示用以便于引用,如 Memo 中值为 5.000000,则(∗).(∗)的第 1 个(∗)为 5,第 2 个(∗)为 000000。Replacing with 中:\1 表示原来所有字符串,\2 为第 1 个(∗)所代表的内容,同理,\3 为第 2 个(∗)所代表的内容,以此类推。

(5)空白处右键单击选择 Generate Label 命令(图 7-5),Attribute 中选择 Memo,Placement 中选择相应的对其方式,OK 确认即可。

上述方法第 4 步用到了 Modify Attribute 命令进一步修改 Memo 属性内容,目的是将小数取整,其实这步可在 Generate Label 中一次简化到位,具体如下:

将楼层值赋值给 Memo 后就可以利用 Generate Label 标注楼层高度了,命令框中选择 User defined,Code 中进行自定义输入 #(ObjAtt, %1, memo,0,0.5)(见右图),表示直接将 Memo 中内容取整,0 代表取整,0.5 代表进位方式。

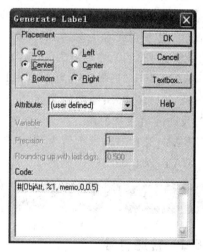

图 7-5 将 Memo 中内容取整后生成为标注

7.3 桩号标注框(Station)

用于标注道路(Road)及铁路(Railway)里程
桩号,如常见的公路旁的百米桩等,使用方法为:

① 在道路或铁路的 Geometry 中设置起始里程及升降序排列方式。

② 选择道路或铁路,右键选择 Generate Station,设置多少米(Distance 项)产生一个桩号,Alignment 设置对其方式即可。

桩号标注框大部分属性与文本框类似,其独有属性有:

Update automatically:自动更新桩号,当公路长度或起点桩号变化时,相应桩号可自动更新(通过菜单 Table≫ Miscellaneous≫Update Station 命令)。

Hold Value:不自动更新,直接输入桩号值。

7.4 辅助线(Auxiliary Polygon)

7.4.1 概述

辅助线无任何声学意义,可用来测量距离、确定视图角度、辅助线标志等,闭合的辅助线或其他物体(如计算区域等)也可以用来批量修改物体。

7.4.2 辅助线作为声线的声学意义

当右键点击预测点(Receiver)勾选"Generate rays(as Aux. Polygons)"时,可看到预测点声源至预测点的声线传播情况,双击声线,其 ID 内容显示该条声线噪声大小及声线属性(直达声、反射声、绕射声)等。

如例 Sample7-3,两个点声源,一个预测点,房屋与屏障吸声系数均为 0.1,设置最多考虑 2 次反射,计算后声线见图 7-6。

可见,到预测点产生的声线用辅助线表示,辅助线 ID 用"RAY_声线值_反射或绕射属性表示",本例共产生 5 条声线,其中:

RAY_423_00:噪声值为 42.3,00 表示直达声。

RAY_366_01:噪声值为 36.6,01 表示 1 次反射声。

RAY_316_00S:噪声值为 31.6,00 表示无反射,S 表示绕射声,因此 00S 表示声线为未经过反射的直接绕射声。

RAY_231_01S:噪声值为 23.1,01S 表示声线经过 1 次反射后的绕射声。

RAY_204_02S:噪声值为 20.4,02S 表示声线经过 2 次反射后的绕射声。

7.5 符号(Symbol)

7.5.1 普通符号

可在项目中插入符号,起到辅助显示左右,其属性设置见图 7-7:

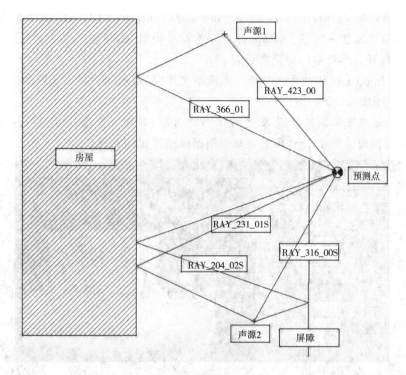

图 7-6　辅助线作为声线的含义

其属性大部分与文本框类似,其独有属性为可在 Symbol 下拉框中选择相应内容:

图 7-7　符号设置

North Arrow1~5:5 种不同类型的指北针;

Tennis:网球场;

Football/soccer:足球场;

Circle:圆形;

Cross:十字形;

Mark:标注,样式相当于十字形中间加一圆形;

Stop:Stop 标志;

Caption Grid:不同声场颜色所代表的噪声值大小图例;

Caption Land Use:土地类型图例;

Caption Objects:建模所用到的物体图例。

·通过第三方程序直接复制内容到剪贴板,在 CadnaA 中粘贴时,将作为 Symbol 物体,物体名称命名为"INS_编号"格式。

7.5.2　三维符号(3D Symbol)

自 4.4 版本开始,CadnaA 增加了三维符号(3D Symbol),可以在 Table≫Libraries 中定义三维符号,可导入后缀名为 obj(由 Wavefront 公司为 3D 建模和动画软件开发的一种标准)的三维模型文件,三维符号的使用具体如下,示例见 Sample7-4。

(1)点击 Table≫Libraries(local)≫Symbol 3D Libraries 打开三维符号库,默认 Symlib 库中无内容,可以增加一行记录,双击打开三维符号设置,如新建一名称为"空压机"的三维符号,双击可打开三维符号的对话框设置。

(2)选择 Import 打开对话框选择三维模型文件(后缀名 obj)导入到模型中,如空压机三位模型后如下图所示(图 7-8)。

(3)Scaling 选项可以选择以 X、Y 或 Z 方向为准,对导入模型尺寸进行校准,如下图假设 X 方向空压机尺寸为 1.5m,其他方向会根据模型等比例缩放。

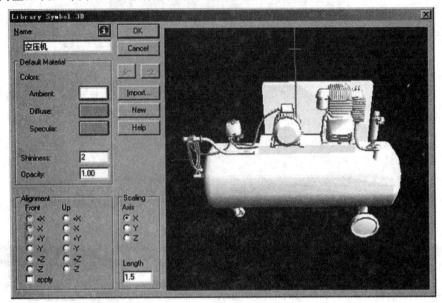

图 7-8 导入空压机的三维模型

(4)设置界面中其他选项含义:

① Default Materials:模型材质设置,可对物体本身及环境颜色、物体透明度等进行设置。

② Alignment:对其设置,可设置物体正面(FRONT,等效于 X 方向)及上面(UP,等效于 Z 方向)朝向。

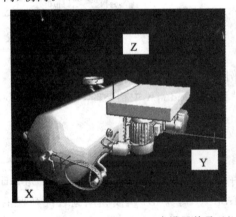
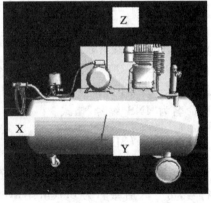

图 7-9 Alignment 未设置前及 Alignment 的 UP 设置为+Y 后效果

如图 7-8 模型导入前为图 7-9 左图形式，Alignment 的 UP 设置为＋Y 后，应用 Apply 后，将图中＋Y 方向调整为 UP 方向，即相当于 Y 方向调整为 Z 方向，其他坐标进行相应变化。

选择 OK 确认完成空压机的设置。

（5）工具箱中插入符号框（Symbol），双击符号框进行设置，3D-Symbol 中在下拉框中设置刚才设置的三维符号"空压机"（图 7-10）。

Geometry 设置三维符号对应的位置。

Align with Ground：与地面对齐。

Rotate around local Axis：选择后，可输入三维符号模型沿现有 X 方向及 Y 方向的旋转角度。

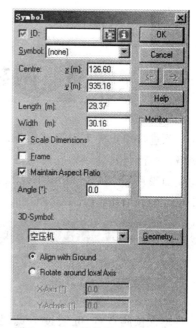

图 7-10　三维符号中选择空压机

图 7-11　点声源及三维符号在三维实景图中显示

如设置点声源及三维符号的 X、Y 坐标重合，点声源 Z 坐标距地面 2.5m，三维模型距地面 2m，在三维模型视图显示见图 7-11，可见点声源中心位置重合。

· 三维符号仅能在 3D-Special 中显示，在平面图中仅显示空白框，空白框大小无实际意义。

8 网格计算及结果输出

除进行单点噪声预测外,CadnaA 软件还可进行网格点计算,可计算的网格类型为水平网格、垂直网格、建筑物立面网格。与本章内容相关的工具箱物体有预测点(Receiver)、建筑物立面噪声预测(Building Evaluation)、计算区域(Calculation Area)、垂直网格(Vertical Grid)、土地功能区(Area of Designated Land Use)、噪声值(Level Box)等组成。

8.1 预测点(Reciever)

8.1.1 概述

输入预测点后,可通过工具栏的 Calculate ![] 进行计算,计算后可双击预测点或在 Table≫Receiver 中查看结果(图 8-1)。

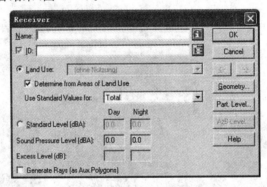

图 8-1 预测点设置界面

标准值的两种输入方法:

(1)直接在 Standard Level 中输入标准值。

(2)根据土地类型方式输入。

① Determine from Areas of Land Use 选中时,Land Use 不能选择,则通过预测点所在位置确定土地类型,从而确定执行的噪声标准。

② Determine from Areas of Land Use 未选中时,可直接在 Land Use 下拉框中选择土地功能区。

土地功能区确定后,可在 Use Standard Value for 中设置噪声类别。

Excess Lever:超标量。

Generate rays(as Aux. Polygons):计算后生成预测点声线,详见 7.4.2 节。

Partial Level:可得到不同声源对某个预测点的噪声贡献值,这在噪声治理中意义很大,可确定主要噪声源,从而从主到此依次开展噪声治理。

8.1.2 土地类型(Land Use)

通过 Option≫ Land User,可为不同国家设定不同的噪声标准值,从而增强程序的灵活性。示例见 Sample8-1。

打开 Land Use 窗口,可新增产生中国噪声标准,由于软件针对不同声源设置不同标准,而国内则表征为 4 类～0 类,因此对可将 Total 参考为 4 类,Industry、Road、Railroad、Aircraft 依次相当于 3 类、2 类、1 类、0 类等,选择 Apply 保存后退出,图 8-2 左图。

设定后,则对不同标准的引用可直接通过 Land Use 应用。

如不利用 Land User,Receiver 的标准值也可手动输入,但 Building Evaluation 则不能手动输入标准值,只能通过 Land Use,如图 8-2 右图表示 Building Evaluation 对应的标准相当于 Total 代表的 4 类标准。

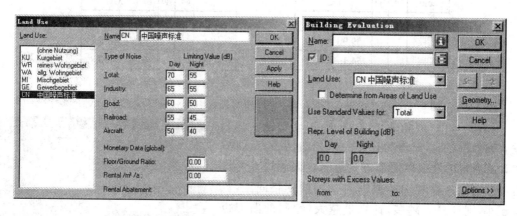

图 8-2 设定中国噪声标准对应的土地利用及标准的引用

8.1.3 Partial Level(噪声贡献值)

如图 8-3,在两条道路附近有一预测点,尽管其距高架路更近且高架噪声源强也大于地面路,但由于敏感点处于高架声影区,因此高架噪声对其影响反而小于地面道路,当预测点高度高于高架而处于声照区时,则受高架影响更大,具体每个声源对某个预测点的贡献值都可通过 Partial Level 得到。

8.2 水平网格(Grid)

计算水平网格的一般步骤为:
① 通过 Calculation Area 设定计算区域;
② Grid≫Property 设置预测网格属性;
③ Grid≫Appearance 设置显示属性。
与网格计算相关的操作主要在 Grid 菜单中,详细介绍如下。
1. Property(属性设置)
设置见图 8-4。

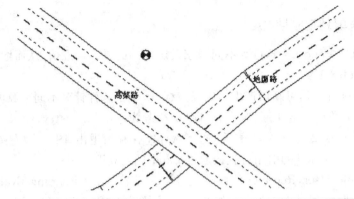

Source			Partial Level	
ame	M.	ID	1.OG	
			Day	Night
地面路			59.9	52.9
高架路			54.1	47.1

1 层约 1.5m 预测点

Source			Partial Level	
Name	M.	ID	5.OG	
			Day	Night
地面路			62.7	55.7
高架路			67.8	60.8

5 层约 13.5m 预测点

图 8-3 选择预测点的 Partial Level 可得到各声源对该预测点的贡献值

Receiver Spacing：网格点间距：由于绘制水平或垂直断面声场时，原理为计算一系列的网格点，而后将计算所得的数据以图形方式显示。因此这里的设置可分别输入横向(dx)或纵向(dy)的网格间距，数字越小，则计算点越多，计算量越大，绘制的图形也越光滑，越精确。

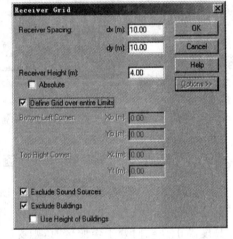

Reciever Height：网格点高度设置，如果下边勾选 Absolute 选项，则输入的为绝对高度，否则为相对地面的高度。

选中 Option 后，可打开如下选项。

Define Grid over entire Limits：选择后，则在图形界限内设置预测网格点（图形界限在 Option≫Limits 中设置），如不勾选该项，可在下边的窗口中输入预测网格点的左下角及右上角范围。

图 8-4 水平网格点属性设置

• 该选项与 Calculation Area 关系：水平网格点的计算范围为该选项与 Calculation Area 设置的交集，如果未设定 Calculation Area，则计算范围取决于该选项设置。因此应避免未勾选 Define Grid over entire Limits 选项而直接导致预测网格的范围与 Calculation Area 相交为空集的情况。

Exclude Sound Sources/Buildings：选中时则表示不在声源及建筑物的水平投影范围内计算水平网格；

Use Height of Buildings：(利用建筑物高度)，只有在上面的"Exclude Buildings"选中时才起作用，此时，当水平网格点高度高于建筑物时，则绘制建筑物的水平声场，例如：

房屋 1 为 15m 高,房屋 2 为 9m 高。示例见 Sample8-2。

当预测网格高度为 12m,则房屋 1 水平投影内不计算网格,房屋 2 的则计算。

•为了更好地观看上述效果,请将 Building 的填充色显示属性设置为透明色,同时不勾选 Calculation≫Configuration≫General 中的选项 Extrapolate Grid under Buildings(建筑物下外推声场网格)。

2. Appearance(显示设置)

设置见图 8-5。

Appearance 主要用于网格计算结果的图形显示方式,见图 8-5。

Lines of Equal Sound Level:将相同声级用线表示;

Areas of Equal Sound Level:将相同声级用面填充表示;

Raster Oversampling:将相同声级用交错栅格表示,可设置交错栅格的交错度,该显示方式用于 3D-special 中声场颜色显示;

No Grid:不显示网格计算结果;

Lower Limit:网格显示的最小声级;

Upper Limit:网格显示的最大声级;

如上两项分别输入 30,100 则网格计算结图形只显示这一范围,高于 100 或低于 30 的都不显示;

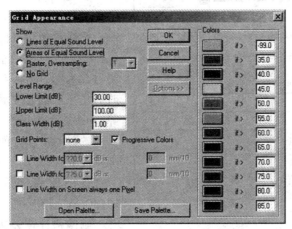

图 8-5　水平网格的显示属性设置

Class Width:等值线之间间隔,如输入 5,则每隔 5dB 绘制一条等值线;

Grid Points 下拉框:可选择所预测的网格点是否显示或显示为计算值(Value)或点(Point);

Progressive Color:表示是网格颜色显示为渐近色。

另外有 3 个复选框可分别选择各条等声级线的宽度,如右图设置表示声级为 10 或 5 的整数倍时,声级的颜色是加粗为 10mm,否则按默认 0mm(图 8-6)。

一般不需要修改不同颜色对应的噪声值,如需修改,可以通过下边的 Open Palette 或 Save Palette 打

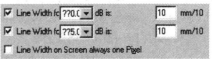

图 8-6　等值线的线宽设置

开或保存颜色设置,默认保存文件后缀名为 pal。

• CadnaA 自 4.1 版本以后,颜色面板的设置功能有了进一步加强,4.1 版本后的颜色面板设置见 12.1.3 节。

3. Calc Grid:计算网格

该计算与工具栏或 Calculation≫Calc 计算不同,这里指的是网格计算,结果将得到水平网格及垂直网格的计算结果,而后者是计算 Receiver 或 Building Evaluation 的预测值(图 8-7)。

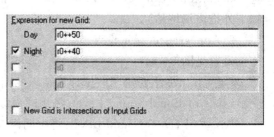

图 8-7 网格计算设置

4. Arithmetics(网格计算)

主要用于网格值的再计算,当前网格为 R0。

目前最多支持除当前网格外的 6 个网格混合计算。

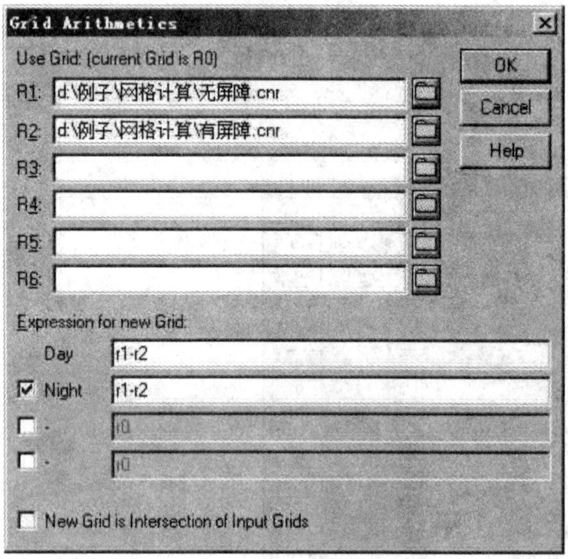

图 8-8 网格计算设置

如:当前网格为 R0,该值为项目中声源影响贡献值,并未叠加区域本底噪声,如背景噪声为昼间 50dB(A),夜间 40dB(A),则输入方式如图 8-7。

又如:临道路有一居住小区,为降低噪声影响采用声屏障措施,首先计算没有屏障时居住小区的水平声场,计算后将网格另存为"无屏障.cnr",然后计算有屏障时居住小区的水平声场,结果存为"有屏障.cnr"。示例见 Sample8-3。

选择 R1 右边的文件夹框,选择"无屏障.cnr";

选择 R2 右边的文件夹框,选择"有屏障.cnr"。

则网格计算表达式中昼夜均输入 R1－R2,此时得到了不同位置,不同距离处屏障的降噪效果,一般屏障降噪效果难以大于20dB,因此要从图形上显示,应该将 Lower Limits 由默认的 30 改为 0 或其他较小的数字,另外为了区分不同的降噪效果,也应该修改颜色设置属性,CadnaA 软件光盘附有"Diff_1_10.pal"文件,可打开参考引用。

另外,该菜单下还有 Calc Map of Conflict、Evaluation、Object-Scan 及 Population Density 为大城市模块(XL Option)内容,主要用于与人口相关的经济损失评估等内容,详见第11 章。

Open:打开一个网格文件。

Save As:保存当前网格为相应的文件格式,可选择的格式有:

① 网格文件,*.cnr。

② ASCII 码文本格式, *.rst,可用记事本打开该文件,文件中保存网格点对应的 X、Y、Z 坐标,地面坐标及对应的预测值,可以将其导入另外的第三方程序进行再处理。

其他可被其他程序读取的文件格式,包括 Lima 格式(*.ert),AUSTAL 格式(*.dmna),NMGF 格式(*.grd),Immi 格式(*.ird)。

Delete:删除当前网格。

8.3 垂直网格(Vertical Grid)

垂直网格与水平网格类似,只是水平网格通常用 Calculation Area 选择计算区域后计算,而垂直网格需通过工具箱上的 Vertical Grid 选择计算范围,在 Geometry 中设定计算高度后计算,其设置如图 8-9。

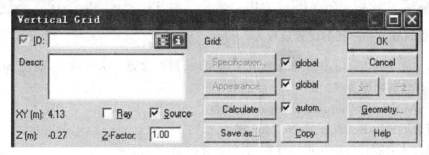

图 8-9 垂直网格设置

Specification:与 Grid≫Property 设置一致;

Appearance:与 Grid≫Appearance 设置一致。

global 勾选后,其设置与全局设置即 Grid 菜单下的设置相同,否则设置仅适用于所选择的垂直网格。

Ray 及 Source:显示声线及声源位置。

与水平网格的计算类似,垂直网格也可以进行相关计算。示例见 Sample8-4。

如道路实施屏障前,某处断面计算的垂直网格见图 8-10 左图,点击 Save As 保存网格名称无为"无屏障垂直网格.cnr"。

道路实施屏障后,该处断面计算的垂直网格见图 8-10 右图,点击 Save As 保存网格名称无为"有屏障垂直网格.cnr"。。

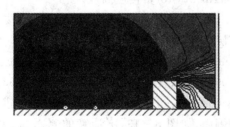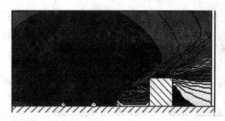

图 8-10 无屏障及有屏障的垂直网格计算结果

利用 Grid≫Arithmetcs,分别将"无屏障垂直网格.cnr"及"有屏障垂直网格.cnr"导入到 R1 及 R2 网格。网格计算表达式中输入 R1-R2。计算后将当前网格保存(用 Grid≫Save As 命令)为"无屏障-有屏障垂直网格.cnr"。

双击刚才计算的垂直网格打开垂直网格对话框,用"Alt＋o"命令打开对话框,选择"无屏障－有屏障垂直网格.cnr"文件。

设置网格显示属性,设置下限值为 0,上限值为 20。等值线对应的颜色属性选择"Diff_1_10.pal"文件,显示结果图 8－11。

图 8－11　以垂直声场方式显示屏障噪效果

　•垂直网格在设置窗口中没有提供"打开"命令,可以利用快捷键命令"Alt＋o"打开文件浏览器,选择保存后的垂直网格文件。

8.4　建筑物立面声场(Building Noise Map)

计算建筑物立面声场的设置过程为:

① 将 Building Evaluation ⊞ 放置于房屋内,只有放置于房屋内,才能将 Building Evaluation 与建筑物相关联。

② 设置 Option≫Building Evaluation 属性。

③ 设置 Grid≫Building Noise Map 属性。

④ 通过工具栏计算按钮进行计算,获得计算结果。

8.4.1　Building Evaluation 设置

Building Evaluation 设置属性见图 8－12。示例见 Sample8-5。

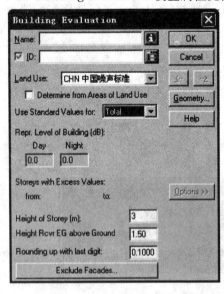

图 8－12　Building Evaluation 设置

Land Use 及 Use Standard Value for 的输入与 Reciever 类似,用来设置预测点所采用的标准值,如本例采用中国噪声标准的 4 类标准。

Repr. Level of Building:建筑物侧面网格点预测结果(最大值、最小值、算术平均值或几何平均值等)。

Option 中设置为:

Height of Story:楼层高度。

Height Rcvr EG above Ground:每层楼预测点相对该层高度。

Rounding up with last digit:最后一位进位方式,0.10000 表示整数进位,即 52.1 显示为 53。

Exclude Facades:点击进入后可设定不进行噪声预测的侧面,如图 8－13,不计算的侧面为 F01 用蓝色选择框表示,同时可通过双击平面图对应的侧面进行选择或取消。

选择工具栏计算,计算结构结果见右图,可见在房子周围不同侧面产生一系列预测点,

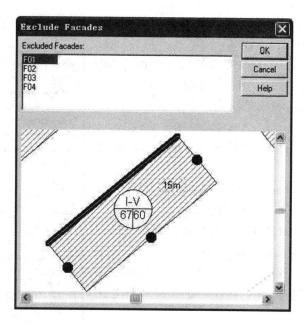

图 8-13 排除建筑物的某个立面

并同时显示预测噪声值。

　　其中 Building Evaluation 分三部分显示,上半部分显示哪些楼层存在超标(如图 8-14 表示 1～5 层有超标)。下半部分分别表示昼夜噪声值(最大值、最小值、算术或能量平均值,具体取决于设置)。

　　如为了显示或其他需要,需要将 Building Evaluation 放置在房屋外,设置如下:

　　① 将 Building Evaluation 放置于房屋内。

　　② 设置 Building Evaluation 的 Geometry 属性,勾选"use different Calculation Point"选项。

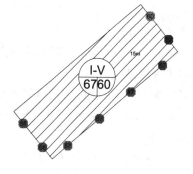

图 8-14 Building Evaluation 的显示

　　③ 将 Building Evaluation 移出房屋外至想要移动的地方(图 8-15)。

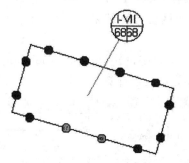

图 8-15 Building Evaluation 设置于房屋外

　　其中与 Building Evaluation 相连的连接线的起点为"use different Calculation Point"选中后 X 及 Y 坐标的输入值。

8.4.2 Building Noise Map 设置

　　建筑物立面声场的显示属性等相关设置在 Grid≫Building Noise Map 中,具体设置如下(图 8-16):

　　1. Calculation 设置

Facade points according to VBEB:选择时则下面选项中关于侧面最小及最大值均不能输入,由系统根据 VBEB 规范自动确定预测点的位置。

Minimal length of Facade：侧面长度最小值，如输入 2，则长度小于 2 的侧面不计算；

Maxmal length of Facade：侧面长度最大值，如输入 10，则某侧面长度大于 10，则会在此侧面上产生两个预测点，所以一般而言，该项是决定有多个预测点位的主要参数。

Distance Rcv-Façade：产生的预测点距建筑物立面的距离。

Additional Free Space：如果预测点距相邻障碍物的距离小于输入值时，则不产生预测点。

Averaging Method（平均方法）：用来显示在 Building Evaluation 计算后下半部分左右两侧（分别表示昼夜）所显示的值是所有预测点的最大值（maximum）、最小值（minimum）、能量平均值（enegetic）或算术平均值（arithmetic）。

No Creation of Building Noise Map：选中后，将不计算建筑物立面声场。

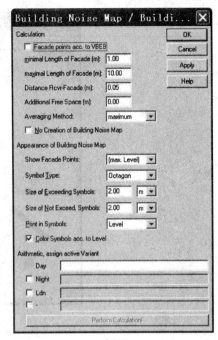

图 8－16　建筑物立面声场设置

2. Appearance 设置

Show Facade Points：侧面预测点显示范围，可通过下拉框选择显示最大值、最小值、或某一楼层的预测值等。

Symbol Type：设置预测点显示形状，Octagon：八角形，Ribbon：带形。

Size of Exceeding Symbols/Size of Not Exceeding Symbols：可输入超标及不超标预测点的显示大小。

Print in Symbols：选 Level 时，显示的是计算的声级，选 Number 时，是预测点的编号，从 1 开始。

3. 声级差图

Arithmetic assign active variant：可对不同预测状态下的昼夜噪声预测值进行计算。如对于水平或垂直计算网格，可以保存不同计算状态下的网格计算结果，然后利用 Grid≫Arithmetics 进行网格计算。

对建筑物立面声场结果也可计算，但需要配合 Variant（变量）操作，因为 Building Noise Map 不能像水平或垂直网格那样单独保存为一个文件并读取后计算。

例如，可以定义 2 个变量，v01 对应未采取任何减噪措施的计算结果，v02 对应采取了降噪措施的计算结果，变量详细操作见 9.7 节。

首先通过 Calculation≫Calc 菜单计算所有计算变量，然后在 Building Noise Map 窗口最下面 Arithmetic assign active Variant 中输入（图 8－17）：

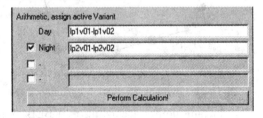

图 8－17　建筑物立面声场值计算

Day:lp1v01— lp1v02;

Night:lp2v01— lp2v02。

lp1v01 代表 v01 变量中计算的 lp1 值,同理,lp2v02 代表 v02 变量中计算的 lp2 值。

本例:lp1、lp2 分别为昼、夜噪声;变量 v01,v02 分别代表屏障实施前、后的两种情景。

则上述表达式相当于给出屏障对不同侧面位置,不同楼层的降噪效果并利用图形表示。

• 建筑物立面声场预测的最大作用是在购买了 XL 模块后,配合计算噪声超标图,估算受影响人口数量及受影响程度,进行经济估算等。

8.4.3 Building Noise Map 预测点的结果输出

对 Receiver,预测结果可通过 Table≫Receiver 表输出。

对建筑物侧面预测点,结果需通过 Table≫Result Table(结果表)输出。

结果表中,默认只有 Reciever 预测结果,可通过设置显示侧面预测点计算值。

设置中常用到的两个变量:

STW:代表侧面预测点楼层;

FASSNR:侧面预测点的顺序编号,编号顺序与房屋外轮廓线的起终点顺序一致,依次按 1,2,3…等编号。

显示建筑物侧面噪声预测值的步骤:

① 通过 Table≫Result Table 打开结果表,默认只显示 Receiver 预测值,点击 Edit 按钮,对结果表格式进行编辑。

② 要显示建筑物立面声场预测值,需在该窗口下部的 Receivers from Building Noise Map 下拉框中选择所选楼层预测点,如选择 all 表示显示所有立面预测点(图 8 – 18)。

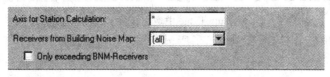

图 8 – 18 Result Table 中显示建筑物立面预测点预测值

③ 对 Table Columns 进行编辑,显示预测点所在楼层及断面位置。如将其显示在 Land Use 前,则选择 Land Use,右键选择 Insert before,在 Land Use 前插入一行,双击该行,内容设置如图 8 – 20 左图,同理,选中该行,Insert after 在其后插入一行,内容设置见图 8 – 20。

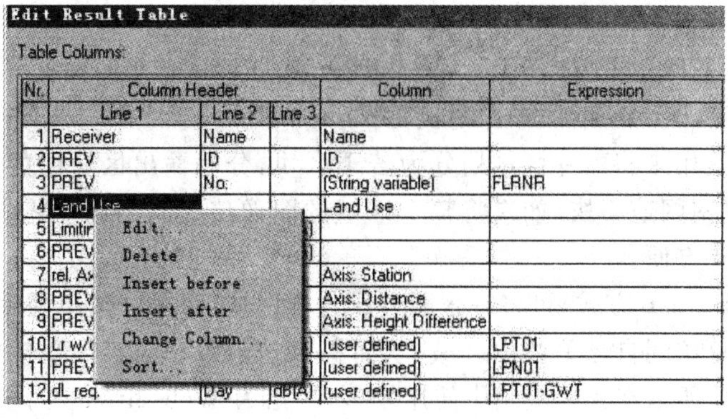

图 8 – 19 编辑 Result Table

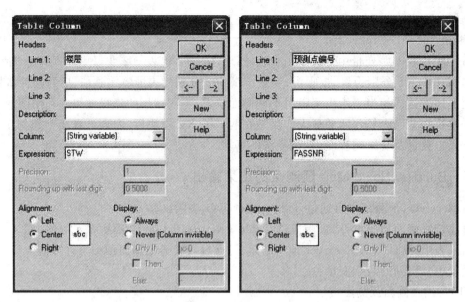

图 8-20 Result Table 中增加建筑物立面预测点楼层及预测点编号

设置后 Table Comuns 表中显示如图 8-21 所示。

Nr.	Column Header			Column	Expression	Roun
	Line 1	Line 2	Line 3			Prec.
1	Receiver	Name		Name		1
2	PREV	ID		ID		1
3	PREV	No.		(String variable)	FLRNR	1
4	楼层			(String variable)	STW	1
5	预测点编号			(String variable)	FASSNR	1
6	Land Use			Land Use		1

图 8-21 Result Table 中增加楼层及预测点后结果

④ 选择 OK 确定,则结果表中显示了所选择楼层预测点的噪声值。

• Result Table 的编辑将引用大量的内置变量或缩写,具体见附录 12.3 节。

8.5 输出为 Web-Bitmap

CadnaA 可以将当前模型或计算声场结果输出为 CAD,GIS 等格式图形,也可输出为其他噪声软件如 Lima 等软件格式,对预测结果输出可直接将预测点表或结果表直接拷贝粘贴到其他程序中(如 Word,Excel 等)中。

对声场或平面图除了 File≫Print Graphics(见 9.6 节)或直接拷贝外,还可以通过 File≫Export 输出为 Web-Bitmap 图形。示例见 Sample8-6。

Web-Bitmap 是用来将整片区域划分为若干区块,分别输出区块图的一种方法,最初开发主要是由于互联网网速不快,如果将整个区域的图像传送到网络上将占用大量的时间及空间,用户浏览也不方便。

而采用 Web-Bitmap 方式,可将一张图分成若干区块,每个区块单独存为一个 bmp 图像文件,这样用户可仅访问自己关注的区域,从而提高访问效率,由于该选项可自定义输出位图的分辨率及比例,所以在实际应用中使用较多,输出为 Web-Bitmap 的步骤为:

①用 Section 选择要出图的区域,并在 Section 的 ID 中输入任意内容,避免空格,如输入"输出区域"。

②在 File≫Export 弹出对话框的下拉框中选择输出文件类型为 Web-Bitmap,点 Option 进行设置,见图 8-22。

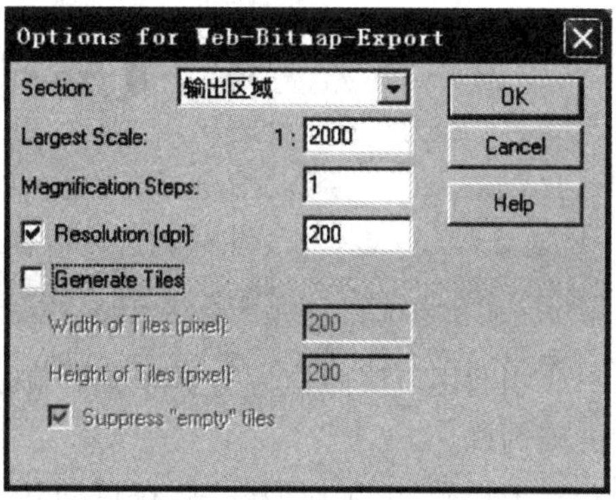

Section:表示选择输出的 Section 区域。

Largest Scale:最大输出比例,如 1:2000。

Magnification Steps:放大倍数,表示是否还输出其他比例尺的图,如输入 3,则将分别输出 1:2000,1:1000,1:500 的三张图。

Resolution:出图分别率,单位:dpi(dot per inch),一般应用中为保证一定的精度可输入 200。

图 8-22   输出为 Web-Bitmap 设置

Generate Tiles:产生区块,如果选择该项,可分别输入每个区块的宽度及高度(单位为像素),则将每张图分成一个个小区块作为一个单独文件,该选项应慎用,如果区块很小而所选区域很大,则将产生大量文件,输出过程将较慢。

Suppress"empty"tiles:如果某区块没有任何内容,则不生成该区块图像。

• 输出过程中,同时生成与输出文件同名的 txt 文件记录输出文件的相关信息。

9 CadnaA 进阶应用

9.1 自动计算声屏障高度

当利用声屏障作为主要降噪措施时,CadnaA 软件可根据降噪目标要求自动计算所需声屏障高度。

• 说明:由于模型限制,在自动计算所需声屏障高度时,声屏障需用 Embankment 而不是 Barrier 模拟。

示例见 Sample9-1,计算过程如下。

(1)如图 9-1,受道路噪声影响,预测点处噪声超标,为了降低预测点处噪声,在道路一侧设置屏障(用 Embankment 模拟)。

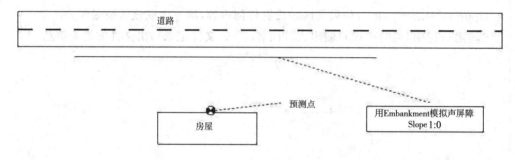

图 9-1 计算案例平面示意图

(2)确保预测点中输入了噪声标准值(Standard Level),如昼间 60、夜间 50dB(A),根据计算,不采取措施时,预测点处昼间超标 7.8dB(A),夜间超标 10.4dB(A)。

(3)设置 Embankment 属性输入如图 9-2,其中 Relative Height 暂时输入 0,后续计算中,将自动确定合适的屏障高度。

(4)选中屏障,右键菜单选择 Break into pieces(右图),将屏障分成 5m 一段,这样可以在优化中对每段屏障高度分别计算以寻求最佳性价比。

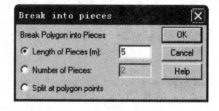

图 9-2 把屏障分成一段一段

(5)单击菜单 Options≫3D-View 选择合适的三维视图(如 Gen. Paraleel),通过左右方向键调整适当的观察角度,如图 9-3。

(6)单击工具栏上的 ![icon] 或菜单 Calculation≫Optimize Walls,打开优化声屏障设置窗口,属性设置如图 9-4。

Optimize Walls:输入为哪些屏障进行优化,"＊"为通配符,表示对所有屏障进行优化,

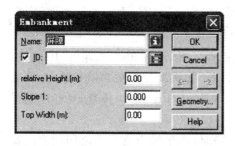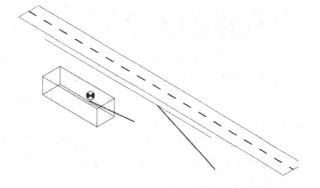

图 9 - 3　设置屏障高度为 0m

如果要对特定屏障进行优化设计,需要将特定屏障 ID 编号与此处设置的一致。

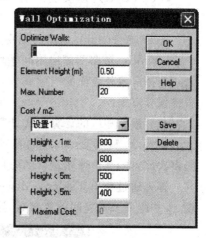

Element Height:屏障步进高度,如 0.5m 则表示每增加 0.5m 高度计算一次。

Max Number:最大计算输入,该值与步进高度乘积即为屏障最大高度。如图 9 - 4 输入 20,则表示屏障最高计算高度为 $0.5 \times 20 = 10$m。

$Cost/m^2$:声屏障费用计算方式,可分别输入屏障高度小于 1m,3m,5m 及大于 5m 时的每平方米屏障造价,通过 Save 或 Delete 可存储或删除设置的不同高度屏障每平方米造价。

Maximal Cost:设定屏障的最大投资,可不填。

图 9 - 4　优化屏障设置

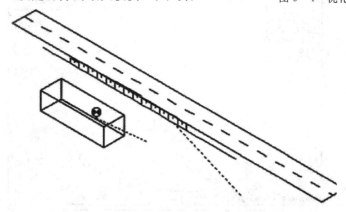

图 9 - 5　自动计算屏障高度示意图

(7)选择 OK 确认,则看到声屏障高度随计算不断增高,直到高度增加至预测点处噪声达标(图 9 - 5),并确保声屏障总造价最低。

· $Cost/m^2$ 后的文本输入框不能为空。

9.2 自动计算道路两侧房屋多次反射声修正量

如果在菜单 Calculation≫Configuration≫Road,选择了 Strictly according to RLS-90,将严格根据 RLS-90 规范进行计算,默认只计算一阶反射。如果要计算更多阶数反射,则将 Strictly according to RLS-90 勾掉,同时在 Calculation≫Configuration≫Reflection 中选设定反射次数即可。

如果在道路两侧有较密集房屋(比如城区两侧道路)时,由于噪声在房屋之间的多次反射,会导致噪声的增加,CadnaA 可计算该噪声增加量,具体在 Road 属性设置窗口的右下方,具体见图 9-6。

Drefl dB(A):多次反射引起的噪声修正量,可
以直接输入,也可以通过输入:

Average Height:道路两侧房屋的平均高度;

Distance:道路两侧房屋间平均距离;

选择房屋外表面的声学属性,如可选择反射、吸声或强吸声等。

最后根据相应的计算公式计算而得。

当然,可利用 CadnaA 的自动计算功能计算房
屋多次反射的噪声修正量,计算过程如下:

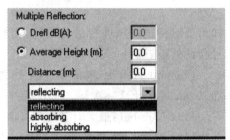

图 9-6 多次反射设置

首先通过菜单 Tables≫Miscellaneous≫Calc Width of Roads 计算出房屋两侧的平均高度、平均距离及房屋间隙等参数,这些参数保存在 Road 的 Memo-window 窗口中(图 9-7)。

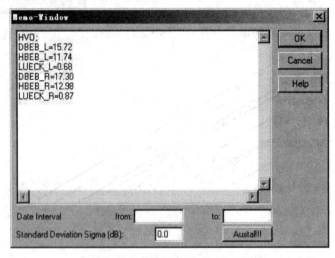

图 9-7 房屋的 Memo 窗口中保存了计算多次反射影响的相关参数

产生的参数意义如下:

DBEB_L、DBEB_R:道路左、右侧的房屋平均距离;

HBEB_L、HBEB_R:道路左、右侧的房屋平均高度;

LUECK_L、LUECK_R:道路左、右侧的房屋间隙比例。

而后可通过批量计算将 Memo-Window 窗口内的变量值赋值至道路属性窗口的距离及

高度等属性中即可。

下面以 Sample9-2 为例,操作步骤如下:

(1)打开文件后,通过 Tables≫Miscellaneous≫Calc Width of Roads 命令进行计算;

(2)然后让 CadnaA 自动将上一步骤的计算值赋值到道路属性设置窗口的房屋平均高度中,具体为:

①鼠标右键在空白处单击选择 Modify Objects,操作物体中选择道路(Road),Action 中选择 Change Attribute,下边的物体类型选择 Road。

② 在 Attribute 房屋属性下拉框中选择 HBEB(如果下拉框没有该属性则通过文字输入),选择 Arithmetic 单选框,表达式中输入:

(MEMO_ HBEB_L＋MEMO_ HBEB_ R)/2

具体见图 9-8。

以上两步表示将 Raod 的 Memo-Window 框中的 HBEB_L 及 HBEB_R 求和除以 2 后赋值到道路两侧房屋的平均高度属性中。

同理,可计算房屋的平均距离,在 Attribute 中选择 ABST,表达式中输入:

MEMO_DBEB_L＋ MEMO_DBEB_R

上步表示将道路左、右侧的距离求和后赋值给路两侧房屋的平均距离属性。

• Road 属性中的 HBEB:代表道路两侧房屋的平均高度;

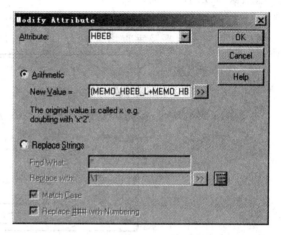

图 9-8　修改 HBEB 属性

• Road 属性中的 ABST:代表道路两侧房屋的平均距离。

高度及距离确定后,由道路两侧房屋产生的多次反射引起的噪声修两量就可以确定了,具体值见 Drefl 后的值(图 9-9)。

另外,根据 RLS-90,房屋多次反射的噪声修正量还与房屋间隙比例有关,如果房屋间隙比例小于 30%,则不考虑该修正量,因此,操作原理与上类

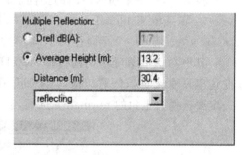

图 9-9　多次反射的计算结果

似,可在 Attribute 中选择 DREFL,表达式中输入:

iif(max(MEMO_LUECK_L,MEMO_LUECK_R)<0.3,DREFL,0)

• DREFL 为道路两侧由房屋形成的多次反射修正量。

9.3　噪声的指向性传播

大部分声源传播是向各个方向均匀传播的,但少部分声源传播有指向性,如发电厂的烟囱,其指向性取决于烟气量及温度等因素,另外还有一些声源如管道出口噪声,飞机发动机噪声等。

9.3.1 一般的指向性实例

下面通过具体示例了解指向性的一般设置方法及效果。

步骤一，先看没有指向性时声音辐射情况，示例见 Sample9-3。

① 打开 CadnaA，新建一个文件，在项目任意位置输入一个点声源(Point Source)。

② 双击打开点声源进行设置，频谱选择单一频谱(Single band)，源强(PWL)输入 100，Geometry 中高度输入 1。

③ 在另一个位置如距该点声源约 100m 处再输入一点声源，根据 CadnaA 规则，该点声源默认属性与刚才输入的一致。

④ 在两点声源周边勾选一计算区域(Calculation area)，通过 Grid 菜单的 Property，将网格计算精度水平及垂直均设置为 1m，进行计算，结果如图 9 - 10 所示。

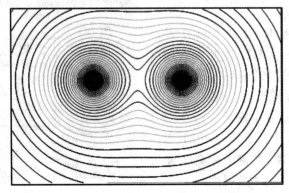

图 9 - 10　无指向性的 2 个点声源的等值线图

步骤二，接下来输入声源的指向性：

① 在菜单 Table≫Library(local)≫Directivity 打开指向性窗口，在弹出的窗口中通过 Insert after 新建一个指向性因子，输入如图 9 - 11 所示：

其中：0 度代表噪声向前传播，180 度代表向后传播，由于噪声源输入的为单一源强，因此这里只输入 500Hz 对应指向性即可，图中未输入的地方 CadnaA 会自动插值计算，另外，一定要选择右上角的 normalize 选项，表示源强将归一化至声源的实际源强大小。

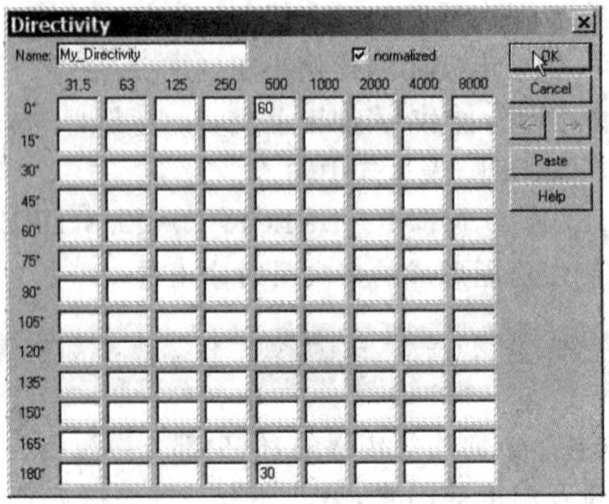

图 9 - 11　新建指向性因子

② 输入好后按 OK 确定,directivity 表中多了一行新建的指向性因子,名字为 My_direcitvity,再打开时,指向性如图 9-12 所示,可见 500Hz 没有输入的各方向的大小通过刚才输入的进行了自动插值及归一化计算。

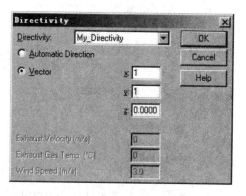

图 9-12　自动插值及归一化计算后的指向性因子

步骤三,接下来为声源设定指向性:

① 打开左侧的点声源的属性窗口,在 Directivity 中指向性因子为刚才所设的 My_direcitvity,并选择 vector,x 及 y 方向均输入 1,z 方向为 0,表示声音指向 x,y 平面向 45 度方向的,具体见右图。

② 计算声场网格,计算结果见图 9-13 所示。

③ 同理,对右侧点声源进行设置,x,y 方向分别为 1,-1,z 方向为 0,计算后声场结果见右下图,由右下图可知,尽管两个声源具有相同的指向性(direcitivity 相同),但由于声音传播指向不同,因此结果也不同。

图 9-13　选择 My_Direcitvity 因子

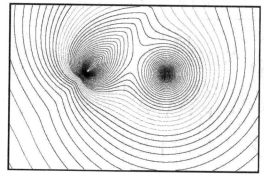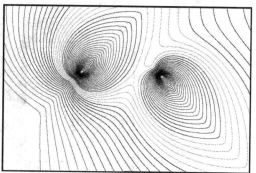

图 9-14　考虑了声源指向性后的声场计算结果

9.3.2 从房屋门窗传播噪声的指向性

根据 Austrian 规范,从房屋某一部分(Element)或开口(Opening 如窗、门等)所发出的声音也应该设置其指向性。

具体示例见 Sample9-4。

① 新建一个 CadnaA 文件,插入一高 10m 的房子,假设房子前有一个开口(Openning),模拟开口的噪声辐射效果。

② 为房屋设置反射损失(Reflection Loss 反射损失)为 1dB(A)。

③ 利用 Object snap 命令在房子一侧设置一个点声源,用其模拟开口噪声,为点声源输入 PWL 为 100,频谱为单一频谱,点声源高度为 5m。

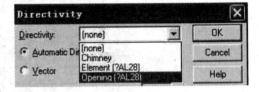

图 9-15 选择其他的指向性因子

④ 进行声场计算,计算结果见图 9-16 左图,可见,在半空间内,声音是均匀传播的,这其实与实际情况不完全相同(未体现指向性)。

⑤ 双击点声源,在 Directivity 中设置 CadnaA 根据 ÖAL 内置的指向性因子如图 9-15 所示。再次计算声场,计算结果见 9-16 右图,与实际情况比较吻合。

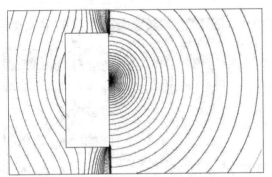 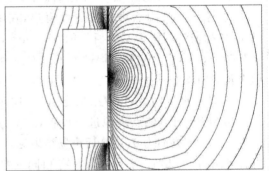

图 9-16 指向性因子不选择及选择为 Opening 后的计算结果

同理,将 Directivity 设置为 Element 后,产生的声场计算结果如图 9-17。

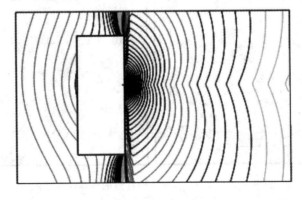

图 9-17 指向性因子选择为 Element 后的计算结果

• CadnaA 帮助手册中有关于设置 Element、Opening 及设置指向性的影响说明,均以点声源为例。由于软件只是根据相应标准或规范进行计算,至于哪个结果更接近实际,Datakustic 公司不对其中的差异给出评价及分析。如细分其区别,请用户参照相应规范。

9.3.3 从烟囱顶部传播噪声的指向性

模拟烟囱顶部排气噪声,具体操作步骤如下:

① 新建一个 CadnaA 文件,插入一个圆柱体(Cylinder)及一个点声源,假设圆柱体半径为 9m,高度为 30m,用其模拟烟囱实体。点声源为单一频率,源强 PWL 为 100,水平位置设置于圆柱体中心,在 Geometry 中设置声源高度与圆柱体高度一致。

② 画一条经过圆柱体中心的辅助线或垂直网格(Vertical Grid),高度设置为 50m,计算垂直声场分布见下图,可见,在圆柱体顶部产生了较强绕射,声场略有突变(因为受较强绕射作用,很小距离内,噪声就有较大变化),这与实际情况不完全一致,因为实际中不可能在顶部产生如此强的绕射效果,因此,引入排气噪声的指向性因子,可以很好地解决这个问题。

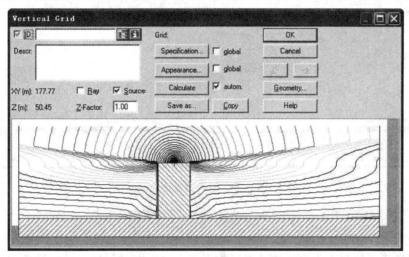

图 9-18 圆柱体对点声源产生了较强的遮挡作用

③ 为了解决上述问题,可在菜单 Calculation≫Configuration≫Industry 中激活"Src. in Building/Cyl. do not shield"选项(图 9-19),表示圆柱体对其内部的声源不再起"遮挡"作用。

④ 设置点声源的高度略低于圆柱体一点,如高度输入 29.99m。

⑤ 设置点声源的 Directivity,在下拉框中预定义的 Chimney 模式,输入排气参数,本例为排气速率 20m/s,出气温度(摄氏度)为 100℃,环境风速为 3m/s,具体见图9-20。

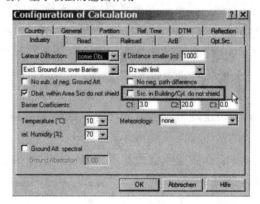

图 9-19 选择 Src. in Building/Cyl. do not shield 选项

⑥ 重新计算垂直声场,计算结果见图 9‑21。可见排气噪声设置指向性后,圆柱体不再起到遮挡作用,此时的声场分布不再突变,圆柱体顶部向下的声场分布也包含在指向性设置中。

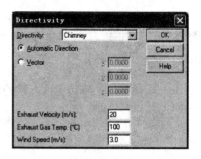

图 9‑20　设置指向性因子

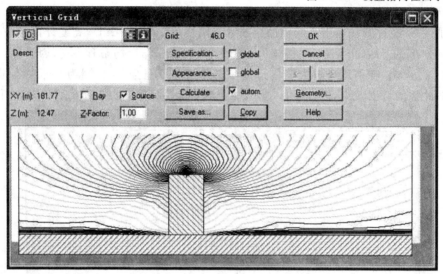

图 9‑21　排气噪声的正确模拟效果

9.4　隧道洞口噪声的模拟

由于车辆进出隧道中噪声在隧道峒口附近的多次反射、折射等,导致隧道峒口处噪声增大,隧道峒口可近似为垂直面声源,关键是面声源源强的计算,CadnaA 中,对该垂直面声源源强的推荐计算方法如下,示例见 Sample9‑6。

① 面声源宽度及高度为隧道口的实际宽度、高度,如假设为矩形峒口,峒口宽度为 a,高度为 b,则面积 $S=a\times b(\mathrm{m}^2)$;

② 确定面声源的周长 $U=2\times(a+b)(\mathrm{m})$;

③ 确定隧道口内的平均吸声系数 α,如隧道内无吸声材料,则可按 $\alpha=0.1$ 计算;

④ 定义吸声长度 $A=\alpha\times U(\mathrm{m})$;

⑤ 设面声源单位面积声功率级修正值为 $D_L(\mathrm{dB})$,该值与吸声长度 A 有关,可通过查表求得,见图 9‑22。

⑥ 面声源单位面积声功率级 $L_{w'}=L_{m,E}+D_L$;$L_{m,E}$ 为隧道内对应道路的源强;

⑦ 计算面声源总声功率级 $L_w=S\times L_{w'}$ 后,再利用软件设置的计算条件将面声源微分成满足条件的线声源或点声源,计算其对周围产生的噪声影响。

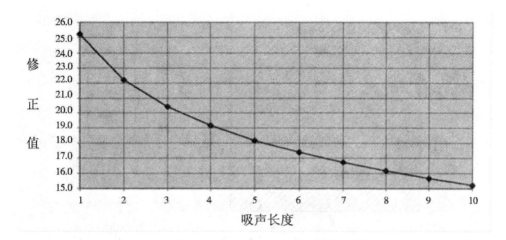

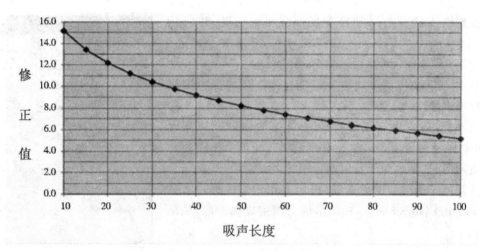

图 9-22　修正值与吸声长度的关系

9.5　多层停车场的模拟

对多层停车库的噪声模拟,关键是辐射源强的确定,具体源强可根据文献确定,文献参见 Probst,W.;Huber,B.:The Calculation of Noise Emission by Multi-Storey Car Parks (in German),Zeitschrift für Lärmbekämpfung5/2000,47. Issue,Page 175 (in German)。

计算原理:多层停车场产生的噪声主要通过两层之间的空间向周边辐射,其声源可用垂直面声源模拟,当预测点距离较远时,可用线声源模拟。其源强与停车场按面源计算所得的声功率级、停车场面积、层高及顶棚是否吸声等条件有关。

下面以一实例介绍具体过程,如某超市停车场占地面积 $70 \times 70 m^2$,共 5 层,东侧约 48m 有一居民住宅,预测停车场对居民的噪声影响,如图 9-23。

具体步骤:

① 用 Parking Lot 在多层停车场投影范围内绘制停车场。

② 双击 Parking Lot,对其属性进行设置如图 9-24。

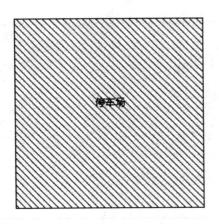

图 9-23　计算案例平面示意图

根据输入的参数可知停车场源强 $L*_{m,E}$ 为 62.2dB(A)，总声功率级 L_{wa} 为 98.4dB(A)。

记下 98.4dB(A)，然后删除 Parking Lot。

③ 用垂直面声源或线声源围绕在停车场周围模拟辐射开口噪声源。

对本例，假设停车场层高 6.4m，每层辐射开口高度 1m，开口距每层楼面 3m，由于开口高度 1m 远小于声源距预测点距离（本例约 50m），因此可用线声源模拟开口。

选择停车场的外围轮廓线（可用 Building 模拟），右键选择 Parallel Object 命令，在停车场周围生成线声源，见图 9-24。

④ 线声源源强确定（9-25）：线声源源强为刚才计算的 Parking Lot 的声功率级加上一修正量，根据参考文献的计算方法，对本例 $70 \times 70 m^2$，6.4m 层高的停车场，如果顶棚没有进行吸声处理，则修正量为 -2.9dB(A)。

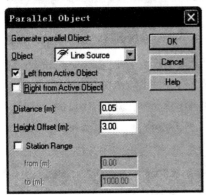

图 9-25　生成线声源

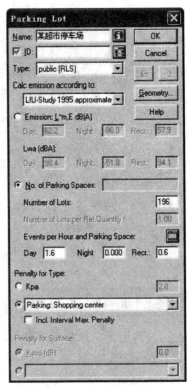

图 9-24　停车场设置

因此，线声源源强 $PWL = 98.4 - 2.9 = 95.5dB(A)$，为了清晰的记录计算过程，建议仍将源强输入 98.4，Attenuation 中输入 -2.9，见图 9-26。

⑤ 选中线声源，右键利用 Duplicate 命令在重叠位置生成 5 个线声源，要确保重叠，只要水平及垂直间距中均输入 0 即可。

⑥ 打开线声源表，设置不同线声源高度，1 层的为 3m，2 层的为 $3 + 1 \times 6.4m$，其余以此类推，最后建模结果在 3D-View 透视图结果见图 9-27，

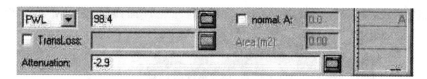

图 9-26　保留计算过程的源强输入方式

最后可对敏感点噪声进行计算。

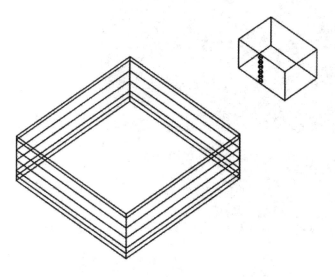

图 9-27　最终建模效果的 3D-View 视图

• 以上是假设正方形的停车场情况,对于非正方形或不规则的停车场形状,其源强修正值可引用等效正方形的源强修正值。

9.6　Print Graphics(打印图形)

用户可以通过 File≫Print Graphics 来打印图形,不仅可以打印水平声场、垂直声场、建筑物立面声场,还可打印 3D-special 视图,同时打印中可添加诸如 Text,Symbol 等控制性元素,该功能相当于一个小型排版系统,用户可自定义排版格式并作为模板保存。

通过 File≫Print Graphics 进入打印图形,点击 Plot-Designer 进入打印设置,窗口如图 9-28,其中左侧为所要打印图形的显示情况,右侧区域为单元(Cell)位置设定。

工具栏主要功能为:

📋 单元格属性

✖ 删除

↑ 上移所选单元

↓ 下移所选单元

↩ 前移单元格

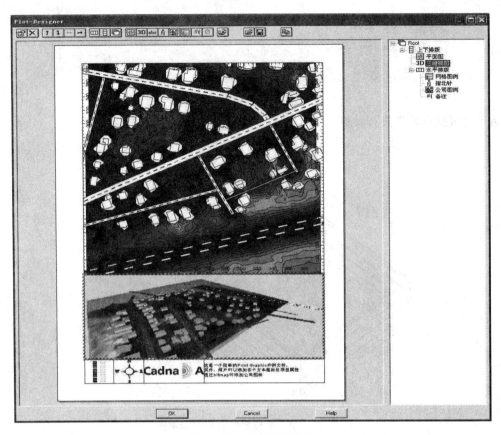

图 9-28　打印图形设置

后移单元格

所谓单元格为所选择的单元,可以为平面图、文字等,也可以是容器。

X 轴方向容器

Y 轴方向容器

Z 轴方向容器

容器是用来容纳如平面图、立体图及其他文字、符号等图形元素的组合体。

平面图

3D-special 视图

文本框

符号框

位图框

图例框

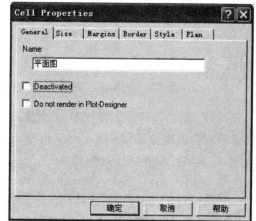 宏元素,可通过♯(Text,name)等格式引用工程文件信息,当然也可以利用内置的宏信息。

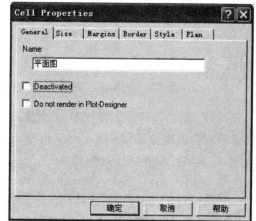 占位符,相当于文本中的空格,用来排版占位

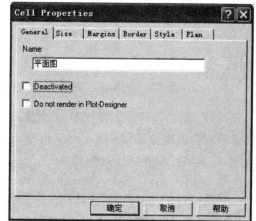 打开某一模板,并附加在当前排版格式上

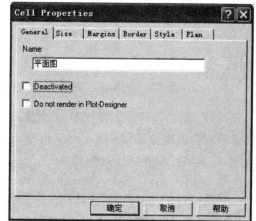 与上不同,是打开一种新模板,现有的格式将全部删除

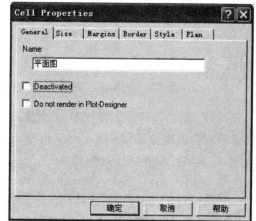 保存

 复制

如要完成上图 9-28 所示排版内容,步骤如下。

(1)由于整体为上下排版,所以首先点击工具栏 Y 轴方向容器,此时在 Root(根目录)下添加了 Y 轴方向容器,以下其他单元格的添加与其类似。

(2)点击工具栏平面图符号,在 Y 轴方向容器内添加水平平面图,双击平面图图标,对其属性设置,常用的设置如图 9-29。

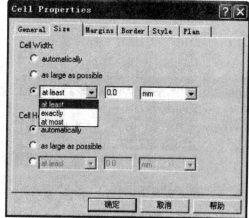

图 9-29 单元的属性设置

① General 页面

Name:单元名称;

Deactive:选中后,所选单元不显示;

Do not render in Plot-Designer:为了加快屏幕显示速度,该单元(Cell)中内容在 Plot-Designer 中不显示,但打印或输出的时候将显示。

② Size 页面

可对所选单元的宽度(Cell Width)及高度(Cell Height)进行设置。

automatically:自动设置;

as large as possible:尽可能放大;

at least:输入值为单元宽度或高度的最小值;

exactly:输入值为即为单元宽度或高度值;

at most：输入值为单元宽度或高度的最大值；

③ Margins 页面，可对单元边距进行设置；

④ Border 页面，可对单元边框属性设置。

⑤ Style 页面，可设置单元填充色，填充类型、对齐属性等。

⑥ Plan 页面，设置平面图属性，见图 9-30。

Print Range：设置打印范围，选择如下：

Standard：标准打印；

Limits：打印当前图形界限；

Section：对所选择的 Section 区域打印；

Window：打印当前窗口；

Vertical Grid：打印所选择的垂直网格；

Scal：设置图形比例；

Adjust Scale，比例根据单元大小自动调整；

Window：当前窗口显示的比例；

Direct Input：直接输入打印比例；

Variant：设置打印图形变量；

图 9-30　平面图属性设置

Eval. Param：设置打印图形预测参数，如昼间噪声、夜间噪声等；

Paint entire Cell：选择后图形将充满整个单元；

Axis Labeling：选择后将标注 X 及 Y 轴坐标；

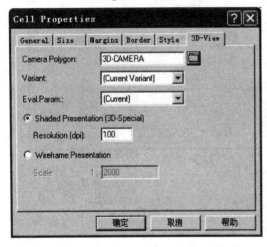

图 9-31　3D-View 属性设置

Margin：设置图形距单元页边距。

(3)点击工具栏 3D 视图符号 **3D**，在 Y 轴方向容器内继续添加 3D-special 视图，双击视图，对其属性设置，见图 9-31。

其中 General，Size，Margins，Border，Style 等页面设置属性与前述相同。

3D-View 页面设置如下：

Camera Polygon：可点击右侧文件夹框打开辅助线表，选择一条辅助线作为 3D-special 视图的视角；

Variant 及 Eval. Param 设置与前述相同；

Shaded Presentation(3D-Special)：选择后可输入三维视图的分辨率；

Wireframe Presentation：选择后显示三维透视图(与 Option≫3D-view 中的 Isometric 及 Gen. Parallell 类似)，该视图与 3D-special 略有不同，前者注重项目轮廓，后者注重项目实景，如观察 Building Evaluation 的预测结果时，前者可看到一个个预测点的位置及预测值，后者看到的则是建筑物不同立面(Facade)的声场图。

(4)点击工具栏 X 轴方向容器 **▥**，则在当前 Y 轴方向容器内继续添加了一个 X 轴容器。

（5）点击工具栏图例框 ▥，将其添加至 X 轴方向容器内，Caption 页面选择 Caption：Grid，同理可添加符号框 ♠ 标注指北针，添加位图框 ▦ 标注公司图标，添加文本框 abc 标注项目信息等内容。

9.7 利用变量及组组织项目

9.7.1 Activation(激活)状态

Activation(激活)：每个物体都有 ID 属性，ID 后边可输入表达式，如果表达式输入的内容与某个组的内容相符，则该物体属于此组。ID 前边有一勾选框，该勾选框表示物体的三种状态(图 9 - 32)，分别为：

① 激活（Active）状态，勾选框以黑色对号勾选，此时 ID 字体为黑色，表示物体处于激活状态，将参与计算及显示；

② 非激活（Inactive）状态，勾选框以空白区域显示，此时 ID 字体为红色，表示物体处于非激活状态，将不参与计算及显示；

③ 中间（Intermediate）状态，勾选框以灰色对号勾选，表示物体处于中间状态，具体激活与否由物体所在的组决定，如果组激活，则物体也激活，ID 字体为黑色；如组不激活，则物体也不激活，ID 字体为红色。

图 9 - 32 物体的 Activation 状态

9.7.2 变量及组的应用

1. Variant(变量)

示例见 Sample9-9。

通过菜单 Table≫Variant 打开变量窗口，可为项目设定不同的变量。这里的变量相当于项目的工作状态，目前 CadnaA 支持 16 个变量，内部名分别为 V01 到 V16，新建项目默认只有 V01 起作用，如果要让其他变量起作用，只要选中相应变量后勾选"Use Variant"即可(图 9 - 33)。

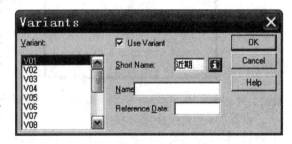

图 9 - 33 变量设置

Short Name 及 Name：可输入变量名称。

Reference Date：参考日期，可输入一具体日期，如 30.9.2009，则某物体 Memo-Window 中输入的起止日期包含该参考日期时，物体有效，否则无效。

设定多个变量后，可以在工具栏（如图 9 - 34）中变量的下拉框中看到变量名称，具体变量所表示的不同状态需配合 Group 应用。

图 9 - 34　工具栏中选择相应的变量名

2. Group(组)

通过菜单 Table≫Group 打开组窗口,如果是新建项目没有建立过组则窗口中内容是空白的,如果新建组,只需要在空白区域右键选择 Insert after 等命令新增一条记录,双击该记录打开 Group 具体设置窗口,如图 9 - 35。

Name:输入组的名称。

Express:组的表达式,支持通配符输入,如果组的表达式与某物体 ID 后文本框中输入的内容相符,则物体属于改组。

Matching Objects:设置组的激活状态,可选择激活,不激活,不进行任何操作等。

ObjectTree:可选择将改组设置于物体管理器(详见 3.2.6 节)的第几级目录中。

同理,可设定为名称为远期的组,表达式用 Future 表示。

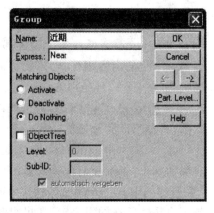

图 9 - 35　组的设置

将本例地面路 ID 后文本框中输入 Near,高架路 ID 后文本框中输入 Future,则表示地面路近期建成,而高架路远期建成。

Table≫Group 中将组与变量关联,近期道路在近期变量及远期变量中均起作用,而远期道路仅在远期中起作用,设置如图 9 - 36 左图,图中"+"号表示改组在所对应的变量中激活(Active),"-"号表示改组在所对应的变量中不激活(Inactive)。

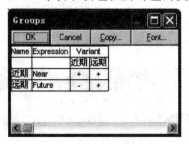

图 9 - 36　组与变量的关联设置

设置后,可直接在工具栏变量下拉框中选择相应的变量达到控制不同计算状态的目的,可看到,选择近期时无高架路,远期时有高架路。

该例仅为变量与组的简单应用,实际应用中,可通过变量及组的应用达到控制复杂程序不同计算状态的目的(如计算不同位置、不同高度声屏障方案的降噪效果),另外,用户也可通过 ObjectTree 自动为物体编组而节省时间。

9.7.3 Memo-Window(信息窗口)

点击物体属性窗口中 Name 右边的 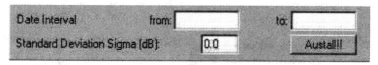，打开名为 Memo-Window 的信息窗口，信息窗口可以输入该物体相关的很多备注，特定格式的备注可以被引用或参照，另外窗口下方有一 Date Interval(日期间隔)选项，from 及 to 下可输入起终止时间，一般格式为日月年格式，如分别输入 20.8.1999 及 15.3.2001，则表示这个物体只有在这个时段有效图(9-37)。

图 9-37 Memo 窗口中的日期设置

此选项主要配合菜单 Table≫Variant(变量)使用，如工程复杂，需考虑不同的过程，不同措施实施又具有不同的时段，则通常设置不同的 variant，在变量中有 Reference Date(参照日期)，则只有在参照日期与设置了 Date Interval 属性的物体相一致时，则物体才有效，如果物体未设置日期间隔或变量未设置参照日期，则物体始终有效。

如：

①某声源 Date interval：from：01.10.1999，to：未输入；变量 V01 的 reference date：30.09.1999，则该声源在变量 V01 下无效。

②某声源 Date interval：to：1.10.1999，from：未输入；变量 V01 的 reference date：30.9.1999，该声源在变量 V01 下有效。

③某声源 Date interval：from：1.1.1999　to：31.12.1999，变量 V01 的 reference date：30.9.1999，该声源在变量 V01 下有效。

9.8 利用批处理技术加快计算

9.8.1 PCSP 概述

对每个类型的物体，CadnaA 最多可处理超过 1600 万个物体，因此，即使对整个城市区域，用软件处理也没问题，所处理的项目大小仅取决于用户存储空间大小，而如果使用 PCSP (Program Controlled Segment Processing)程序控制分段处理方法，则可进一步突破该限制。

采用 PCSP 方法计算，可按照用户预定义好的计算区域分块逐次计算，这样就可不必访问硬盘而只通过内存加快计算速度，如果用户可同时使用几台电脑，也可同时用几台电脑处理一个文件以加快计算。同时，对大文件，也可计算中随意中断，如果需要再重新在原有基础上启动计算(这一点大大优于常规计算，如水平声场常规计算中，如中断后再次计算，则不能保存计算过程)。

• 在使用 PCSP 前，首先需要指定批处理目录(Batch Directory)，可通过菜单 Calculation≫PCSP ≫ Choose Batch-Directory 指定，指定后，将在目录下自动生成名字为 in 及 out 的两个子文件夹。

• 用户也可以在 CADNAA. INI 文件中自定批处理目录,如 BatchDir=D:\Cadna Samples\Sample9-10 PCSP 操作。

采用 PCSP 方法的计算过程为:

① 将项目要计算的计算区域利用 Section 等分成若干个计算区块(Tile)。

② 每个计算区域指定如下名字:

PART:xyz 其中 xyz 可为任意字符串,PART 为系统指定字符

③ 通过开始≫程序≫Datakustic≫CadnaA≫以批处理模式启动 CadnaA 批处理程序(图 9 - 38,选择 CadnaA Batch)。

图 9 - 38　CadnaA 的批处理打开方式

其中,①②步也可以通过 Calculation≫PCSP≫Generate PCSP-Tiles 操作自动完成(图 9 - 39)。

图 9 - 39　自动划分 PCSP 计算区块

这个命令将在计算区域内产生一定数量的正方形计算区域,具体设置为:

Tile Size:每个正方形计算区块的边长,单位:m。

Calc Grid:勾选后将在计算区域内生成计算区块,否则不产生。

Calculate Receiver /Building Evaluation:勾选后,可在有预测点 ![icon]及建筑物立面声场预测点 ![icon]的位置生成计算区块。

Subdivide "complex" Tiles 选择后可在 max Number of Building 中输入数字,表示每个计算区块中允许的最大房屋数,如按 Tile Size 产生的某个计算区块含有房屋数量超过该选项设置的值,则将该计算区块进一步划分,直到满足要求为止。

如 Tile Size = 200

Subdivide "complex" Tiles 未选择时,计算区域如图 9 - 40 左图。

Subdivide "complex" Tiles 选择后,max Number of Building = 5 时,左图与房屋相关的计算区块将进一步划分,最后结果如图 9 - 40 右图。

• 进一步细分的 Tile Size 最小值为 100。

• 在执行 Generate PCSP-Tiles 前,必需用 ![icon]指定计算区域。

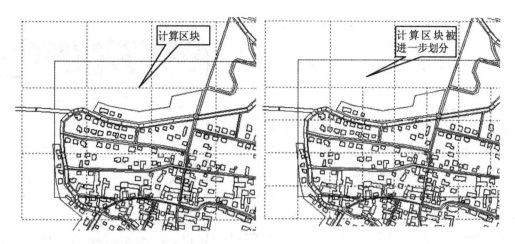

图 9-40　Subdivide "complex" Tiles 未选择及选择的计算结果

除了采用 Generate PCSP-Tiles 自动生成计算区块外,用户还可以通过 Section 指定任意形状(不一定是正方形)的计算区块,然后通过 Duplicate 命令生成一系列计算区块。

9.8.2　PCSP 具体操作

图 9-41　批量复制操作

以 Sample9-10 为例,操作过程如下。

(1)打开文件,菜单 Grid≫Delete 删除当前声场。

(2)产生计算区块:首先在要计算区域左上角利用 Section 设置一个适当的计算区块,如本例,其尺寸约为 200×150m。选中该 Section,右键选择 Duplicate,设置见图 9-41。

产生后的计算区块共 12 个,具体见图 9-42。

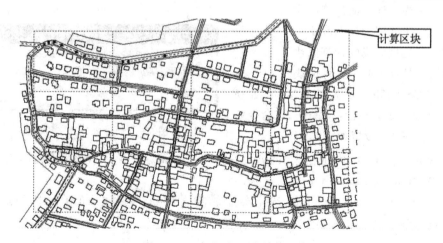

图 9-42　产生了 12 个计算区块

(3)为计算区块命名:通过 Table≫Other Objects≫Section 打开 Section 表,选中"ID"列,右键选择 Change Column,设置如图 9-43,表示对 ID 编号,依次为 PART:01,PART:02,一直到 PART:12。

• PART:为保留字,其中 PART 必需大写,♯♯代表 2 位数的自动编号。

（4）在 Grid≫Properties 中设置计算精度,如 dx,dy 均设为 5m。

（5）为加快计算在 Calculation≫Configuration 的 General 页面中设置预测点最大搜索半径(Max. Search Radius)为 500。

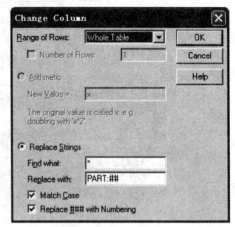

（6）划分好计算区块后,在当前文件名同目录下同时自动生成后缀名为 part 的文件,表示当前的 CadnaA 文件为批处理文件,将其与 CadnaA 文件一起拷贝另存至批处理目录中的 in 文件夹中。

（7）通过开始≫程序≫Datakustic≫CadnaA≫ 启动 CadnaA 批处理程序(CadnaA Batch),通过 Calculation≫PCSP≫Choose Batch-Directory 选择 正确的批处理目录。程序每 30 秒检查一下目录下 的 in 文件夹,如发现需处理文件,则开始处理,同时

图 9 - 43　修改区块的名称

在 out 夹中生成处理后文件,处理完后的文件在 in 文件夹中被删除。out 文件中产生的文件以文件名.计算区块编号.cna 的文件存储计算后网格(如本例输出的文件名为:Sample9-10_PCSP 操作.01.cna、Sample9-10_PCSP 操作.02.cna 等)

（8）关闭批处理程序,用正常模式打开"Sample9-10_PCSP 操作.cna"文件,通过 Grid≫Open,选择 out 目录中的网格文件或 CadnaA 文件,可将计算后的声场导入到文件中。

9.8.3　PCSP 其他设置

Refresh PCSP-Tiles,该命令需在正常启动模式(非批处理模式)使用,用于浏览各计算区块状态。

　　红色 ＝ 尚未计算的计算区块

　　蓝色 ＝ 正处理的计算区块

　　绿色 ＝ 处理完成的计算区块

　　灰色 ＝ 计算中断的计算区块

Load PCSP-Tiles:导入计算区块,如所有计算区块已完成,则无任何操作,该命令打开如图 9 - 44 窗口,设置如下:

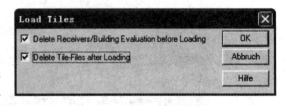

图 9 - 44　导入计算区块设置

Delete Receivers/Building Evaluation before Loading:在导入计算区块前,对重复的 Reciever 及 Building Evaluation 予以删除。

Delete Tile-Files after loading:选择该选项,则位于 out 文件夹中的 tile 文件(后缀名为 part)将自动删除。

9.8.4　手动设置批处理方法

除了利用上述 PCSP 方法外,亦可手动设置批处理过程,达到同样目的,主要过程为:

① 在 CADNAA.INI 中设置 BatchDir 行,自定义批处理工作目录,如 BatchDir＝e:\批处理测试。

② 在批处理目录下自定义 in 和 out 两个子文件夹。

③ 将需要执行的文件放到 in 文件夹中。

④ 启动批处理程序,对于 3.72 之前版本,软件安装过程中在开始菜单中不自动生成批处理快捷方式,此情况下可手动设置,方法为右键选择快捷方式属性,在快捷方式指向目标最后加上 /batch=1 即可(/batch 前含一空格;图 9-45)。

目标(T): atakustik\CadnaA3.7\cna32.exe" /batch=1

图 9-45 自定义批处理方式

⑤ 批处理程序每 30 秒检查一次 in 文件夹,发现可执行文件,则打开计算,计算过程中将文件改为后缀名 cnc 以确保其他程序不能访问,计算后将结果输出到 out 文件夹中,并删除 in 文件夹中的内容。

• 批处理过程中,CadnaA 自动产生名称为"PCSP"的文字块,示例内容如下:

PARTS=30	计算分块数
RADMAX=1000.00	计算区块周边的搜索半径
COMPUTER=Lixd	计算机名称
TIMEBEG=26.04.2014 13:37:13	计算起止时间
TIMEEND=26.04.2014 13:38:28	计算结束时间
TIMESECS=75	每个区块需要的计算时间(秒)
STATUS=0,1,2,3	0:未计算(红色),1:计算中(蓝色)
	2:计算完成(绿色),3:计算中断(灰色)

9.8.5 用文字块(Textblock)控制批处理计算参数

在批处理模式下,可自动计算预测点或预测网格的噪声值,也可以从上次计算的中断点开始计算,这些均可以通过 Table≫Libraries(Local)≫Textblock 中名称为"CNABATCH"的字符块进行控制。

文字块中字符含义见表 9-1。

表 9-1 CNABATCH 文字块的含义

参数	内容	含义
CALC_IMM	1	计算当前变量的预测点(receivers)
CALC_IMM	2	计算所有变量的预测点(receivers)
CALC_IMM	0	不计算预测点噪声(为默认设置)
CALC_RASTER	1	计算网格(为默认设置)
CALC_RASTER	0	不计算网格
UPDATE_RASTER	1	从上次中断点开始计算(相当于 Shift+calcgrid)
CALC_POLL	1	APL 模块下,计算大气污染影响
CALC_MESSAGE	计算完成	自定义计算完成后弹窗显示的内容,如"计算完成"

备注:CALC_IMM 同时适用于建筑物立面声场的预测点

• 当用几台电脑进行批处理计算时，不可同时处理一个文件，当文件被打开使用时，这个文件后缀名由 can 改为 cnc，代表文件正在使用中，当计算完成后，会自动更名为 can 文件且文件保存到批处理目录的 out 文件夹中。

9.9 检视计算过程

建模计算过程中，任何时候，均可通过 Calculation≫Protocol 方便的检视计算过程，观察各预测参数对计算结果的影响。

示例见 Sample9-11。

该模型有一条名为"支路"的道路、一个名为"空压机"的点声源、一处屏障及一个预测点。

其中道路为地面道路，高度为 0，点声源及预测点高度均为 2m，屏障高度为 5m。

点击 Calculation≫Protocol 打开如图 9-46 窗口，勾选 Write Protocol 选项，单击 Select 打开选择文件对话框，选择计算过程文件保存的位置。

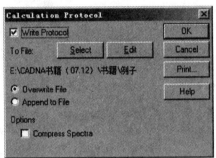

点击 Edit 可对该计算过程文件信息进行编辑，一般由系统自行设定，不需更改。

Overwrite File：每计算一次，过程文件内容被最新计算文件所覆盖。

Append to File：每计算一次，计算文件内容增加到过程文件中。

Compress Spectra：压缩频谱。

点击 OK 后关闭窗口，选择工具栏上计算按钮进行计算，计算后再打开 Calculation Protocol 窗口，点击 Print，打开 Print Protocol 窗口见图 9-47。

图 9-46　计算协议设置

其中左侧设置区域如下：

Printer：选择打印机，点击 Setup 选择打印机并对其进行设置。

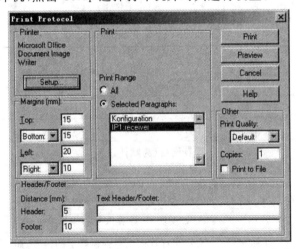

图 9-47　设置要输出的计算参数

Margins：设定打印区域距打印页面上下左右的页边距。选择 Height 及 Width 时，输入为打印内容的高度计宽度尺寸，如设置过小，将导致打印不全。

Header/Footer：对页眉页脚进行设置。

中侧设置区域：

Print Range：选择打印区域。All 为所有设置，Selected Paragraphs：选择的打印设置及预测点。其中预测点均用 IP1：ID，IP2：ID，…等形式编号，如本例仅 1 个敏感点，所以只有 IP1 一个选项。

选择 Konfiguration 同时打印计算设置。

右侧设置区域：

Other：可对打印质量、打印份数、是否打印至文件等进行设定。

选择 IP1（如果有多个预测点，可利用 Ctrl 或 Shift 键选择），点击 Preview 进行结果预览见图 9 - 48。

从该图可分别检视点声源及道路对预测点的影响情况。

Receiver
Name: 预测点
ID: receiver
X: 144.88
Y: 919.20
Z: 2.00

Point Source, ISO 9613, Name: "空压机", ID: "-"

Nr.	X	Y	Z	Refl.	Freq.	LxT	LxN	K0	Dc	Adiv	Aatm	Agr	Afol	Ahous	Abar	Cmet	RL	LrT	LrN
	(m)	(m)	(m)		(Hz)	dB(A)	dB(A)	(dB)	(dB)	(dB)	(dB)	(dB)	(dB)	(dB)	(dB)	(dB)	(dB)	dB(A)	dB(A)
1	114.03	922.13	2.00	0	500	100.0	100.0	0.0	0.0	40.8	0.1	2.0	0.0	0.0	10.7	0.0	-0.0	46.4	46.4

Road, RLS-90, Name: "支路", ID: "-"

Nr.	X	Y	Z	Refl.	LxT	LxN	Ds	Dbm	Dz	RL	LrT	LrN
	(m)	(m)	(m)		dB(A)	dB(A)	(dB)	(dB)	(dB)	(dB)	dB(A)	dB(A)
1	106.36	964.88	0.50	0	74.7	69.7	-24.6	-3.9	0.0	-0.0	46.2	41.2
2	104.98	946.30	0.50	0	74.7	69.7	-22.7	-3.6	0.0	-0.0	48.4	43.4
3	103.62	928.03	0.50	0	74.5	69.5	-21.5	0.0	17.3	-0.0	35.7	30.7
4	102.28	910.07	0.50	0	74.5	69.5	-21.8	0.0	17.1	-0.0	35.6	30.6
5	100.99	892.65	0.50	0	74.3	69.3	-23.3	-3.7	0.0	-0.0	47.3	42.3
6	99.73	875.79	0.50	0	74.3	69.3	-25.1	-3.9	0.0	-0.0	45.3	40.3
7	97.85	850.49	0.50	0	77.3	72.3	-27.6	-4.2	0.0	-0.0	45.5	40.5
8	98.43	966.18	0.50	0	74.4	69.4	-25.5	-4.0	0.0	-0.0	44.8	39.8
9	97.15	949.00	0.50	0	74.4	69.4	-24.1	-3.8	0.0	-0.0	46.4	41.4
10	95.72	929.71	0.50	0	75.3	70.3	-23.1	0.0	16.3	-0.0	35.9	30.9
11	94.13	908.32	0.50	0	75.3	70.3	-23.4	0.0	16.1	-0.0	35.8	30.8
12	92.16	881.77	0.50	0	77.0	72.0	-25.3	-4.0	0.0	-0.0	47.7	42.7
13	89.80	850.07	0.50	0	77.0	72.0	-28.2	-4.2	0.0	-0.0	44.6	39.6

图 9 - 48　检视声源对预测点的影响情况

该图上部分为预测点 Name，ID 及坐标。

下面两个表格分别为点声源及道路对预测点的影响情况。

表格各部分意义如下：

对点声源，由于采用的是 ISO 9613 标准的计算方法，所以该参数与该标准方法一致。

Nr：序号

x y z：声源坐标

Refl：反射参数，0 表示无反射，1 表示为一阶反射，其余类推

LxT　LxN：声源昼间及夜间的源强

K0:声源的位置修正因子,对应声源设置中的 K0 选项中的输入值

Dc:声源指向性修正

Adiv:声源传播过程中引起扩散衰减

Aatm:气象引起的衰减

Agr:地面吸声引起的衰减

Afol:草地引起的衰减

Ahous:集中建筑区(Build-up Areas)引起的衰减

Abar:屏障或障碍物引起的衰减

Cmet:气象参数

RL:反射损失

LrT　LrN:昼间及夜间的噪声预测值

对道路声源,由于采用的是 RLS-90 标准的计算方法,所以该参数与该标准方法一致。

其中部分参数与点声源类似,不同部分为:

Ds:距离发散及空气吸收引起的衰减

Dbm:地面吸声引起的衰减,等效于点声源中的 Agr

Dz:屏障或障碍物引起的衰减

根据图 9-48 可知,尽管只有一条道路,但计算中将一条道路微分成了 13 个区块(Nr 编号 1~13,每个区块作为点声源计算,各区域中心点位置见 x,y,z 坐标。具体微分区块数量与 Calculation≫Protocol≫Partition 的设置有关。

另外,通过观察 Dz 列值可知,由于屏障很短,仅对微分后的 13 个区块中的 4 块起到遮挡效果(遮挡效果 16~17dB),亦可通过选择预测后勾选预测点属性中的"Generate rays(as Aux. Polygons)"查看声线分布情况(图 9-49)。

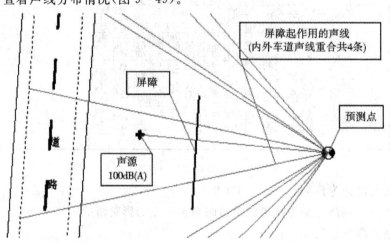

图 9-49　屏障对部分传播声线起到了遮挡作用

同理,可以设定不同的计算条件,计算条件变化(如修改 Configuration 中 Partition 设置,增加反射体等)对预测点的影响情况。

9.10 多声源的影响计算

Calculation≫Multiple Source Effect 可以打开多声源影响计算的对话框,具体见图9-50。

Calculation Method:选择计算标准,可选择的有 VDI3722,VDI 3722(A7,A8,A15,A16),HAP 等,如选用 VDI3722,将根据标准 VDI 3722-2:2013 Effects Of Traffic Noise 进行计算。

Assignment of Variants:设置道路、铁路及飞机噪声计算对应的计算变量,如果选择 none,则计算时不考虑该声源的影响。

Assignment of Evaluation Parameters:设置预测参数。

Detailed Results 选项:选择后,可根据前述选择计算道路、铁路及飞机噪声的各自影响,计算项用 HAProad,HAPrail,HAPair 等表示。

Protocol File 选项:选择计算结果文件的保存位置,结果文件为 txt 格式。

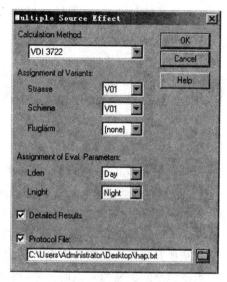

图 9-50 多声源影响计算设置

选择 OK 后,计算结果将保存在 Protocol File 设定的文件中,可以打开文件查看计算结果。

• 图 9-50 中 Strasse,Schiene,Fluglärm 为德语,未翻译为英文,分别为道路、铁路及飞机噪声。

• Protocol 中记录文件的参数主要含义见附录。

9.11 利用文件夹组织程序

当组织大的项目时,有时候有必要将各个要素单独存成一个文件,如所有建筑、道路、工业声源、地形等均保存为单的的 CadnaA 文件,然后通过一个"母文件"(mother file)链接这些对应的文件,打开母文件计算即可。这样做的好处是必要时可只更新母文件,可大大加快处理效率。

母文件的名称可以为任意名称,如下例,母文件名称为 Project.cna,可利用任意 ASCII 码编辑工具进行编辑,如记事本、word 等。

文件内容示例如下(图9-51):

Cadna/A Mappe 1.0

Road.cna

Industry.cna

Bulding.cna

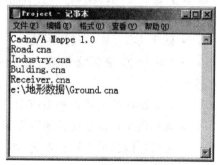

图 9-51 利用文件夹组织程序

Receiver. cna

e:\地形数据\Ground. cna

保存该文件为 Project. can(如果保存为了 txt 文件,直接后缀名改为 can 即可)。

用 CadnaA 软件打开 Project. cna 文件,可见,与 Project. cna 相关联的文件也一并打开。

• 母文件打开时,首先打开与母文件关联的第一个文件,后续所有文件的内容先后导入到第一个文件中,所以应确保第一个文件的设置为期望的设置。另外,可以将第一个文件列为结果文件。

9.12　CadnaA-DYNMAP(动态噪声图)

9.12.1　动态噪声图概述

可以根据被测数据以预定的时间间隔更新 CadnaA 所生成的动态噪声图(Dynamic Noise Map),这一功能的最主要的应用之一是利用安装在干线公路旁或工厂附近的自动监测系统,利用自动监测数据与安装了 CadnaA 的电脑的计算值进行比较计算来更新噪声图。

这一操作速度极快,因为根据所测的数据来调整噪声图时不需要再对声传播进行计算。监控站被安装在相关的受声点位置上,这一位置的声压级主要由这一条公路决定。对于每一条被监测的公路和其他的公路,可计算出完整的噪声图,并全都保存在整个城市模型中。

CadnaA 对被测数据进行采样,将其与原网格数据的差值加到总的噪声图中,对所有更新过的噪声图进行能量相加来计算新的总噪声图。这个更新过程既可以根据测得的声级数据,也可根据自动记录下的交通流量数据或声源的其他参数进行。

使用由监控系统提供的每小时的声级数据,CadnaA 可以示显最新的噪声图信息,如:上一个小时或上一个时间间隔的噪声图。

另外,CadnaA 的功能还可以实现通过因特网显示噪声图作为公开信息。通过对其进行配置,CadnaA 甚至可以生成过去某时间段的噪声图。使用 CadnaA 的动态噪声图 DYN-MAP 时,可以高精度的自动显示过去某年的平均声级或者显示上个月中所有周末的平均声级,如果需要的话还可以与 GIS 系统结合起来使用。

CadnaA-DYNMAP 可以实现:

• 自定义更新时间,利用监测点的测试结果更新 CadnaA 计算生成的噪声图;

• 生成动态噪声图;

• 显示现有噪声的长期影响;

• 与噪声监控系统相连(如公路上的噪声监控站),所测得的数据被直接导入到 CadnaA 中;

• 自动快速的更新各种噪声图;

• 可使用交通流量或其他数据来进行更新噪声图;

• 可通过因特网进行长期显示;

• 可集成到 GIS 系统。

• 动态噪声图并非 CadnaA 的可选模块,其功能集成在 CadnaA 基本程序中。

9.12.2 动态噪声图具体操作

以 Sample9-12 为例,具体操作过程如下。

(1) 创建一个案例,如含有声源,房屋、预测点等,如本例,声源为道路源,其中 4 条道路路侧设置有自动监测点,监测点位置为预测点位置,编号为 P1~P4,其对应的道路的 ID 分别为 r01~r04。

(2) 由于 4 条路边的监测点噪声主要受各自道路影响,因此,设置 4 个组,组的表达式分别为 r01~r04,与 4 条道路分别对应,设置 4 个变量 V01~V04,通过与组的关联控制 4 条道路在各变量下的状态(变量与组的操作详见 9.7 节)。

另外设置名称为 rst 及 all 的变量分别控制 4 条道路或所有道路的状态,具体见图9-52。

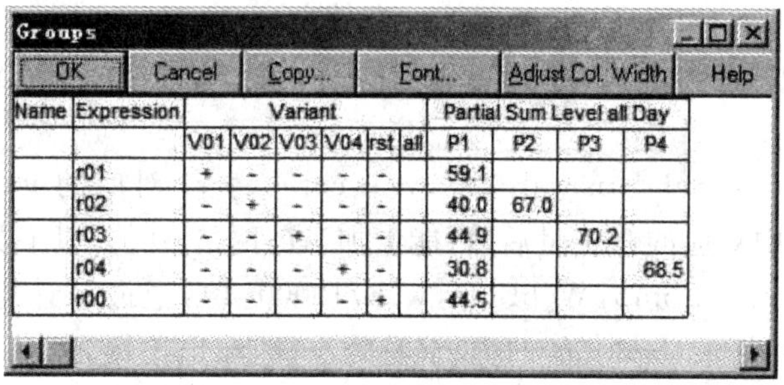

Name	Expression	Variant						Partial Sum Level all Day			
		V01	V02	V03	V04	rst	all	P1	P2	P3	P4
	r01	+	-	-	-	-	-	59.1			
	r02	-	+	-	-	-	-	40.0	67.0		
	r03	-	-	+	-	-	-	44.9		70.2	
	r04	-	-	-	+	-	-	30.8			68.5
	r00	-	-	-	-	-	+	44.5			

图 9-52 用变量控制声源(道路)的不同状态

(3) 计算各变量下的等值线图,并将其保存(Grid≫Save 命令)为相应的网格文件,如 V01. cnr,V04. cnr,rst. cnr 等。

(4) 将所有声源激活计算总的等值线图,或利用 Grid≫Arithmetics 计算上述单个声源影响的累计值,格式类似 r0++r1++…等。保存文件为 MEAS. can,后续将会在批处理程序中调用这个文件。

(5) 为了完成动态噪声图的计算,还需要以下文件:

① URSVAL. INI 文件,格式如下:

[usrval]
val01=2
val02=3
val03=1
val04=3

上例中,"valn="为保留字符,分别对应各自的变量,如 val01 对应 V01 变量,后边的数字 2 为自动监测值与计算值的差值,该值即为 V01 变量对应的道路 r01 影响的修正量,表示监测值比计算值高 2dB(A)。

② MEAS. CNM 文件,为 CadnaA 的宏文件,该文件可用户自定义设置。其功能为打开 CadnaA 文件,利用当前 CadnaA 文件中的等值线图,调用 URSVAL. INI 文件中的修正量进行计算后更新等值线图,更新后的图像另存为 Bitmap 图像,而各个变量下计算的等值线图的 cnr 文件并不改变。

MEAS. CNM 文件示例内容如下。

Cadna/A　Makro　1.0

＃(LoadFile,meas. cna)

＃(GridCalc,"r1",rst. cnr)

＃(GridCalc,"r0＋＋r1＋usrval(1)",v01. cnr)

＃(GridCalc,"r0＋＋r1＋usrval(2)",v02. cnr)

＃(GridCalc,"r0＋＋r1＋usrval(3)",v03. cnr)

＃(GridCalc,"r0＋＋r1＋usrval(4)",v04. cnr)

＃(ExportFile,meas. bmp,WebBmp,web,10000,1)

＃(QuitAtOnce)

上例解释如下：

＃(LoadFile,meas. cna)：导入 meas. can 文件。

＃(GridCalc,"r1",rst. cnr)：将 rst. cnr 文件导入到 r1 网格中，该行执行后，当前网格 r0 即为 rst. cnr 网格。

＃(GridCalc,"r0＋＋r1＋usrval(1)",v01. cnr)：将 r1 对应的 v01. cnr 的网格值加上 URSVAL. INI 文件中对应的修正量后，再能量加当前网格 r0 值，以下类推。

＃(ExportFile,meas. bmp,WebBmp,web,10000,1)：把最后计算的等值线图输出为 meas. bmp 图形，输出区域(Section)的 ID 名称为 web，输出比例为 1：10000，放大倍数为 1 倍(web-bitmap 设置见 8.5 节)。

＃(QuitAtOnce)：结束计算。

(5) 用记事本打开 meas. bat 文件，进行批处理文件设定，内容如下：

"C:\Program Files\Datakustik\CadnaA3. 7\cna32. exe" meas. cnm。

其中 C:\Program Files\Datakustik\CadnaA3. 7\cna32. exe 为 CadnaA 软件的具体安装位置，用户可根据自己电脑软件安装位置自行设定。

(6) 双击 meas. bat 文件，进行计算，计算后，结果保存为 meas. bmp 文件。

9.13　结果统计分析

CadnaA 可以依据 DIN45687 的附件 F，计算不同设置条件计算结果的差异，并可给出计算结果差异的第 10 及 90 百分位数。

百分位数为统计学术语，如果将一组数据从小到大排序，并计算相应的累计百分位，则某一百分位所对应数据的值就称为这一百分位的百分位数，第 10 百分位数表示有 10％数小于该数字，90％的大于该数字。

可通过 Tables≫Miscellaneous≫ QSI-Statistical Analysis 打开统计分析设置。

根据 DIN45687 的附件 F 的要求，需要计算的预测点最少个数为 20 个，预测点可利用 CadnaA 模型中的既有预测点，也可以自动产生预测点。

示例见 Sample9-13。

Assignment of Variants：设置参考设置(Reference configration)及项目设置(Project configration)对应的预测变量，默认情况下，参考设置选择 default 即可。此时，可选择默认

设置,也可选择用户自定义设置(User defined)。自定义设置下,可对各设置参数进行修改(图 9-53)。

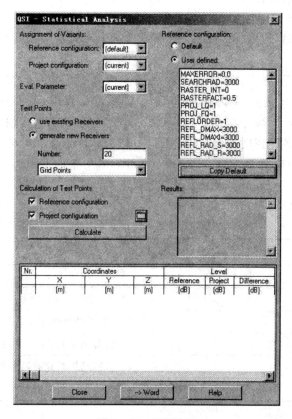

图 9-53 QSI 设置

设置参数含义见表 9-2。

表 9-2   QSI 设置参数的含义

默认设置各项对应的含义	默认设置内容
最大误差(dB)	MAXERROR=0.0
搜索半径(m):	SEARCHRAD=3000
网格差值 on/off(1/0)	RASTER_INT=0
微分因子 r(一)	RASTERFACT=0.5
对线声源用投影法计算 on/off(1/0)	PROJ_LQ=1
对面声源用投影法计算 on/off(1/0)	PROJ_FQ=1
反射次数(1—20)	REFLORDER=1
声源到预测点的最大距离(m)	REFL_DMAX=3000
插值起始于(m)	REFL_DMAXI=3000
声源附近搜索反射体距离(m)	REFL_RAD_S=3000
预测点附近搜索反射体距离(m)	REFL_RAD_R=3000

Evaluation Parameter：在下拉框中选择对应的预测参数。

Test Points：设置预测点，可选择使用既有预测点（use existing Receivers），也可选择产生新的预测点（generate new Receivers）。

使用既有预测点时，应确保预测点距声源及障碍物距离在 2m 以上，并将既有预测点的 ID 名称设置为"QSI"。

如选择产生新的预测点，可设置产生预测点个数，预测点类型可选择网格点（Grid Points）或建筑物立面预测点（Façade Points）。产生网格点时，将在计算区域（Calculation Area）内随机产生不少于 20 个预测点，如未设定计算区域，则在整个模型范围内随机产生。

产生建筑物立面预测点时候，仅在设置了"Building Evaluation"的建筑周边随机产生预测点，预测点距建筑距离由 Option≫Building Noise Map 中的 Distance Rcv-Façade 确定。

Calculation of Test Points（预测设置）：设置重新计算时的计算选项。

Results 显示计算结果的含义见表 9-3。

表 9-3　　　　　　　　　　　　QSI 计算结果的缩写含义

简写	含义
q0.1	第 10 百分位数
q0.9	第 90 百分位数
sigma	计算结果的标准偏差
mean	计算结果差异的平均值
min	计算结果差异的最小值
max	计算结果差异的最大值

10 系统设置

10.1 Country(国家)设置

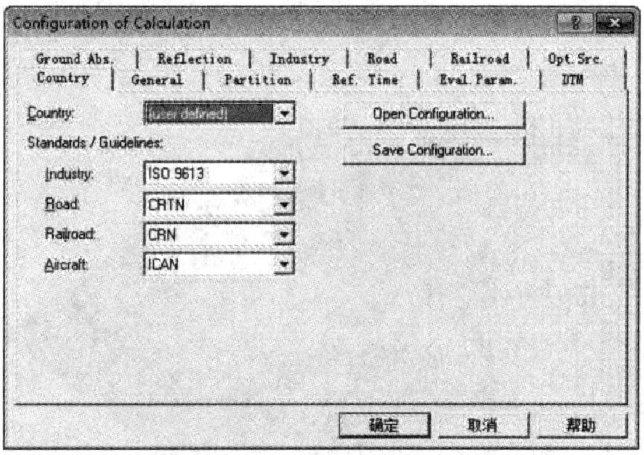

图 10-1 选择计算所所遵循的国家标准设置页面

国家设置页面中,可以设置计算所依据的国家标准(表 10-1),如选择自定义,则可以为工业噪声、道路噪声、铁路噪声及飞机噪声选择不同的计算标准。默认情况下工业噪声采用 ISO9613 标准,道路采用 RLS-90 标准,铁路采用 Schall 03 标准。

通过 Open Configuration 及 Save Configuration 可打开或另存配置文件。通过 Calculation≫Configration 进行的设置与文件一同保存。

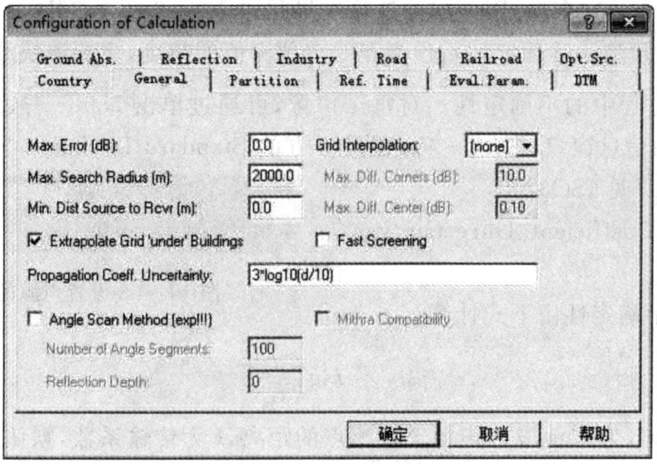

图 10-2 一般设置页面

10.2 General(常规)设置

Max. Error(最大误差):如果某个声源对预测点的贡献值忽略不计可使预测点的总的计算误差小于输入的 Max. Error 时,此声源在预测该预测点时不予考虑。默认该值为 0,该值输入的越大,则计算时间越少,相对而言计算结果也越不精确,一般项目输入 0 即可。如果项目很大(如计算城市噪声地图时),输入 0.5 或 1 也是一个比较好的选择,该值需根据实际情况适当调整。

如下图是 2500 个点声源,当 Max. Error 设置为 0 时,2500 个声源全部参与计算,计算结果为 73.8dB(A),当 Max. Error 设置为 2 时,只有 1657 个声源参与计算,结算结果为73.2dB(A)(见图 10-3)。

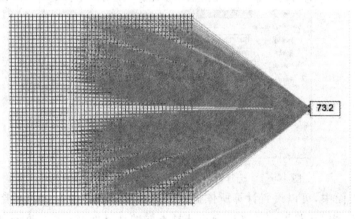

图 10-3　2500 个点声源,Max. Error 设置为 2 时的计算声线图

• 上述计算结果之所以不是 71.8dB(A)是由于 CadnaA 在计算所起作用的声源时,Max. Error 只考虑几何发散衰减 A_{div},而除了几何发散衰减外,还有其他衰减(如地面吸收等)对噪声预测值有一定影响,因此实际计算结果并非 73.8-2=71.8dB(A)。

Uncertainty(预测的不确定性):预测点噪声预测值的精度,主要取决于源强的不确定性及声音传播计算过程中的不确定性。对每个声源,可通过单击 Name 右边的 ⓘ,打开名为Memo-Window 的信息窗口(图 10-4),在最下方的 Standard Deviation Sigma 输入该声源的标准偏差(含义详见 ISO3740)。

| Date Interval | from: | to: |
| Standard Deviation Sigma [dB]: | 0.0 | Austall!! |

Propagation Coefficient Uncertainty(传输的不确定性):

图 10-4　设置声源的标准偏差

噪声传播的不确定性由下式计算:

$$\sigma_D = k\lg\left(\frac{d}{d_0}\right) \qquad (10-1)$$

d_0 为参考距离,为 10m,d 为声源至预测点的距离,k 为传输系数,默认为 3,因此,该选项输入 $3 * \log10(d/10)$。

因此,如果要预测预测结果的不确定性,需要输入声源的标准偏差,然后在计算参数中(Calculation≫Configration≫Eval. Param 页面)设置预测参数为 *Sigma* 即可。其中昼间误

差 *SIGMAD*,夜间误差 *SIGMAE*,其值为:

$$\sigma_r^2 = \left(\frac{\partial L_r}{\partial LWA}\right)^2 \cdot \sigma_{LWA}^2 + \left(\frac{\partial L_r}{\partial D}\right)^2 \cdot \sigma_D^2 = \sigma_{LWA}^2 + \sigma_D^2 \qquad (10-2)$$

式中　σ_{LWA} —— 声源的标准偏差;

　　　σ_D —— 传输误差。

如一点声源标准误差为 3dB(A),有两预测点,距声源距离分别为 10m 及 50m,见图 10-5,示例见 Sample10-1。

则 10m 的预测点传输误差为 $3 \times \lg(10/10) = 0$dB(A),则预测点的误差为:

$$(3^2 + 0^2)^{1/2} = 3\text{dB(A)}; \qquad (10-3)$$

50m 的预测点传输误差为 $3 \times \lg(50/10) = 2.1$dB(A),则预测点的误差为:

$$(3^2 + 2.1^2)^{1/2} = 3.7\text{dB(A)}; \qquad (10-4)$$

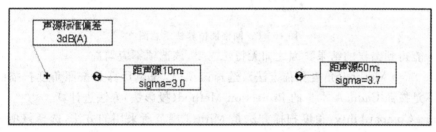

图 10-5　设置声源标准偏差后预测点处的计算误差

Grid interpolation(网格插值):用来设置在计算声场网格时,为了加快计算所采用的一种插值方法,如果设置成 none,则不采用插值法,所计算的网格点就是根据 Grid≫Properties 中设置点计算。

如果设置成 $n \times n$,则首先根据网格中的设置点计算网格中的第 n 个点的噪声,如果满足下列条件,则不再计算,如果不满足,则将第 n 个点构成的矩形分成四个矩形,分别计算这四个矩形边点是否满足下列的条件,如不满足,再向下细分,直到满足条件或符合 Grid≫Properties 中的设置为止,具体条件为:

(1)矩形 4 个点的噪声的平均值与矩形中心点噪声值的误差小于 0.1dB;

(2)矩形 4 个点中噪声的最大值减最小值的差值不大于 10dB。

上述的 10 及 0.1dB 为默认设置,具体可以在选择了 n×n 的时候设置(图 10-6),如果上两个条件满足,则矩形内部的噪声值根据矩形 4 个角的噪声值采用插值法计算。

如上图为选择从 9×9 到 5×5 计算情况示意图。当选择 9×9 后,先计算第 9 个点(x 及 y 方向各空 7 个预测点)及中心点对应的预测值,根据计算结果,4 个边点的平均值为 48,而中心点为 48.3,不满足小于 0.1 的条件,因此该网格宜进一步细分为上图右的形式,然后再根据上述计算方法进行细分。

Fast Screening(快速计算屏障效果):选择时,仅对 RLS-90 及 Schall 03 规范起作用,用以降低计算绕射声(Diffraction)所花的时间,计算中采用了快速计算方法(一种近似方法)。应用该方法,计算中并非逐个检视各声线处的障碍物情况,而是在声源与预测点中假设一抛物线,只有高于抛物线的建筑才考虑遮挡作用。

需要注意的是,不要在使用其他规范或计算其他声源(如线声源、面声源)时使用该选

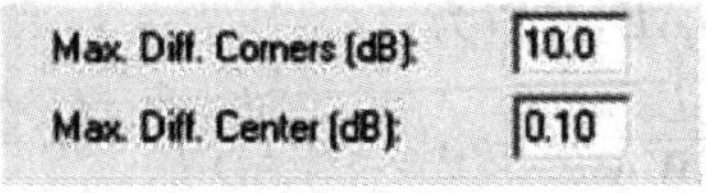

Max. Diff. Corners (dB):
10.0
Max. Diff. Center (dB):
0.10

9×9
5×5
44
50
50
48
插值：48；计算48.3
+ 计算网格点
预测点

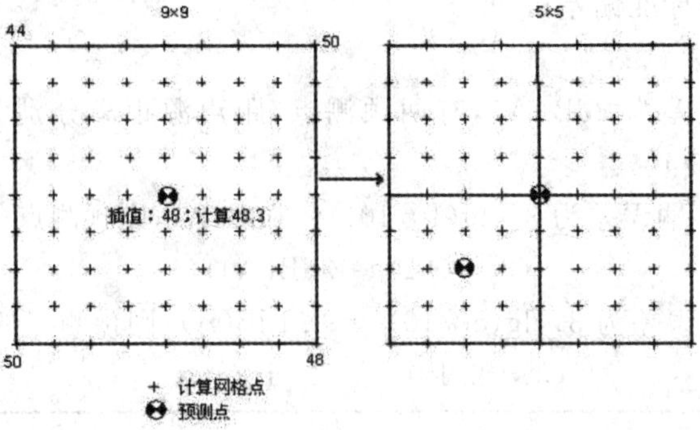

图 10－6　网格插值算法示意图

项，否则可能得到错误的结果。因此如无特殊需要，该选项不应勾选。

Angle Scan Method(角度扫描方法)：选择该项时，噪声计算是按照角度扫描的方式进行计算，不是按照 CadnaA 本身的 Projection Method(投影法)方法进计算。

Mithra Compatibility：角度扫描方法是 Mithra 规范所采用的方法，选择该项时是为了更好的与 Mithra 规范兼容，只有购买了 CadnaA-Mithra 模块，该选项才会出现，选择时可进一步输入如下参数。

Number of Angle Segment：角度等分个数，数字越大等分越精细，计算结果越慢。

Reflection Depth：反射深度，如设置为 0，表示无论反射次数设为几次或声线遇到的第一个障碍物是不是反射体等，声线遇到障碍物后不考虑障碍物后的其他反射体。

投影法
等角度扫描法

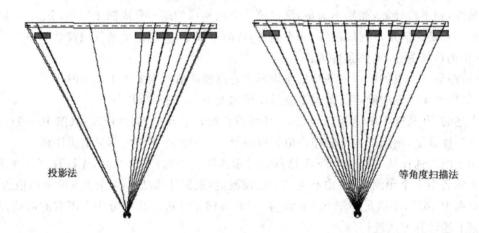

图 10－7　CadnaA 默认计算方法(投影法)及等角度扫描法对比

Extrapolate Grid Under Buildings(外推计算房屋下的网格点)，选择时主要确保房屋的水平投影与水平计算网格的光滑顺接，默认为选择。

10.3　Ground. Absoption(地面吸声)设置

Default Ground Absorption G(默认地面吸声系数):取值在 0 与 1 之间,默认为 1(多孔地面),该选项是设置全局的地面吸声系数,对部分区域地面吸声系数与其他不同时,可在工具箱中选择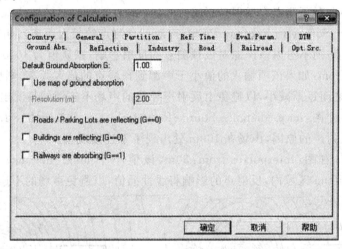(Ground Absorption)进行建模(图 10 - 8)。

Use map of ground absorption:如果项目中有很多大片区域的地面吸声区域,选择该项,可加快计算速度,选择时,可通过 Resolution(分辨率)设置地面吸声区域网格话的分辨率,默认为 2m。地面吸声区域可作为网格通过 File ≫ Export≫ArcView 导出为 Grid (* . asc). 文件。

该选项三个选项含义:

① No:不采用地面吸声区域图加快计算,地面吸声区域按建模或导入的区域计算。

② Yes:采用地面吸声区域图加快计算。

③ Auto:为默认设置,假设所有的围合成吸声区域的闭合体的坐标点个数大于 100,则自动生成吸声区域图加快计算。

另外,该页面中还可以选择设定道路、停车场、建筑及铁路等的基本区域为反射区域(勾选相应选项即可)。

图 10 - 8　地面吸声设置页面

10.4　Reflection(反射)设置

反射设置页面如图 10 - 9 所示。

max Order Reflection(最大反射次数):可输入计算中考虑的最大反射次数,默认为 0,表示不考虑反射声,目前最多可设置 20 次反射,一般情况下,反射次数中设置不要超过 5,否则,因反射次数的增加,计算时间将大大增加。

应用反射时应注意,应将 Building,Barrier,Cylinder,3D-Reflector 等具有反射性质的物体的反射特性激活。

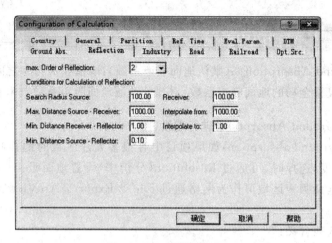

图 10 - 9　反射设置页面

Search Radius Source/Receiver Point(声源或预测点周围的搜索半径)：当反射体距声源或预测点的距离大于该输入值时，则不考虑该反射体的反射声影响。

Min Receiver to Reflector(预测点到反射体的最小距离)：当预测点距反射体的距离小于该输入值时，则不计算该反射体对预测点的反射影响。如在预测房屋噪声时，通常在房屋前设置预测点(Receiver)，这时可将预测点设置距房屋近些，小于该项输入值时，则即使房屋是反射的，则也不会对预测点有反射声影响。

Max Distance Source to Receiver Point(声源到预测点的最大距离)：如果预测点距声源距离大于该输入值，则不考虑该声源对该预测点的反射影响，默认值为 1000m。

Interpolate from：如果该项输入的值小于声源到预测点的最大距离，则反射声的贡献量会在这两个距离之间逐渐减小，以避免由反射声导致的声场不连续的情况出现。

如图 10 - 10 左图：max. distance Source-Receiver：100m；interpolate from：100m，反射次数 1 阶，由于反射声的原因，声场在 100m 处出现了不连续现象。

如图 10 - 10 右图：interpolate from：30m，该值小于 max. distance Source-Receiver (100m)，在 30~100m 区域内，反射声的影响将线性插值，以避免声场的不连续现象。

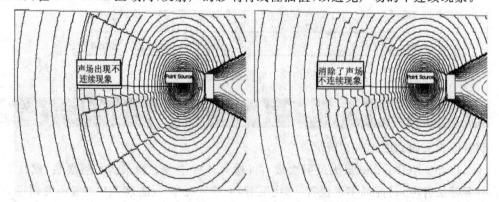

图 10 - 10　通过适当设置可消除由于反射体反射声引起的声场不连续现象

Min Sourcer to Reflector(声源到反射体的最小距离)：当声源距反射体的距离小于该输入值时，则不计算该反射体对声源的反射影响。该项主要是为了避免重复计算反射声影响，默认设置为1m。

如对点声源等,参数 K0 决定了声源是否位于反射体前,因此如果在 K0 中输入了相应的值即表征考虑了由于声源所处位置引起的噪声增加量,此时应将声源设置于距反射体的距离小于该项输入值处,以避免重复计算反射声。

Interpolate to:与 Interpolate from 类似,如果该项输入的值大于 Min Sourcer to Reflector 的值,如此项输入 3,Min Sourcer to Reflector 值输入 1,则在 1～3m 之间,则声场会在完全无反射及全反射之间线性变化,以避免声场的不连续现象。当该项输入值小于 Min Sourcer to Reflector 的值时,对计算结果无影响。

10.5　Partition(微分)设置

Raster Factor(微分系数):线声源或面声源微分时,最大微分的单位为声源与预测点的距离乘以该微分系数,因此微分系数越小,则声源被微分的区块越多。

如 Raster Factor 为 0.5,假设线声源微分后的某块距预测点距离为 100m,则微分最大单元长度为 100×0.5＝50m(图 10-11)。

如线声源长度 200m,距线声源垂直距离 100m 处为预测点,当微分系数为 0.5 时候,则线声源被 4 段,每段长度 50m,其长度小于各微分后的线声源中点(视为点声源)到预测点距离的 0.5 倍数,50<125×0.5,50<103.1×0.5。

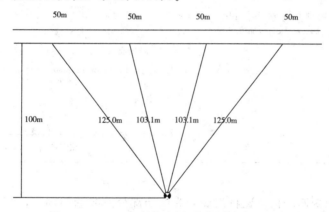

图 10-11　200m 长线声源,微分因子为 0.5 时

仍为上例,当微分系数为 0.1 时(图 10-12),则线声源被分成 32 段,每段长度 6.25m,其长度小于各微分后的线声源中点(视为点声源)到预测点距离的 0.1 倍数,6.25<100×0.1,50<137.1×0.1。

Min. Lengths are considered by projection(根据投影法确定最小的微分长度):选择该项时,则最小微分长度在涉及投影计算时,可能会小于 Min. Length of Section 中所设定的值,这可增加计算时间,但更符合实际,计算结果也更精确,建议选择。

Partition Acc. to RBLärm 92 的 Method 1:根据 RBLärm 92 中的方法 1 进行微分,该方法将尽可能产生较长的微分区块以加快计算速度。

Projection of:可选择线声源或面声源在微分的过程中是否采用投影方法(Projection Method),默认为选中状态,表明采用投影法。采用投影法时,软件会将线声源或面声源首

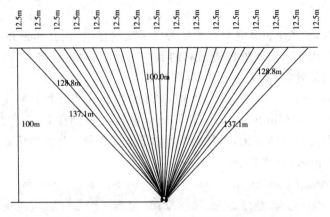

图 10 - 12　200m 长线声源,微分因子为 0.1 时

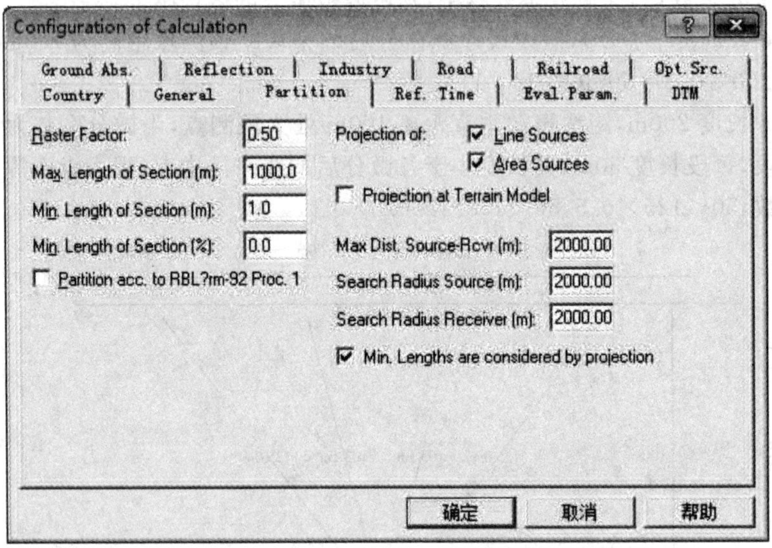

图 10 - 13　微分页面设置

先根据障碍物对声源遮的挡情况将声源分为遮挡部分及非遮挡部分,然后再根据确定的原则将遮挡部分及非遮挡部分细分为小的微分区块。

Projection at Terrain Model(地形处采用投影法):选择该选项时,对于由等高线构成地形,对声源有遮挡作用时,也利用前述的 Projection of 选项。在计算如城市区域噪声地图等计算量很大时,应不选择该功能,否则计算速度将受一定影响,一般该选项可不选择,如需精确计算,可以选择。

Maximum Distance Source-Receiver(声源到预测点的最大距离):如果声源与预测点之间距离大于该输入值,则不对声源采用投影法确定微分区块。

Search Radius Source(声源周围搜索半径):如果某障碍物距声源距离大于该输入值,则该障碍物对声源的阻挡不采用投影法确定声源的微分区块。

Search Radius Receiver(预测点周围搜索半径):如果某障碍物距预测点距离大于该输入值,则该障碍物对声源的阻挡不采用投影法确定声源微分区块。

Minimum Length of Selection(%)：微分区块的最小比例，按百分比给出，如输入 10，则表示各微分区块最小尺寸不小于总尺寸的 10%。

10.6　Reference Time(参考时间)设置

在该页面中可定义项目所昼间、傍晚及夜间所指的具体时间(图 10-14)，也可以设定傍晚及夜间的噪声修正量(Penalty)，默认昼间修正量为 0，傍晚为 6，夜间为 10，主要用于计算昼夜等效声级 L_{dn} 等，该修正值不直接影响计算的傍晚及夜间的噪声值。

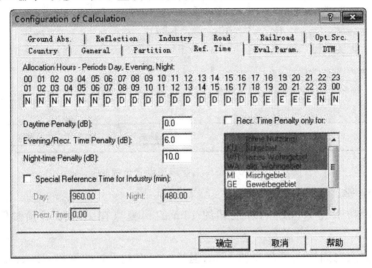

图 10-14　参考时间设置页面

在 Evaluation parameters(预测参数)页面可以设置 4 个预测变量，如在第三个预测变量中选择全天等效声级 L_{den}，如昼间设置 12 小时，傍晚 4 个小时，夜间 8 个小时，则全天等效声级 L_{den} 为：

$$L_{den} = \frac{12 \times 10^{0.1 \times (L_d + 0)} + 4 \times 10^{0.1 \times (L_e + 6)} 8 \times 10^{0.1 \times (L_n + 10)}}{24} \qquad (10-5)$$

Special Reference Time for Industry(对工业噪声源适用的特定参考时间)：选择该选项时，可输入昼间、夜间及傍晚(老版本又称 Recreation time)时间，该选项主要是为了与老版本兼容，输入时间后，配合工业声源(如点声源)设置页面中的工作时间可以估算出昼、夜及傍晚的等效声级。

Recreation Time Penalty only for(仅对如下选择考虑傍晚噪声修正)：选择时可选择不同的土地功能区(Land Use)，表示傍晚噪声修正仅对该类土地功能区相关的预测点有作用。

10.7　Industry(工业声源)设置

CadnaA 中工业声源是指点、线声源、面声源(含垂直面声源)、停车场、网球场及优化面声源等(图 10-15)。

Lateral Diffraction(侧面绕射)：none：不考虑侧面绕射；only one object：如果声源与预测点之间有一个以上的障碍物时，则不考虑侧面绕射衰减；some objects：考虑绕射声衰减，侧面绕射声按照侧面最短的两个声线计算。该选项默认为 some objects,一般不需要更改。

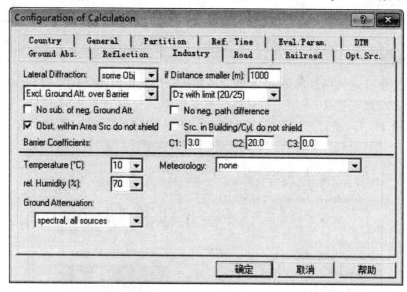

图 10 - 15　工业声源设置页面

如 Sample10-2。

一点声源声功率级 100dB(A),距其约 13m 的预测点在无屏障时预测值约为 66.2dB(A)。

声源与预测点之间插入 2 个高约 12m、但长度只有约 2m 的屏障,Lateral Diffraction 设置为 none 时,此时不考虑屏障两端的绕射衰减(即认为两端无限长),此时预测点噪声值 47.1dB(A)(图 10 - 16 左图),可见屏障插入损失近 20dB(A),这与实际情况严重不符,所以如无特殊需要,Lateral Diffraction 不可设置为 none。

如果 Lateral Diffraction 设置为 some objects,则考虑屏障两端的绕射衰减,此时预测值为 60.1dB(A)(图 10 - 16 右图),可见由于屏障很短,两侧绕射声影响较大,符合实际情况。如 Lateral Diffraction 设置为 only one object,由于声源与预测点之间有 2 道屏障,满足大于 1 个障碍物的情况,因此也仅考虑 1 道屏障两侧的绕射声,此时计算结果与 none 一致。

If distance smaller:声源与预测点间距离小于该项输入数值时,则考虑障碍物的侧面绕射声影响。

对屏障后地面吸声的考虑,可有如下选项:

①Exclude Ground Attenuation over Barrier,根据 VDI 2720 中的公式(5)或 ISO 9613-2 中的公式(12),不考虑声屏障后的地面吸声影响,这是 CadnaA 的默认选项。

②Include Ground Attenuation over Barrier,考虑声屏障后的地面吸声影响,计算方法为 VDI 2720 中的公式(2),具体为:

$$De = Dz - D0 + Dm \geqslant 0 \; dB \tag{10 - 6}$$

③10m-Criterion(10 米规则):如果声源高于地面 10m 且声屏障至少有一个边也高于地面 10m,则根据 VDI 2720 的公式(6)$De=Dz$ 或者 ISO 9613-2 中的公式(13)计算绕射声的影响。

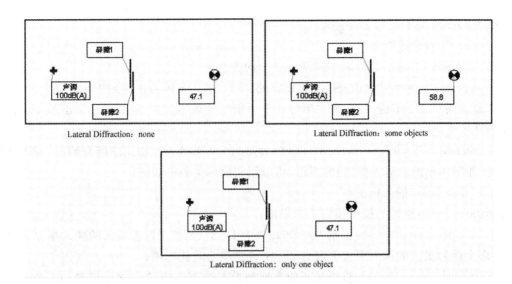

图 10-16 Lateral Diffraction 不同设置对应的不同计算结果

No neg. path difference：选择该项时，根据 ISO 9613-2，如果声源到预测点的声线高于屏障时，则不考虑屏障的衰减。

No sub. of neg. Ground Att：选择该项时，根据 ISO 9613-2 中的公式（12），声屏障衰减值不减去地面吸声引起的负效应，即声屏障不会破坏反射地面对声音的影响。

Ground Attenuation spectral（地面吸声频谱）：

根据 ISO 9613-2，有两种方式计算地面吸声衰减。

方法 1：根据 ISO 9613-2 的 7.3.1 节，地面吸声系数 G 是频谱；

方法 2：根据 ISO 9613-2 的 7.3.2 节，地面吸声系数 G 是一个数值，而非频谱相关。此时地面吸声衰减量为

$$A_{gr} = 4.8 - (2 \times h_m) \times [17 + (300/d)] \leqslant 0 \qquad (10-7)$$

式中 h_m——传播路径的平均离地高度，单位 m；可按图 10-17 进行计算，$h_m = F/r$；

F——面积，单位 m^2；

d——噪声传播距离，单位 m。

该方法也是《环境影响评价技术导则 声环境》（HJ 2.4—2009）推荐的计算方法。

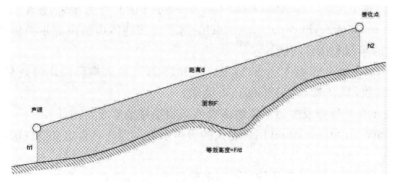

图 10-17 地面吸声计算方法示意图

CadnaA 中,关于此方面设置为:

①none:不考虑地面吸声。

②not spectral:应用 ISO 9613-2 7.3.2 节的方法。

③ spectral, spectral sources only:ISO 9613-2 7.3.1 节的方法应用于频谱相关的声源,其他声源应用 7.3.2 节的方法,该选项等效于早期 3.3 版本选中"with Ground Attenuation spectral"选项。

④spectral, all sources method:ISO 9613-2 7.3.1 节的方法应用于所有情况,对于非频谱相关(即噪声声源未输入频谱)的声源,将应用相应的倍频带频谱。

Insertion Loss(插入损失):

without limit:屏障的插入损失无上限值;

· Dz with limit(20/25):根据 ISO 9613-2 和 DI 2720,单个屏障最大的插入损失上限为 20dB,多个屏障最大的插入损失上限为 25dB,该选项为默认选项;

· Dz with limit(20/20):根据最新的奥地利版本的 ISO 9613-2,多个屏障最大的插入损失上限也为 20dB;

· De,o with limit:选择该选项将参照德国的老标准 VDI 2714 和 VDI 2720-1,该选项不符合 ISO 规范,只是为了与老版本兼容,通常不选择。

Obstacles within Area Source do not shield:选择该选项时,位于面声源中的任意遮挡体如房屋、屏障、圆柱体等对噪声不起遮挡作用。

如图 10-18,面声源内有 2 个房屋,该选项不选择时,房屋对声源无遮挡作用(左图),该选项选择时,房屋起到了遮挡作用(右图)。

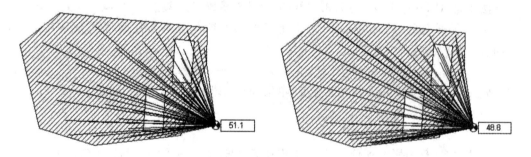

图 10-18　Obstacles within Area Source do not shield 选择与否效果

Source in building/cylinder do not shield:房子或圆柱体内的声源不被屏蔽,如设置烟囱排气口噪声时可以利用该功能。

Barrier coinfeicient:根据 VDI 2720 及 ISO9613-2,可输入声屏障降噪效果计算公式的 C1,C2 及 C3 参数,默认参数为 ISO9613-2 要求。

C 3=0 表示单道屏障及多道屏障的降噪效果根据规范要求自动计算。

User-defined air attenuation(用户定义的吸声系数):用户可自定义空气吸声系数,如图 10-19。

气象因素,可选择不同气象条件对预测值的影响,可选项有:

① none:不考虑气象条件影响。

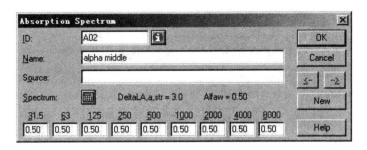

图 10-19　自定义空气吸声系数

② C_{met}，constant C_0：可输入昼间/傍晚/夜间的气象常数 C_0，进而计算修正量 C_{met}。

③ C_{met}，C_0 from wind statistics：点击 Wind Statistics 打开风玫瑰图，通过输入昼间/傍晚/夜间的风玫瑰图计算气象常数 C_0，进而计算修正量 C_{met}。

④ CONCAWE：可输入昼间/傍晚/夜间的大气稳定度、风向、风速等，据此计算气象修正量 C_0 及 C_{met}。

⑤ VBUI：根据 VBUI（德国工业噪声暂行计算方法）确定气象常数 C_0（day/evening/night）= 2/1/0 dB。

由于 ISO9613 为工业为最常用的计算规范，CadnaA 对该规范的支持进一步说明汇总见表 10-1。

表 10-1　　　　　　CadnaA 与 IOS9613 规范的一致性对照表

序号	项目	说明
1	计算 A 计权噪声	支持
2	考虑频谱	支持，规范要求 63～8000Hz，CadnaA 拓展到 31.5Hz
3	几何发散衰减	自由声场，发散面面积 $4\pi r^2$
4	空气吸收衰减	按空气衰减系数计算
5	地面反射声影响	不考虑镜像声源，但考虑地面吸声的影响
6	障碍物的反射影响	考虑镜像声源时无最大反射次数限制，考虑建筑物反射时，镜像声源源强大小与反射体的吸声系数（或反射损失）有关
7	地面吸声的影响	2 个步骤： ①一般方法（频谱法），利用地面吸收因子 G（0<=G<=1）计算，只适用于大致平坦的地形。 ②可选方法（适用于 A 计权噪声计算），不利用地面吸收因子，适用于任意形状的地面。
8	物体的遮挡衰减	对单道或双道屏障，绕射衰减与声程差有关，计算中考虑声波波长（或频率）影响。 说明：计算中不考虑屏障的透射声影响。 但如考虑透射声影响，CadnaA 提供了相应的附加功能，利用障碍物的"acoustical Transparency"属性
9	侧面绕射声的考虑	考虑屏障两侧绕射声的影响，绕射声考虑地面吸声

序号	项目	说明
10	对传播路径上多个障碍物的考虑	规范对此没有明确说明,CadnaA 使用了"ribbon band method"的计算方法计算声程差
11	地形的遮挡影响	规范对地形遮挡没有明确的计算说明,CadnaA 采用了多屏障的计算方法
12	对气象的考虑	提供了两种方法 ①依据 C_0 系数 ②利用风玫瑰图推算 C_0
13	草地衰减	不作为障碍物计算屏障衰减,根据半径为 5km 的弧线穿越草地的长度计算衰减
14	集中建筑群的影响	不作为障碍物计算屏障衰减,根据半径为 5km 的弧线穿越集中建筑群的长度计算衰减

• ISO9613-1,ISO9613-2 标准等效于 GBT 17247.1 及 GBT 17247.2,具体可参见这 2 个规范了解噪声衰减的基本算法。

10.8 Evaluation parameters(预测参数)设置

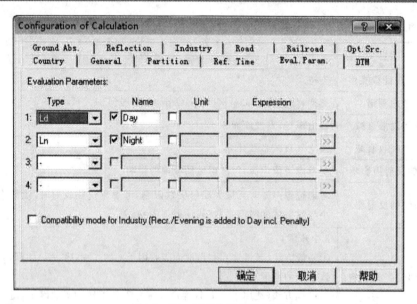

图 10-20 预测参数设置页面

该页面为设置预测参数页面图 10-20,目前,CadnaA 软件支持最多同时 4 个参数预测,默认情况下,只显示前两个,即分别为昼间等效声级 L_d 及夜间等效声级 L_n,预测参数设置中,CadnaA 可以设置的参数有:

(1)单一预测参数,如昼间、傍晚、夜间的等效声级 L_d、L_e 及 L_n。

(2)混合预测参数,如昼间、傍晚、夜间相互组合时段的等效声级如 L_{den},L_{de},L_{dn},L_{en} 等。

(3)预测声级的不确定性,如 sigmaD(昼间),SigmaE(傍晚),SigmaN(夜间)。

(4)输入公式,可输入不同计权(线性计权及 A,B,C,D 计权)、不同频率、不同声源影响的昼间、傍晚及夜间的等效声级值。

Type:预测参数类型,可直接在下拉框中选择,其中 ff(x)表示以函数形式输入。

Name:可为该预测参数直接输入有意义的名字,可用中文名,该名字将显示在预测结果表及预测点的结果表中。

Unit:预测结果单位,通常输入 dB(A),当然如果是其他计权如 C 计权时应输入 dB(C)。

当选择 ff(x)以函数形式输入时,右边的表达式(Expression)可以输入内容,输入的内容可以直接从右边的 >> 输入,点击该键双向箭头,可弹出如下所示窗口:

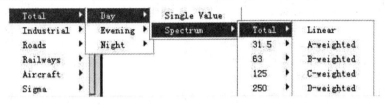

图 10 - 21　自定义预测参数设置

第一列可选择声源类别,Total 为所有声源都考虑;Industrial 只考虑工业噪声(即点、线、面、垂直面声源等的噪声影响),Roads 只考虑交通噪声;Railways 只考虑铁路噪声,Aircraft 只考虑飞机噪声;Sigma 为选择噪声预测值的不确定性。

第二列可选择预测时段,可选择昼间、傍晚、夜间。

第三列选择是预测单一值还是预测频谱,单一值时为所有频谱的噪声影响叠加。

第四列只有在第三列算则频谱时,可选择某一频谱下的噪声值。

第五列选择计权方式,其中 Linear 为线性计权,即为不计权。

如按图 10 - 22 选择,则表达式为 indd_0a,表示预测工业噪声在频率为 31.5HZ 时的 A 计权昼间影响值。

其中 ind 表示工业噪声,d 表示昼间,0 表示 31.5HZ(1 为 63HZ,以下类推),a 表示 A 计权。

当然,也可以输入 indd_0a++indd_1a,表示预测工业噪声在频率为 31.5HZ 及 63HZ 时的总的影响值。

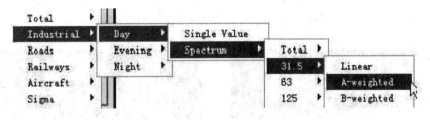

图 10 - 22　自定义预测参数

Compatibility mode for Industry:该选项是为了与老版本的 CadnaA 兼容而设计的选项,默认选中,当在参考时间设置界面(Reference time)选择了 Special Reference Time for Industry 选项时,该选项将自动选择。

10.9 Road(道路)设置

道路设置页面如图 10 - 23 所示。

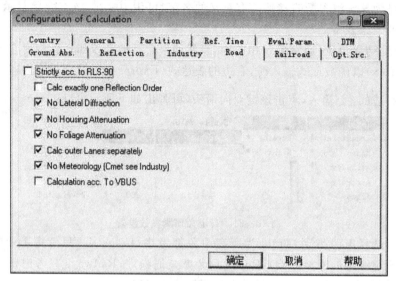

图 10 - 23　道路设置页面

Strictly according RLS-90(严格遵循 RLS-90 规范):如果选择该选项,则下边选项变灰,不能再进行选择(相当于以下选项全部选择)。

(1)Clac exactly one Reflection Order:只考虑一阶反射声,如果考虑道路多次反射,该选项应不选择。

(2)No Lateral Diffraction:不考虑道路两侧的侧边绕射声,默认不选择,如选择,一般对地面道路无影响,但对高架道路,影响很大,不能体现桥下声影区影响。

(3)No Housing Attenuation:不考虑 Built-up Areas(集中建筑区)的噪声衰减,如考虑集中建筑区的噪声衰减时(如模拟绿化带时),该选项应不选择。

(4)No Foliageg Attenuation:不考虑 Foliage(草地)的噪声衰减。

(5)Calc Outer Lanes separately:将道路两侧最外侧两个车道的中线作为两条线声源进行计算,如不选择,以道路中线作为一条线声源进行计算,区别见图 10 - 24。

Calc Outer Lanes separately 选择

Calc Outer Lanes separately 不选择

图 10 - 24　Calc Outer Lanes separately 选择与不选择的对比

(6)No Meteorology:不考虑气象条件对交通噪声的影响。

(7)Calculation According toVBUS:选择后,采用 VBUS 方法进行。

10.10　Railroad(铁路)设置

铁路源强设置页面如较图 10 - 25 所示。

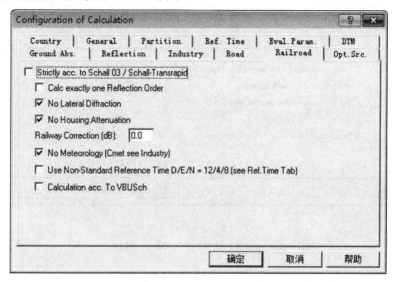

图 10 - 25　铁路源强设置页面

当选择严格遵守 Schall03 规范时,以下选项为灰色,不能再进行选择(相当于以下选项全部选择)。

(1)Clac exactly on Reflection Order:只计算一阶反射声。

(2)No Lateral Diffraction:不考虑铁路两侧的侧边绕射声,默认不选择,如选择,一般对地面铁路无影响,但对高架铁路,影响较大。

(3)No Housing Attenuation:不考虑 Built-up Areas(集中建筑区)的噪声衰减。

(4)Railway Correction:可输入铁路噪声修正量。

(5)No Meteorology:不考虑气象条件对铁路噪声的影响。

(6)Use Non-Standard ReferenceTime:采用非标准时间段,即昼间、傍晚、夜间分别取12、4 及 8 小时,选择时,Calculation≫Configration≫Reference parameter 关于时间时段的设置对铁路无影响。

(7)Caculation acc. To VBUSch:按 VBUSch 方法进行计算。

10.11　DTM(地形设置)设置

地形设置页面如图 10 - 26 所示。

Triangulation(三角化):系统将根据等高线及高程点自动差值组成三角形面来构成地形,这可加快计算进程,是 CadnaA 软件标准的地形处理方法。

Explicit Edges Only:选择该项时,则由 Height Point 构成的地形起不到屏障作用(即不考虑由高程点构成的地形)。该选项不影响 3D-special 中的显示。

如例子 Sample10-1。

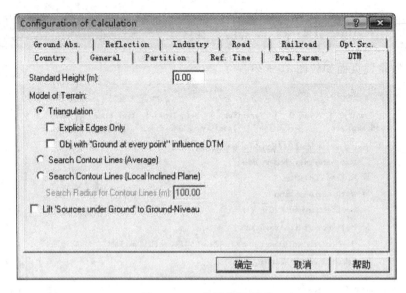

图 10-26　地形设置页面

平面图见图 10-27 左图,3D-special 见图 10-27 右图。

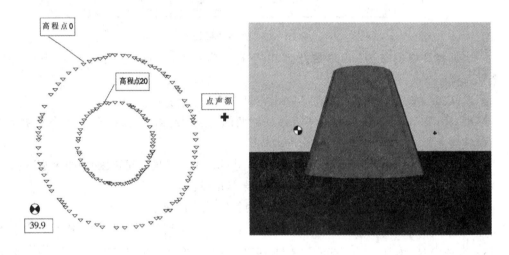

图 10-27　计算案例平面图及三维效果图

不考虑高程点时,预测点噪声为 64.3dB(A),利用三角化差值方法,不选择"Explicit Edges Only"选项,此时,由高程点导致的不平坦地形起到"屏障"作用,此时预测值为 39.3dB(A)。如选择"Explicit Edges Only"选项,则由高程点导致的不平坦地形起不到"屏障"作用,预测值仍为 64.3dB(A)。

Objects with Ground at every Point influence DTM:选择该选项时,如果在物体 Geometry 属性中输入了地面高度,则输入的地面高度也影响周边的地形(软件将根据输入的地面高度与其他等高线或高程点自动计算地形高度)。

Search Contour Lines (Average 和 Local Inclined):为利用等高线计算地形的另一种计算方法,选择时可输入搜索的等高线的半径。

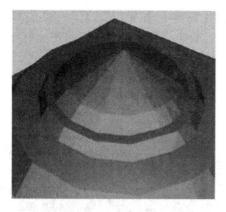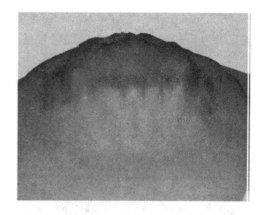

三角化方法：每个三角形起到了屏障作用 　　　　　　寻找等高线方法

图 10-28　非平坦地形的三维显示效果

通常，三角化方法是最好的方法，也是最符合物理实际的。在应用时要注意等高线应采用 Spline 命令将等高线坐标点加密，这样才能形成更精确的地形（图 10-29）。

三角化（原始的输入数据）　　　　　　　三角化（采用 spline 加密后）

图 10-29　不平坦地形的三维显示效果

Lift Sources under Ground to Ground level：选择该选项，如果声源位于地面下，则设置声源高度为地面高度。发生此类情况通常是由于通过数字仪导入声源时可能产生的高度误差或错误。该选项不影响地形分布。

Area sources with constant relative height follow terrain：选择该选项，如水平面声源（如停车场）微分为一个个小面源，微分后的面源与三角化处理后的地形相一致。

该选项分别不选及选择的效果区别见图10-30。

不选择该选项，由于停车场的边界线位与地形等高线不交叉，部分面积位于地形之下

选择后，停车场与三角化后的不平整地形一致

图10-30　停车场的三维显示效果

上例中，由于停车场的边线与地形的等高线不交叉，因此Parking lot(停车场)的右键菜单中的"Fit Object to DTM"命令不起作用。

10.12　Optimizable Source(优化声源)设置

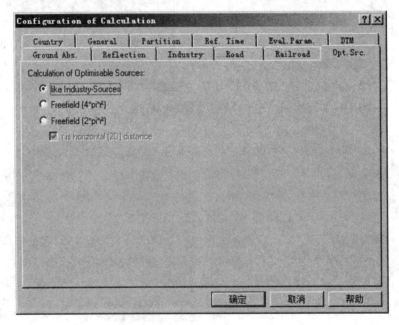

图10-31　优化声源设置页面

本页面(图10-31)与优化面源(见5.7节)的设置有关。

Like Industry-Sources：选择该项，则优化面源的计算方法与工业声源的设置及其遵循的计算标准一致。

Free field（4 * pi * r^2）：选择该项，优化面源微分后的点源的衰减按自由场计算，即：

$$SPL = PWL - 20\mathrm{Lg}(r) - 11 \qquad (10-8)$$

Free field（2 * pi * r^2）：选择该项，优化面源微分后的点源的衰减按半自由场计算，即：

$$SPL = PWL - 20\mathrm{Lg}(r) - 8 \qquad (10-9)$$

r is horizontal（2D）distance：选择该项，计算几何发散衰减时，距离 r 的值为声线在 xy 平面的投影长度，该选项的设置与 DIN45691 规范一致。

11 大城市模块

大城市模块(XL 模块)为 CadnaA 的附加模块,该模块在早期版本的名称为 SIP 模块,该模块功能强大,可以实现如下功能:

① Calc Map of Conflicts:计算噪声超标图。

② Evaluation(噪声预测及评估)。

③ Calc Population Density(计算人口密度)。

④ Object-Scan(Object-Scan 模块)。

⑤ Monetary Evaluation of Noise according to BUWAL(根据 BUWAL 进行噪声影响的经济评价)。

11.1 计算噪声超标图

利用 XL 模块,可以计算给定区域的噪声超标图,即将超标量(不是噪声值)按不同颜色绘制成图形显示。

达到该功能,可以用普通方法,即利用 Grid 菜单下的 Arithmetics 计算功能,通过设置不同的区域对应不同的噪声标准,分别对各计算区域进行 Arithmetics 的噪声值-标准值操作,其中标准值由用户根据计算区域的标准输入确定,分别保存各计算区域的计算结果,最后一次性打开全部的计算区域)。

上述方法,如果涉及的计算区域众多,计算起来略显复杂。可以利用大城市模块的计算噪声超标图的功能(Grid 菜单下的 Calc Map of Conflict 的命令),具体步骤如下,示例见 Sample11-1。

(1)利用工具栏上的 Area of Designated Land Use 绘制不同的土地功能区(如临路一定范围内设为 4 类区,其余设为 2 类区等)。

(2)双击 Area of Designated Land Use,在 Land Use 属性中设置功能区类型,具体的类型可在 Option≫Land Use 中设置(见 8.1.2 节)。

(3)选择 Grid≫Calc Map of Conflict,弹出的窗口中选择要计算的噪声标准值的参考类型,如图 11-1。

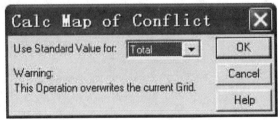

图 11-1 计算噪声超标图设置

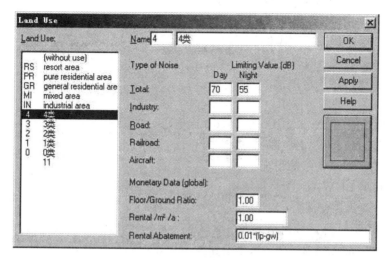

图 11-2　噪声功能区设置

• Grid≫Calc Map of Conflict 只能在 Total，Industry，Road，Railroad 及 Aircraft 中选择一个标准值计算，为了与不同噪声标准值的对应，可以在 Land Use 中设定不同的标准如图 11-2 中 4 类、3 类、2 类、1 类及 0 类，分别在对应的 Total 中输入相应的标准值。在 Area of Designated Land Use 中指定相应的 Land Use 即可。

11.2　噪声预测及评估(Evaluation)

大城市模块中，计算噪声超标图仅是一方面，仅用以显示不同噪声功能区的噪声超标情况，但有时还不能满足我们的需要，如想统计昼间超过 60dB(A)或者夜间超过 50dB(A)的区域面积及人口数量等，则需要进一步附加的功能，可用 Grid 菜单下的 Evaluation 命令。

仍以示例文件 Sample11-1.cna 为例，打开后，选择 Grid≫Evaluation 命令，则弹出如图 11-3 所示窗口。

该窗口中，左半部分是已经设置好的不同预测状态的名称，右半部分是对每个预测状态的具体设置，Expression 中名称，中间 Value 部分是计算结果，Decimals 可输入小数点位数，0 表示整数。下边是具体的表达式，也就是预测的最关键部分，右边有个双箭头图标 ，点击后可选择预定义的名称的简写形式而不必手动输入，各简写意为：

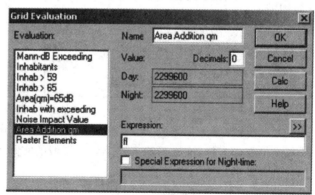

图 11-3　网格结果评估

fl：计算区域的面积，单位 m^2

r0：目前的计算声场值

na：噪声限值

naein:人口密度,单位:人/km^2

nages:所有噪声源的噪声限值

naind:工业噪声源的噪声限值

nastr:道路交通噪声的噪声限值

nasch:铁路噪声的噪声限值

naflg:飞机噪声的噪声限值

naog:土地功能区(Area of Designated Land Use)的面积

nagfz:房屋占地面积/土地面积,建筑密度

namiete:每平方米每年的租金

namind:根据 BUWAL,噪声每增加 1dB(A),租金消减的比例,‰

因此,以下表达式意义为:

naein * fl/1e6:计算区域内全部人口数(1e6 = 1000000);

iif(r0>=65,naein * fl/1e6,0),生活在大于 65dB(A)区域的人口数量;

iif(r0>=nastr,naein * fl/1e6,0),生活在大于交通噪声允许限制区域的人口数量;

iif((r0<Lo) * (r0>Lu),fl,0),某一声级范围内的面积,其中 Lo 为噪声上限制,Lu 为噪声下限制),如 iif((r0<55) * (r0>50),fl,0),计算噪声值在 50～55dB(A)之间的面积。

11.3 计算人口密度

在输入房屋或土地功能区时,可以为每个房屋或土地功能区指定人口数量或人口密度,这其实是一个非常繁琐的过程,如果涉及的房屋较多、楼层较高时,工作量更大,为了解决该问题,XL 模块提供了计算人口密度的过程,操作步骤如下:

(1)选择 Grid≫ Population Desity(图 11-4)。

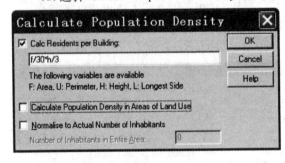

图 11-4 计算人口密度

(2)在弹出的如图所示的窗口中,三个选项分别为计算每幢房屋人口数量,计算土地功能区的人口密度(单位人/km^2),归一化实际人口数量。

(3) Normalise to actual number of Inhabitants:有时候,计算的房屋人口数及功能区人口密度会和实际稍有区别,为了解决该问题,可以选择 Normalise to actual number of Inhabitants 选项,选择时,下边的灰色框变为实框,这样可输入整个计算区域的实际人口数量,从而将实际人口数量归一化分配到各个房屋及土地功能区中。

(4)使用中,可以利用以下内置变量(不分大小写)确定房屋性质。

F:房屋占地面积(不是建筑总面积)

H:房屋高度

U:房屋周长

L:房屋最长边

因此,上图中 f/30 * h/3 代表每层按 3m,每个人按平均居住面积 30m² 计算区域总人口数。

11.4　闭合房屋(Close Building)

导入其他文件如 AutoCad 文件的时候,如果房屋外轮廓线采用直线而非闭合的多段线,导致房屋外轮廓线导入 CadnaA 后未闭合,不能形成房屋。

导入的底图见 Close_Building 底图.dxf 文件,示例见 Sample11-2。

该文件由地形、房屋等图层组成,其中房屋在统一的房屋图层上,但为非闭合体,需采用 Close Building 命令闭合房屋,操作步骤如下:

① 通过 File≫Import 导入 dxf 文件后,由于房屋及地形等默认均转为了辅助线,因此需先界定采用 Close Building 命令的作用范围。

② 由于房屋均在 ID 为"房屋"图层,所以需要把房屋图层统一设置在一组,由于组名表达式不可使用中文,所以需先对 ID 为"房屋"辅助线进行改名。即打开辅助线表,在 ID 列右键选择 Change Column(见图 11-5 左图),弹出的对话框查找替换中分布输入"房屋"及 "building"(见图 11-5 右图)。

 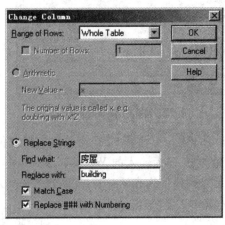

图 11-5　修改房屋的 ID 名称

③ 利用快捷键 G 或 Table≫Group,打开组设置窗口,新建一组,名字为房屋,表达式为 "building",其属性设置为激活状态,然后再设置一名为其他物体的组,表达式为" * ",其属性设置为不激活。至此,表征房屋的辅助线处于激活状态,其他均处于不激活状态。

④ 选择 Table≫Miscellaneous≫Close Polygons 命令(4 以前版本为 Close Buildings 命令),弹出如图 11-6 窗口。

Snap Coordinates to (m):设置捕捉距离,即两个坐标点距离小于该输入值时,则两点连接起来。

Enlarge open polygons (m):放大非闭合式多段线。

Combine polygons:闭合多线段,闭合后物体

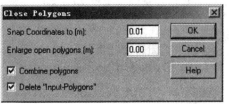

图 11-6　闭合房屋

转换为房屋。

　　Delete "Input-Polygons"：删除多段线。

　　选择 OK 确定后则激活的辅助线自动闭合为房屋，通过快捷键 H 可查看房屋列表。

11.5　Object-Scan

11.5.1　基本介绍

　　利用 XL 模块中的 Object-Scan 功能，对任一选择的物体，用户可向该物体添加任意属性值或用户定义的属性值。

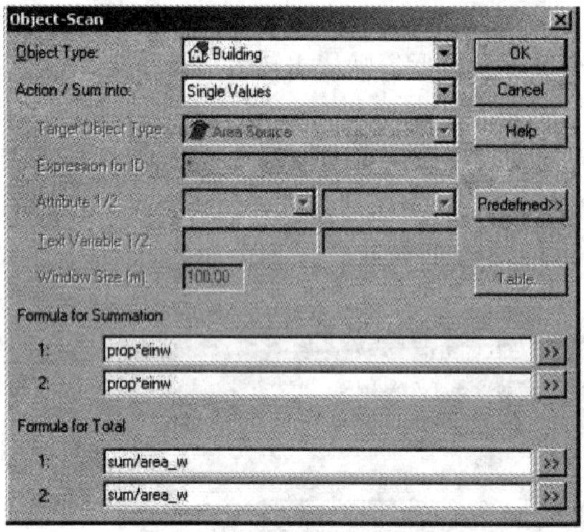

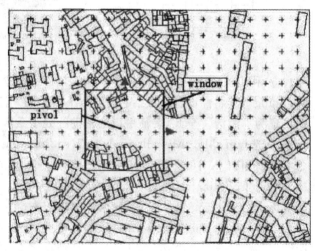

图 11-7　Object-Scan 设置

　　选择 Option 菜单下的 Object-Scan 功能后，弹出的窗口如图 11-7 所示。

　　Object Type：物体类型。

　　Action／Sum into 选项下拉框中意义分别为：

　　Sigle Value：单一值，将针对整个项目计算一个值且计算结果以窗口形式显示。

　　Specified Areas/Polygons：选择时，下边的 Target object type 框变为可选，从中可选择目标物体的类别并可指定两个属性。

　　Grid：选择时可输入 Window Size（m），可输入一个数值，输入完后，在 Formula for Summation 可输入与计算 Grid 相关的变量或值，每计算一个网格点时，以该网格点为中心的正方形的边长即为输入的 Window Size（m），通过窗口中心点不断移动进行计算产生新的网格，最后以网格形式表示计算结果（图 11-8）。

　　Predefined：可点击选择不同的内置计算方案。

　　Table：单击 Table 按钮时打开 table 窗口，设置 interval 的最小值及最大值，从而根据用户在 Formula 中输入的属性显示希望得到的结果。

11.5.2　常用变量

　　常用的内置变量介绍如下：

　　prop：在某窗口（Window）中的比例（如果是闭合体指面积比例，如果是非闭合物体指的是长度比例），如果未指定窗口，对全区域，prop＝1。

图 11-8　Window Size 示意图

len_p：所有某类物体物体的长度（如果是闭合物体则代表周长），也可以利用 PO_LEN 属性代替

area_p：所有某类闭合物体的面积

len_i：闭合或非闭合物体在某窗口中的比例

area_i：闭合物体在某窗口中的面积比例

area_w：窗口面积，单位：m²

prop_l：窗口中开放或闭合物体的长度比例

int_lo：Table 表中某个间隔的下限值

int_hi：Table 表中某个间隔的上限值

11.5.3 例子（Single Values）

以示例文件中的 SmallCity02.cna 文件为例。

（1）Object Type：选择 Road

Action/Sum in：选择 Single Values

Formula for Summation 1 中输入：len_p

表示求出项目中所有道路的长度，本例，也可以利用 PO_LEN 代替上述 len_p。

选择 OK 后弹出对话框，结果如图 11－9 所示。

由于 Formula for Summation 2 中没有输入表达式，因此 2 没有计算结果。

图 11－9　计算结果

（2）Object Type：选择 Building

Action/Sum in：选择 Single Values

Formula for Summation 输入：iif(WG_NUM, EINW, 0)

表示求出所有居住房屋的居住人口数量，结果见图 11－10。

同理，如果计算所有房屋人口数量，可直接输入 EINW（或 prop＊EINW），由于本例所有房屋均为居住房屋，所以二者计算结果一致。

图 11－10　计算结果

（3）Object Type：选择 Building

Action/Sum in：选择 Single Values

Formula for Summation 输入：

iif(WG_NUM, area_p, 0) ＊ PO_HREL_P1/3

表示求出所有居住房屋的建筑面积（房屋占地面积乘以楼层数），结果见图 11－11。

其中 PO_HREL_P1/3 为层数，此例假设层高为 3m。

每产生一次单一值，均在 Tables≫Libraries（local）中新增一字符块变量，格式如下。

box 1：#(Text，OBJSCAN1)

box 2：#(Text，OBJSCAN2)

图 11－11　计算结果

box 3：#（Text，OBJSCAN3）

box 4：#（Text，OBJSCAN4）

图 11-12　文字块内容

该值存在于 Tables≫Libraries（local）中，用于在导入图形，生成报告中可以利用这些变量。每次运行 Object-Scan，该值将被更新。因此如果用户想保存先前一次的计算结果，如计算的道路的总长度想要保存下来，用户可以在 local 本地库中更改这些变量名称即可（见图 11-12）。

• Formula for summation：输入的值是对选择物体的每一次求和，如上述求道路总长度例子，如果输入 len_p+3 表示每条道路长度加 3 后再将所有道路求和，而不是直接将道路长度求完总和后加 3。

• Formula for Total：仅可以输入 sum1，sum2 等变量，sum1 代表上述 Formular for Summation 中的 1 表达式求出的值，2 以此类推，也可以输入 max1 或 max2 等，具体可点击右边的双箭头可选择的参数名。

11.5.5　例子（Grid）

打开示例文件中的 SmallCity02. cna 文件

（1）例 1

绘制区域内每 $100m^2$ 的人口数。输入见图 11-13。

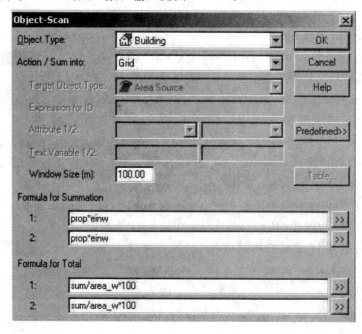

图 11-13　Object-Scan 设置

该例解释如下：

window size＝100m,则窗口面积为 $100\times100=1$ 万 m^2,该面积值可用 area_w 引用。

prop 为房屋在窗口面积中的比例,如全部在窗口内 prop＝1,全在窗口外为 0,部分在窗口内值在 0 和 1 之间。

则 prop * einw 为 1 万 m^2(也就是窗口面积)内的人口数。

area_w＝1 万 m^2,

因此 sum/area_w * 100 即为 $100m^2$ 的人口数。

选择 OK 后计算结果见图 11 - 14 所示。可见以等值线图方式显示区域每百平方米人口密度,大部分区域百平方米人口密度在 1 之内,只有左侧近上部区域有一幢房屋人口较多导致其附近密度较大。

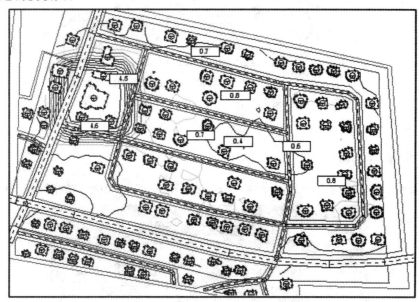

图 11 - 14 等值线图计算结果

(2)例 2

估算噪声影响值。

噪声影响值与受影响人口及噪声值超标量有关,一般可用下式表示。

$$LEG_{Haus} = n \cdot 2^{0.1*(L-L_0)}$$

式中　　n —— 受影响人口数;

　　　　L —— 房屋受影响噪声值;

　　　　L_0 —— 房屋噪声标准值。

因此,对本例输入可见图 11 - 15,该列还可从 **Predefined>>** 下拉列表中选择"LEG"。

Formula for Summation 中输入:

prop * einw * iif(hb_gw1>0,pow(2,(hb_lp1-hb_gw1)/10),0)

Formula for Total 中输入:sum/area_w。

hb_gw1、hb_gw2 分别为建筑侧面预测噪声标准值。

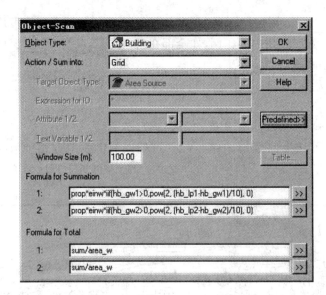

图 11 - 15　Object-Scan 设置

11.5.5　例子(Table)

打开示例文件中的 SmallCity03. cna 文件,在 Object-Scan 中操作如图 11 - 16 所示。

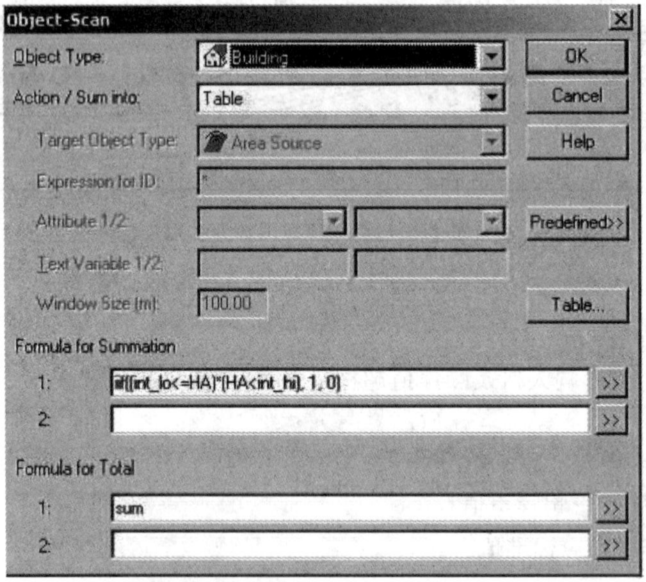

图 11 - 16　Object-Scan 设置

其中输入的表达式为:iif((int_lo<HA) * (HA<=int_hi),1,0)

点击右侧中部的 **Table...** ,打开 Table 窗口,可以在 Interval 中输入最小值及最大值,该表可利用 Insert 或 Delete 等命令插入新行或删除现有行,该表其实是一统计表,统计在某个区间内满足我们在 Formula 中输入的公式的计算结果。

上式中 int_lo 及 int_li 分别为 Table 表中某个间隔的下限及下限值。

上述公式表示统计房屋高度在给定输入值之间的统计值，如图 11-17 即统计出高度小于 30m 房屋有 109 处，大于 30m 的房屋有 1 处。

目前，可应用的估算参量有：

①生活在不同噪声范围内的人口数（依据 EC-Richtlinie 2002/49/EC）。

②生活在不同噪声范围内的人口数（依据德国 VBEB）。

③噪声影响评级（Noise Impact Ranking NIR）。

图 11-17　Table 设置

11.6　噪声影响的经济评价

经济评价也可以利用 Grid 菜单下的 Evaluation 命令进行，也可以利用 Object-Scan 命令进行，使用中，需要使用到以下内置变量。

FL：计算区域面积，m²，通常用在 Evaluation 中，Object-Scan 中关于面积的选项一般直接用房屋面积计算即可

NAOK：逻辑值，0 为 false，1 为 true，表示是否位于土地功能区内

NAGFZ：房屋占地面积/土地面积，即建筑率

NAMIETE：房屋每平方米每年租金

NAMIND：由于噪声导致的租金减少的费用

FL * NAOK：土地功能区（area of designated land use）面积，m²

FL * NAOK * NAGFZ：土地功能区居住区面积，m²

FL * NAOK * NAGFZ * NAMIETE：所有土地功能区租金

FL * NAOK * NAGFZ * NAMIETE * NAMIND：由噪声导致的租金的减少量

（1）例 1

示例参见示例文件的 Monetary1.cna。

激活土地里利用功能区的 Moneytory Data。

如将 Floor/Ground（建筑密度）设为 0.8，房屋每平方米每年租金为 100 元，由噪声产生的租金减少量输入：0.01 * max(lp-nastr+5,0)。

式中，lp 为 grid 每个网格点的预测值；

nastr 为土地功能区的噪声标准限值。

因此 max(lp-nastr+5,0) 即表示如果噪声预测值低于噪声标准值 5dB(A)，则认为无噪声损失，否则认为有损失，系数 0.01 表示噪声每增加 1dB(A)，租金减少 1%。

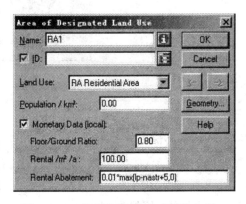

图 11-18　设置建筑密度、房屋租金等

计算步骤如下：

① 为了计算精确,将 Grid≫Property 中计算网格的宽度设置为 1m×1m,然后计算水平声场分布。

② 将 Grid≫Evaluation 参量输入见图 11-19。

因此,由噪声产生的经济损失估算即采用如下表达式:

FL * NAOK * NAGFZ * NAMIETE * NAMIND。

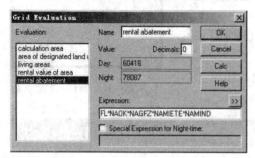

图 11-19　租金损失的计算

（2）例 2

参考文件依然为 Monetary2. cna。

估算所有房屋由噪声超标产生的损失,并将损失值求和表示。

由于有例子 1 产生的损失没有利用房屋属性,而是利用土地功能区,并认为房屋在区域内平均分布而计算的结果,这与实际稍有误差,更准确的表述应该利用房屋的具体位置及其属性,表述如下。

步骤如下:

① 每个居住房屋内设置侧面噪声预测点（Building Evaluation）,计算每个居住房屋的立面噪声。

② 利用 Object-Scan 输入,输入界面见图 11-20。

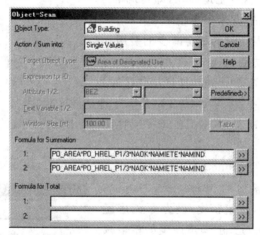

图 11-20　Object-Scan 设置

式中:

PO_AREA:房屋占地面积;

PO_HREL_P1:房屋相对高度;

因此 PO_AREA×PO_HREL_P1/3 为房屋的居住面积（即假设楼层高度为 3m）。

（3）例 3

参考文件依然为 Monetary2. cna。

利用土地功能区内每幢房屋的噪声损失影响进行估算示。

步骤如下:

① 每个居住房屋内设置侧面噪声预测点，计算每个居住房屋的侧面噪声。

② 利用 Object-Scan 输入，输入界面见图 11 – 21。

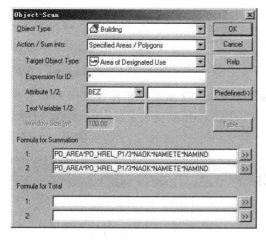

图 11 – 21　Object-Scan 设置

nated Use 看计算结果如图 11 – 22 所示。

图中有一个计算值为 0.00，表示该土地功能区内无房屋或不存在噪声超标的情况（因此就没有噪声超标导致的经济损失）。

（4）例 4

估算某窗口内的噪声经济损失值并将其用网格彩图表示。

示例见 Monetary2. cna 或 Monetary3. cna。

Atribute D/N 中用户可用过下拉框选择相应属性，表示将 Formula for Summation 中的计算值写进 Atribute D/N 设置的下拉框变量中，如本例昼间选择 BENZ（对应于物体的 Name 属性值）。

③ 选确定后将进行计算，计算后，通过 Table≫ Other Objects≫Area of Designated Use

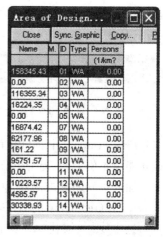

图 11 – 22　Area of Designated Use 的计算结果

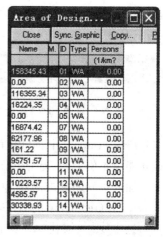

图 11 – 23　Object-Scan 设置

利用 Object-Scan 输入参数见图 11 – 23。

计算结果为以网格点为中心的每 100m² 内的噪声影响的经济估算值。

12 附 录

本附录主要给出 3.7 及后续版本增加的主要功能汇总,以便用户在升级过程中对主要新增功能有一系统体会;同时,附录给出 RLS-90 及 Schall03 预测模式主要内容;给出软件固定缩写主要含义。

12.1 3.7 后续版本新增功能

12.1.1 3.71 及 3.72 版本新增功能

(1)File≫Import 中,可以直接导入 AUTOCAD 格式的 DWG 格式图形,但根据使用来看,该功能尚不够完善,有导入图形元素丢失现象。

(2)加入了对新标准 AzB 2008 的支持。

(3)Raod Geometry 的 Self-Screening 属性中,防撞墙高度可根据桩号分段设置。

(4)选中物体,按住 Alt 键的同时,可通过鼠标沿物体质心旋转物体,如果同时按照 Shift,则相当于步进旋转,使得旋转操作可用性大大增强。没有该功能前,对物体旋转要通过 Transformation 快捷菜单进行操作,部分物体(如 Text box)可直接在物体属性窗口中设置旋转角度。

(5)对 Cantilever 折臂型声屏障的性能进行了优化,屏障对两侧声源均起到"遮挡"作用。

(6)推出了 64 位软件版本,默认在计算中使用所有 CPU 内核。

(7)菜单 Tables≫Miscellaneous 增加了 Link Buildings to Building Evaluations 命令。

(8)菜单 Libraries≫Sound Levels 中,频率计权选项,选择频率计权时按住 Shift 键,则不改动各频谱的值而直接变为另一种计权,否则,频谱值改变为等效成其他计权时的频谱值。

12.1.2 4.0 版本新增功能

4.0 版本与之前版本相比,改进较大(由 3.72 直接跳跃至 4.0 亦可知版本号改进较多),此次升级主要体现在以下几个方面:

1. Calculation≫Configuration

(1)奥地利模块:根据 ISO 9613 计算工业噪声时,单屏障及双屏障的效果限值 Dz 为 20/20 dB。

(2)奥地利模块:根据 RVS 4.02,设置中集成了新的路面结构。

(3)根据北欧预测方法,预测铁路噪声时:选项"Use non-standard referencetime D/E/N"在计算最大声级时默认为不激活。

（4）FLG 模块：加入了新的计算方法，AzB 08 及 ÖAL 24。

（5）FLG 模块：将 NATs 及 SigmaNATs 作为新的预测参数。

（6）FLG 模块：根据 AzB 08，ECAC，DIN 及 OEAL 24，计算时可获得 NATs 及最大声级。

（7）通过 Configuration≫Eval. Param 自定义（"f(x)"）预测参数时，如果出错则在计算结果中显示"－88"。

（8）页面 General 中，传播的不确定性可以通过公式输入。

（9）CRTN(UK 模块)：与道路 24 小时流量输入结合应用时，可为昼间、傍晚、夜间输入非标准的参考时间段。

（10CRTN(UK 模块)：计算中考虑了低流量时的修正系数 K。

2. CadnaA 的物体

（1）适用于所有物体

① 通过 ALT＋单击物体所在工具箱中的图标可打开物体对应的数据库表。

② 在"Transformation"（窗口 Modify Obects）中，加入了新的坐标变换方法"interactive"，利用鼠标可对选中区域的物体进行移动/复制操作。

③ ID 框最长可输入 23 个字符。

④ 在 ObjectTree，窗口 Definition 和 PWL-table 中，被激活的物体在图形中高亮显示。

⑤ ObjectTree：可通过窗口 Modify Objects 或从 ObjectTree 中选择 Modify Attribute 修改物体 ID 属性。

⑥ 操作"Break Lines/Areas"不打断未激活物体。

⑦ 操作"Break Lines"还打断多段线点。

⑧ 菜单 Tables≫ObjectTree，Power Level 及 Partial Level 中，选中某子项后，可通过 **obj** 显示或隐藏该项下的物体。

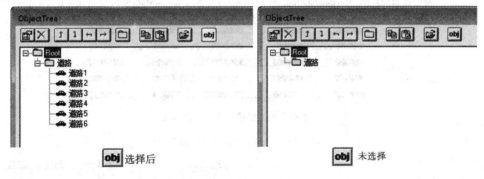

图 12－1　**obj** 选择前后显示差异

⑨ 操作"Delete Duplicates"（窗口 Modify Objects），增加了了"2D only"及"Weighting Function"选项，可对删除的物体做进一步的限定。

⑩ Modify Objects 操作中增加了"Modify Order of Points"（修改物体坐标点顺序）命令。

⑪对多边形类物体（Polygons）增加了属性 PO_CLOCK，PO_CLOCK＝1 为坐标点顺时针排列，PO_CLOCK＝0 为坐标点逆时针排列。

（2）适用于工业声源

① 对点/线/面声源，声功率级还可以通过"pq"来代替"LWTYP"引用。

② 点/线/面声源及停车场、网球场等声源可通过属性 TEINW_OK＝0/1 代表是否激活了运行时间（Operating time）选项，0 为不激活，1 为激活。

③ 根据 ISO 9613－2：，A_{gr}＋A_{fol}＋A_{hous} 之和不再有 15dB 的限制。

④通过剪贴板拷贝声源的指向性（Directivities）时，逗号被看做小数点号。

（3）道路声源（Road）

① 窗口 Long Straight Road （RLS90），增加了部分属性。

② 道路的 Self-Screening 属性中，可通过桩号（Station）定义防撞墙起终点位置。

③ 根据 CRTN 规范，网格计算（Grid Arithmetics）中增加了新的计算公式，crtn_de()，L10-grids 等。

（4）铁路声源（Railway）

① 在 Self-Screening 属性中，可通过桩号（Station）定义防撞墙起终点位置。

② 在窗口 Modify Objects 及选中铁路（Railway）时的右键菜单中增加了新的操作"Generate Rails"。利用该功能，可选中一条轨道批量生成多条轨道，详见图 12－2。

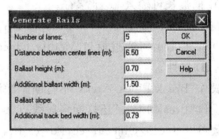

选中铁路后右键选择Generate Rails　　　　　　Generate Rails窗口

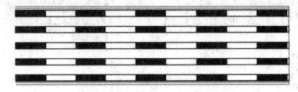

根据本例设置情况产生了5条轨道

图 12－2　Generate Rails 命令

（5）预测点（Receiver）

增加了不显示 Partial Level 中无效值的功能，如图 12－3，道路 6 对预测点 1 无贡献值，可将该项隐藏。

隐藏方法为：在 CadnaA 设置文件 CADNAA. INI 的［Main］部分，加入子键如下：

NoEmptyPartLev＝1

（6）障碍物（Obstacles）

Partial Level						
Close	Sync. Graphic	Copy...	Print...		Font...	Help
Source			Partial Level			
Name	M.	ID	预测点1			
			Day	Night		
道路1		!00!	54.4	59.4		
道路2		!00!	62.0	57.0		
道路3		!00!	62.9	57.9		
道路4		!00!	65.6	60.6		
道路5		!00!	54.7	49.7		
道路6		!00!				

图 12－3　隐藏预测点的无效预测值

① 声屏障(Barrier):折臂型屏障的折臂部分,对屏障两侧的声源均有"遮挡"作用。即实际计算中,折臂作为遮挡物处理,声源遇到遮挡物产生折射或绕射作用。

② 堤岸(Embankment):将堤岸转换为声屏障时候,堤岸的相对高度(HREL)被转成声屏障的第一个点高度 HA。

3．进一步拓展的新功能

(1)支持多显示器。

(2)多线程设置中,默认是启用所有的 CPU 核心。

(3)垂直声场计算时也采用用多线程计算。

(4)辅助线(Auxiliary lines),建筑物立面声场预测符号(Building Evaluation Symbols)和文本框(Text boxes)均可变换操作。

(5)可对位图(Bitmap)进行坐标变换。

(6)Libraries≫Sound Levels 中,计权可通过！A,！B,！C,！D 变换,而不改变具体数值。

(7)声级标注框(Level box)增加了属性 VAL,PREC,AUTOVAL 等;桩号标注框(Station Box)增加了属性 AUTOWINKEL,文本框(Text Box)增加了新的属性 UNDER-LINED, STRIKEOUT, BOLD, ITALICS 等。

(8)三维视图(3D-Special)中,天空的颜色可以改变。

4．导入及导出操作

(1)导入操作(Import)

① 增加了新导入格式,AutoCAD-DWG 及 MicroStation-DGN。

② 增加了新导入格式,CityGML 格式,(德国噪声地图的模式)。

③ 导入 ASCII-Objects 时,CadnaA 的闭合类物体导入时仍为闭合体。

④ 导入 DXF 格式时,增加了选项"3D-FACE imported as polylines",即 CAD 中的三维面作为辅助线。

⑤ 导入 ESRI-ASCII-Grid 格式可通过菜单 Grid≫Open 操作执行。

⑥ 导入 DXF 格式时,图层名称字符长度＞23 的字符将复制到字符串变量 ORG_LAY-ER 中。

⑦ MITHRA 模块,当导入铁路时,选项"Railways are absorbing（G＝1)"为不激活状态。

⑧ 16-bit greyscale-bitmap(16bit 的灰度位图)可被转换为高程点。

⑨ FLG 模块,增加了新导入格式,QSI AzB。

(2)导出操作(Export)

① ArcView 格式导出时,可导出圆柱体(Cylinder)。

② ASCII-grid 格式导出时,预测变量(Evaluation Parameter)用名称而不是数字1,2,3,4 代替。

③ 导出 LGS (Long Straight Road) and QSI 时,系统安装目录下默认安装了部分模板。

④ FLG 模块,可导出夜间最大声级。

⑤ FLG 模块,增加了导出新格式 QSI AzB。

⑥ FLG 模块：可将 AzB-DES 格式导出到 XML 或 PDF/HTML 格式。

5．CadnaA 模块改进

(1)64 位软件为单独模块。

(2)BMP 模块大幅增加了可支持格式：如 DWF，WMZ，GIF，PSP，WPG，VWPG，ECW，SCT，SGI，SFF，WBMP，XWD，XBM，XPM 等。

(3)BMP 模块，增加了新选项："Convert to monochrome（for PDF）"，可将彩色位图导入单色（只有黑、白两种颜色）位图格式。

(4)XL 模块，窗口 Object Scan 中，用户自定义的表达式可以删除。

(5)FLG 模块，窗口 Options≫Appearance 中，显示飞行走廊。

(6)APL 模块，集成了新的 AUSTAL 版本 2.4.7。

(7)APL 模块，可设置颗粒物粒径（−1..−4，−u）。

(8)在 Air Pollution≫Configuration 中，可选择源强参数。

(9)APL 模块，在 AUSTAL 规范中，未激活的房屋及屏障不再作为遮挡物考虑。

(10)APL：模块，垂直面源也参与计算。

6．其他改进级 bug 修正

(1)物体表（Object Table）的大小及位置将自动保存。

(2)文本框及物体均可通过 ALT＋鼠标键绕指针旋转，通过 SHIFT＋ALT＋鼠标键可步进旋转。

(3)在打印设计中心（Plot-Designer）中增加了 copy 键，可将图复制到剪贴板中。

(4)Calculation 菜单中增加了 PCSP 部分选项。

(5)根据英国导则 CRTN 及 CRN，修正了屏障"遮挡效应"的计算方法。

12.1.3　4.1 版本新增功能

1．Calculation≫Configuration

(1)北欧铁路噪声预测方法，增加了最大声级预测，LmaxF，LmaxM。

(2)瑞士新的停车场噪声计算导则集成到软件中，SN 640 578：2006-07。

(3)奥地利铁路计算导则 ONR 305011（2009 版本）集成到软件中（但根据 ISO 9613 计算声传播衰减）。

(4)法国新的道路交通噪声计算导则 NMPB 2008 集成到软件中。

(5)Concawe & Harmonoise：风速、风向、稳定度等气象参数可通过固定缩写 CALCCONF 引用。

(6)QSI-statistics：预测点增加了新的选项"Points on Iso-Lines"（见图 12-4）。

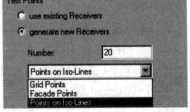

图 12-4　QSI 统计中增加了新的选项

2．CadnaA 的物体

(1)如选择 STL86 或 SonRoad（瑞士标准），则"交叉口信号灯"，附近噪声修正量与预测点距信号灯位置有关，25m 内修正量为 2dB（A），50m 内修正量为 1dB（A）。

(2)Building Noise Map（建筑物立面声场）设置中增加了新的选项："Use rounded

values"(利用进位显示的数值,如 56.7dB 显示为 57dB)。

3. 增加的新功能

(1)从 4.1 版本开始,菜单 Tables≫Libraries(local/global)增加了新的颜色面板(Color Palette)库,颜色面板可通过菜单 Grid≫Appearance 指定给相应的预测参数,也可通过 Option≫ Appearance 设置,指定给相应的物体。

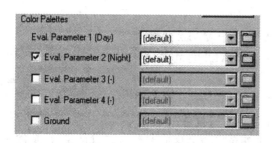

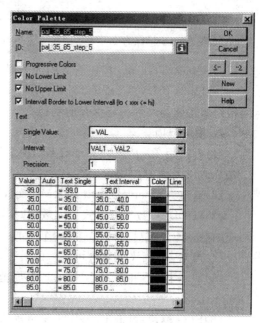

图 12-5 预测网格颜色设置

如图 12-5 左图为 Grid≫Appearance 等值线图颜色属性设置,可设置各个预测参数等值线图的颜色显示属性,默认为 Default,也可通过右侧的文件夹框打开 Color Palette 库,选择相应的颜色属性设置(见图 12-5 右图)。

当打开老版本的 CadnaA 文件时,则老版本的颜色面板(color palette)会显示会以"file"为名保存在本地颜色面板库中,可以通过 Table≫Libraries(local)≫Color Palettes 访问。

点击 Griad≫Appearance 对话框中的"Import old Palette-File",可以导入老版本 CadnaA 文件保存的颜色面板(后缀名为 pal)文件,导入的颜色面板显示在预测参数 1 的颜色设置属性框中,其名称为文件名称,同时在本地颜色面板库中也同时生成一条记录。

打开颜色面板对话框后,见图 12-6。

Name 及 ID 分别为颜色设置的名字及 ID。

Progressive color:如选中,表示颜色用渐进色表示。

No lower limit:无下限设置,选中后,当值超出颜色面板设置的区间下限时,颜色依然显示。

图 12-6 颜色面板设置页面

No upper limit：无上限设置，选中后，当值超出颜色面板设置的区间值上限时，颜色依然显示。

Interval Border to Lower Interval：如选中，表示该值大于下限值小于等于上限值，即（Lo< xxx <= Hi）。

Text 文字显示的三个选项：

Single Value：对应于下部显示区域中 Text Single 的显示方式，分别可选择 VAL（直接显示某值）、=VLA（等于某值）、>VAL（大于某值），该值为某个颜色表示值的下限。

Interval：某个颜色对应值的区间范围，对应于下部显示区域中 Text Interval 的显示方式。

VAL1<...<VAL2：大于等于 VAL1 小于 VAL2 的范围。

VAL1...VAL2：大于等于 VAL1 小于 VAL2 的范围，与 VAL1<...<VAL2 的区别仅是表示方式的不同。

>VAL1：大于等于 VAL1

Presision：小数点后位数，默认 1 为小数点后一位数。

双击下部显示区域的某一行，可以对某颜色对应的区间范围进行具体设置，见图 12-7。

（2）Grid≫Appearance 及 Vertical Grid 中增加了新的按钮"Apply"。

（3）Options≫Appearance 窗口中增加了选项"Show Object type"（是否显示该类物体）且可随文件保存。

（4）ObjectTree：物体管理器的组织状态随文件一起保存。

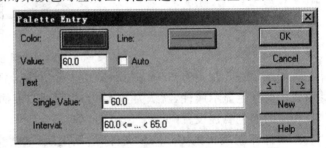

图 12-7　对颜色区间范围进行设定

（5）ObjectTree：obj 按钮右侧增加了展开及收起两个按钮 。

（6）File≫Print Graphics≫Plot Designer（Caption Preview）设置中增加了展开/收起及结构组织状体与文件一起保存的功能。

4.模块选项

（1）可利用 BMP 模块（from ERDAS ER Mapper）导入地理信息参考文件 ERS-files（Bitmaps）。

（2）输出为 Google Earth 的 KML 文件时，可选择输出物体属性。

（3）以 ODBC 数据库方式导入数据时，如数据库连接失败，可按住 CTRL 键的同时选择相应的数据库定义（Database≫Definition）重新加载连接

（4）FLG 模块：飞行航迹可考虑的最大范围为 25km。

（5）FLG 模块：利用 ICAN/AzB08 规范计算时候，机场设置中增加了新选项"Military Designation"。

（6）FLG 模块：可输出 AzB08 噪声等值线图为文本文件。

（7）FLG 模块，利用参数，FlgStat D/E/N 评估飞机经过最大噪声。

（8）FLG 模块：增加了新的预测参数 SigmaFlgStat D/E/N。

(9)FLG 模块:epsilon values(计算噪声不确定性 sigma 的参数)可扩展到 2～5 年。

(10)FLG 模块:KML 文件输出时可输出飞行航迹。

5.其他选项

(1)新关键字♯(GLK, stw):输出为建筑物立面声场的楼层。

(2)新关键字♯(RST, dx)dy, z:输出为网格计算设置中 dx、dy、z 的设置值。

(3)增加了新的属性 DISP_TEXT ("displayed text"):利用 Generate Label 产生的文本框中内容看转换为"plain text"。

(4)组(Group)窗口位置及大小设置只有在软件重启后才保存。

6.bug 修正

(1)拷贝 ResultTable(结果表)时不再发生软件崩溃。

(2)Pass-By(通过噪声)增加了自我遮挡(Self-Screening)选项。

(3)根据 CRTN 规范,反射体必须高于路面 1.5m。

12.1.4　4.2 版本新增功能

1.Calculation≫Configuration

(1)工业噪声计算 BS5228:通过在预测点(Receiver)的 Memo-window 窗口中设置字符串变量 FACADE＝1 表示由于墙面反射产生的＋3 dB 的修正量。

(2)道路噪声计算 NMPB08:可设置计算年/建设年,增加了新的路面及道路类型设置。

(3)铁路噪声计算 CRN:增加了新的列车类型(C59F, C60F, C390, C220, C221, C170)。

(4)铁路噪声计算 FTA/FRA:列车类型做了相应的修改。

(5)地面吸声设置页面,选项"Use map of ground absorption"设置选项改为"No/Yes/Auto",默认为 Auto,分辨率为 2m)。

2.CadnaA 的物体

(1)所有物体:菜单 Edit≫Undo 操作除了撤销之前的删除物体外,还可以撤销物体属性及物体 Geometry 的设置,目前支持最多 256 步撤销操作。

(2)所有物体:菜单 Table 中物体的属性可以编辑。

(3)点、线、面声源:可以在声源类型选型中选择事先在 SET-S 库中定义的声源,CadnaA 提供了部分声源模型,如排风口,发动机,泵,变压器等。

(4)网球场:根据 VDI 导则 3770,网球场的默认高度为 2m。

(5)预测点:"Generate Floors"命令最多可产生 99 层楼层预测点。

(6)辅助线:辅助线可设置箭头。

3.进一步增加的功能

(1)Object-Scan 模块:最多可应用于 4 个预测参数。

(2)Object-Scan 窗口:事先定义的 LEG 表达式对应为每平方公里。

(3)结果表:列表宽度可以通过选项"auto/in mm/in char"设置。

(4)声屏障自动优化对 4 个预测参数均起作用(之前只对预测参数 1、2 起作用)。

(5)Option≫Miscellaneous 增加了新的选项"Caption uses Grid-Level-Range",等值线

的图例与 Grid≫Appearance 中设置的噪声上限及下限一致。如设置噪声下限为 50dB,则默认由原来的下限 35dB 调整为 50dB。

(6)计算网格及物体颜色显示属性窗口:按住 Shift 键的同时单击文件夹选择窗口打开本地颜色面板库。

4.其他功能

(1)CadnaA 帮助转为 HTML 格式,主题进行了扩展及更新。

(2)第一次安装 CadnaA 时,CadnaA-INI 文件不再安装在程序目录中,而是安装在程序系统数据目录下(该目录取决于用户的安装系统)。

(3)通过 INI 文件可设置预测点及 Partial Level 表中的有效位数(在[Main]部分设置 dBOutPrec=X,其中 X 表示有效位数的数字)。

5.输入及输出功能

(1)导入 CadnaA(* .cna)模式:当导入新的航班组数据时,当前数据可被替换。

(2)ODBC 格式导入数据时:同步数据时,从 ObjectTree 获得的物体 ID 属性将被忽略(CADNAA.INI 文件,在[Main]部分设置 OdbcUseObjtreePart=1)。

(3)SET-Graphs 数据导出为新的格式" * .gv"(GraphViz)。

6.模块选项

(1)FLG 模块 AzB08/ICAN:根据 SAE AIR5662,飞机噪声侧向衰减的计算方法(2006年),可选择相应的衰减模式。

•FLG 模块:当根据 AE AIR5662 计算时,发动机数量、类型、机身数量可以通过飞机组的 Memo-Window 窗口的字符串变量 ENG_FUSELAGE=1 引用。进一步属性如机翼数量、比例等通过飞机组(aircraft group)的既有属性设置。

(2)FLG 模块 AzB08/ICAN:统计飞行事件时,每个飞行循环被看做为一次起飞及降落事件。

(3)FLG 模块 AzB08/ICAN:计算前将检查 Gamma 和飞行事件的一致性,如果不一致将进行提示。

(4)FLG 模块 AzB08/ICAN:选项"Automatic Calculation of Gamma"将强制重新计算 Gamma-值。

(5)FLG 模块 AzB08/ICAN:计算最大值时,可计算给定的预设超标值(NAT,默认 NAT=6)。

12.1.5　4.3 版本新增功能

1.Calculation≫Configuration

Configuration≫DTM 页面中增加了新的设置选项"Area sources with constant relative height follow terrain"。

2.CadnaA 的物体

(1)建筑物立面贴图

4.3 版本最主要的功能就是增加了为建筑物立面贴图的功能,建筑物立面贴图后,可在 3D Special 视图中看到贴图效果。

选中建筑物后,右键选择 Edit Facades(编辑立面)对话框,可编辑通过 Object snap 命令依附于建筑物立面的预测点及为建筑物立面贴图,见图 12-8。

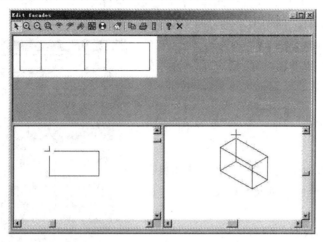

图 12-8　编辑建筑物立面

编辑立面对话框有工具栏,状态栏及所选建筑物的三个立面窗口视图。

上窗口为立面展开视图,立面展开顺序与房屋的坐标点先后顺序一致。

下窗口的左半部分为平面图,平面图中显示十字形标号的坐标点为第一个点;右半部分为立面透视图。

展开视图可以利用工具栏的放大及缩小按钮放大或缩小,平面图及立面透视图则不可以放大或缩小。

为立面贴图步骤如下(图 12-9):

① 选中要贴图的建筑,右键选择 Edit Facades(编辑立面)命令,打开编辑对话框。

② 点击工具栏的 Bitmap 对话框,将 Bitmap 插入到需要设置贴图的立面。

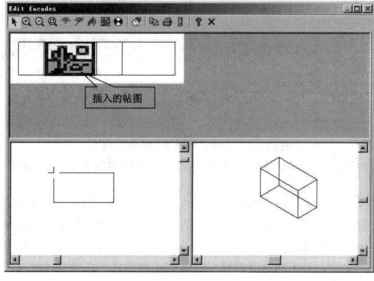

图 12-9　为建筑物贴图

③ 双击插入的 Bitmap,弹出的对话框中选择 ▭ 选择图像文件。该对话框设置与导入图像格式文件作为底图时的设置相同,具体设置见 4.4 节。

Facade Bitmap 对话框中上半部分与 Bitmap 的设置相同。

下半部分设置如下(图 12-10):

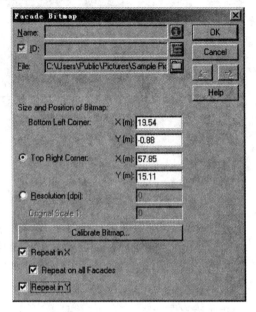

Repeat X:X 方向重复设置,选中后图像可在设置的立面自动在水平方向采用重复(非拉伸)的方式铺满。

Repeat on all Facades:在所有立面重复设置,

Repeat Y:Y 方向重复设置,选中后图像可在设置的立面自动在垂直方向采用重复(非拉伸)的方式铺满。

(2)模拟房屋不规则的顶部形式

4.3 版本开始,可以利用新增的屏障顶部结构形式(Roof Edge (3D))为房屋顶部设置不同的结构形式,举例说明如下(图 12-11)。

① 设置一个高度 10m 的长方形房屋(可利用 Section 转换为房屋建模)。

图 12-10　设置立面贴图

② 在房子内部沿房子长度方向中间位置绘制一屏障(精确建模可利用坐标建模),屏障对话框设置其顶部结构形式为 Roof Edge (3D),高度设置为 20m。

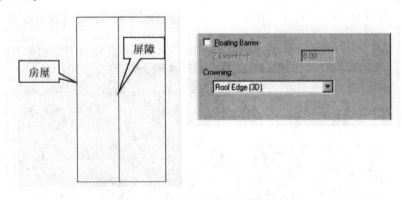

图 12-11　房屋不规则顶部形状的模拟

选择房屋,右键选择 3D (Special),可以看到三维效果图如图 12-12 所示。

另外,也可以给房屋屋顶设置贴图,在 Edit Facades(编辑立面)对话框中,选择 🏠,打开编辑顶面贴图对话框,可以像设置前文讲到的设置立面贴图一样设置顶面贴图。

• 按上述方法设置的房屋顶面,屋檐处没有"遮挡效果",为了设置屋檐处的遮挡效果,可以通过增加房坐标点,对不同的点设置不同的高度的形式予以设置。

(3)为 Railway 增加了新的属性,TRAM(对应铁路的 Tram 设置),BABS (对应属性

图 12-12 房屋不规则顶部形状的模拟的效果

Ground Absorption)。

3.进一步增加的功能

(1)Grid 菜单增加了新的选项 Compress/Decompress,Compress 可以压缩计算网格的存储数据,4.3 版本默认为压缩保存。

(2)对话框 3D-Special≫Properties:中加了新的选项"Building Noise Map"(Rectangle、Octagon、、Sphere)。可分别设置建筑物立面声场的噪声值的显示方式。

(3)Grid≫Arithmetics 选项"New Grid is Intersection of Input Grids"默认为选中。

(4)增加了新的缩写属性 PO_AREA3(闭合物体的三维顶部面积)。

(5)增加了铁路辐射频谱属性,昼间:SD_31..8000,傍晚:SE_31..8000,夜间:SN_31..8000 该属性为只读属性。

4.部分模块增加的功能

(1)BPL 模块:为了优化计算时间,可以利用字符块变量设置优化面源的噪声增量,如Name:BPL,Text:DELTA_L=1.0 即设置噪声增量计算步长为 1dB。

(2)FLG 模块,增加了新选项"Parameter Check for AzB08",按照德国飞机噪声控制法案(FlugLärmG)设置相应的机场类型。计算前,如有必要,可以设置相应的参数。

(3)FLG 模块,针对 AzB08 和 DIN 45684,可调节的跑道数(1~15)设置。

(4)FLG 模块,按照 DIN 45684,新增了选项"strictly according to DIN"(严格按 DIN 设置)。

(5)FLG 模块,按照最新的 DIN 45684,新增了选项"Use Version 2011"兼容 AzB08 的设置,模式为该选项选择。

(6)FLG 模块,选项"strictly according to DIN"选择时,不计算侧向绕射。

(7)SET 模块,当向当前文件导入的 CadnaA 文件中含有与当前 ID 名一致的 SET-S 或SET-T 的内容时,将自动产生新的对应的 ID 名称并自动关联。

5.其他功能

(1)可以通过 INI 配置文件设置 Bitmap 的根目录,[Main]BMPROOT= <default path of bitmaps>。

（2）增加了新的语言，土耳其及韩语。

（3）利用块（（Name：OPT_OLD_CALC，Text：ISO _HM_X137 ＝ 1)按 ISO9613-2 提供的算法可以重新利用距离计算的地面衰减量。

（4）通过 Option≫Appearance 隐藏的物体不再显示。

（5）当向当前文件导入的 CadnaA 文件中含有与当前 ID 名一致的声源库、声衰减库或吸声频谱库的时候，将自动产生新的对应的 ID 名称并自动关联。

（6）导入 Lima 文件的时，新增了选项"Unknown Attributes to Memo-Variables"（未知属性导入到 Memo 文本框的变量中）。

（7）导出为 ArcView 的 Shape 文件格式时，选项"Export Iso-dB Lines"，导出等值线图时，在 Grid|Apperance 中设置的等值线的颜色也一并导出。

（8）导出为 ArcView 的 Shape 文件格式时，辅助线可以选择导出为闭合或非闭合的多段线。

6. 修正的 bug

（1）Nordic Prediction Model，Road，修正了即使当道路坡度自动选择时（Road Gradient，auto），在计算噪声最大值的时候，坡度参数不起作用的情况。

（2）CRTN（UK），低流量密度的时候，也可以利用输入的小时流量进行计算（不选择 counts Q Veh. /18 h 选项）。

（3）CRN（UK），反射面的修正，根据 CRN 图表 6c，其限值为 0.8，而非之前的 0.99。

（4）NMPB 2008（F），可对声屏障输入左右侧的吸声频谱计算屏障效果。

12.1.6　4.4 版本新增功能

1. Calculation≫Configuration

（1）纳入了新的工业噪声计算标准：Nord 2000 和 NMPB08-Industry。

（2）铁路标准更新至根据 2013 年 4 月份修改的标准草案 Schall03(200X)。

（3）纳入了新的铁路噪声计算标准：NMPB08-Fer。

（4）新的飞机噪声计算标准：INM 7.0 和 ECAC 第三版。

（5）CRN（UK）模块增加了新的铁路分类（DEFRA-report）。

2. CadnaA 的物体

（1）航迹线增加了新的属性 ARTI，通过该属性值（1 或 0）分别显示航线是接近机场还是远离机场。

（2）点/线/面声源增加了新的属性 DIR_ANGLE，通过该值可设置声源相对于正北向的指向性，0 度为正北。

（3）库（Library）中增加了三维符号（3D Symbol），详见 7.5 节。

3. 进一步的功能及其他

（1）在外接三维电视或显示器上支持 3D-Special 视图的三维显示。

（2）可以通过 Options≫Tollbar confg 修改工具栏中显示的功能。

（3）计算设置中增加了新的特征词（＃SetObjAtt，CalcConf，attribute name，value）。

（4）当至少存在一个组（或通过 ObjectTree 定义组）的时候，Tables≫Group 前会显示对号。

（5）新增了命令，通过 Miscellaneous≫Open INI File 打开当前使用的 INI 配置文件。

（6）Help 菜单下新增了命令：Check for updates（检查更新），通过互联网依据目前 Cad-naA 的模块配置（采用的标准、导则、规范、声源类型等）检查是否有更新。

（7）从谷歌地球（GoogleEarth）导入图形界面增加了从谷歌地图（GoogleMaps）导入图形。

（8）Grid≫Open 菜单命令增加了打开 ArcView 的二进制文件 ESRI ASCII Grids（ * . hdr， * . flt）。

（9）增加了导入新的铁路分类（NMPB08-Fer（XML-Import））。

（10）导出文件支持导出为 ArcView 的二进制文件（ * . hdr， * . flt）。

4．CadnaA 模块

（1）飞机噪声模块增加了 INM 7.0 和 ECAC 第三版。

（2）大城市模块增加了 Lua 脚本语言，可以通过输入命令行完成计算任务或流程。

Lua 为功能强大、快速、轻量级、面相对象的可嵌入脚本语言，CadnaA4.4 版本开始在大城市模块中增加了对 Lua 脚本语言的支持，Lua 的解释器已集成在 CadnaA 软件中，可通过 Table≫ Miscellaneous≫Exucte Scripts 执行脚本语言。

脚本语言可通过最普通的文本编辑器编辑，如 Notepad 或 Notepad＋＋，建议使用 Notepad＋＋，其支持对 Lua 语言关键字的高亮显示。

Lua 语言的说明见 CadnaA 说明文档。

（3）APL 模块：通过剪贴板的复制粘贴命令，除可以完成时间输入外，还可以应用于所有声源的输入。

（4）APL 模块：更新了最新版 AUSTAL2000-release 2.5.1。

5．问题修正

（1）CRTN 模块：交通量修正同样适用于 m＜50 veh/h 的情况。

（2）根据 1996 年北欧预测模式，铁路计算中，屏障的遮挡效果进行了修正。

12.1.7　4.5 版本新增功能

1．Calculation≫Configuration

（1）计算协议（calculation protocol）扩展了功能，可以记录倍频带的计算结果。

（2）工业、道路、铁路及飞机噪声计算方法增加了 CNOSSOS-EU（Common Noise Assessment Methods）方法。

（3）完全集成了 NMPB08 的工业噪声、道路及铁路噪声预测模式。

（4）NMPB-Fer-08 规范，计算屏障衰减中考虑了 Ch 系数影响。

（5）NMPB-Fer-08 规范，可以计算屏障与列车车体的相互影响。

（6）NMPB Road（1996 and 2008）规范，可以为昼间、傍晚及夜间分别输入流量。

（7）OENORM S5011 规范，昼间、傍晚及夜间的辐射频谱输入可不同。

（8）Nordic Road 96 规范，声屏障计算模型扩展至 DeltaLts，可以考虑厚屏障的影响。

（9）Nord 2000（Industry）规范，温度梯度用°/km 表示。

(10)Schall 03（2013）规范，铁路设置中，可设置编辑列车阻尼器及列车屏障。

(11)CRTN 规范，可选择预测参数为 L_{10} 或 L_{eq}。

2．CadnaA 的物体

(1)产生标注（Generate Label），可以保存/删除用户自定义代码。

(2)Option≫Appearance 命令，可以保存或删除用户自定义颜色。

(3)Bitmpad 物体，增加了新的属性 PIXEL_X，PIXEL_Y（X 方向及 Y 方向的像素数）。

(4)建筑物立面贴图增加了选项"Save Heights relative to Roof（z）of Point 1"（保存第一个点至房顶的相对高度 Z）。

(5)Tables≫Misc≫Purge Tables 命令，从当前本地库中删除重复或未使用的 SET-S 或 SET-T 模块

(6)Receiver(预测点)新增加了属性 LAERMARTI，0 是为所有声源影响，1 为工业噪声影响，2 为道路噪声影响，3 为铁路噪声影响，4 为飞机噪声影响。

3．进一步的功能及其他

(1)Object Tree（物体管理器）和 Plot Designer（排版设置）中，可以利用鼠标拖动物体。

(2)Object Tree 对话框，当粘贴物体的时候，剪切及复制命令是可选择的。

(3)Modify Objects（修改物体）、Modify Attribute（修改属性）对话框中，当选择多个物体的时候，下拉列表中出现的命令是所选物体的共同命令。

(4)新的关键字，♯（Table，BPL_Geo），打印优化声源的几何属性。

(5)增加了新的属性 PO_COMPLEX，1：自我相交，0：与 1 正好相反。PO_UNDRGND，1：物体至少有一个点位于地形之下，0：与 1 正好相反。

(6)导入 DXF 格式的 CAD 图形时，默认激活"Import DXF -Nets as Polys"（网格作为辅助线导入）选项。

(7)64 位的 CadnaA 也支持通过 ODBC 导入数据。

(8)FLG 模块，通过选项"corridor ares"，可以将航线导出为 ArcView 格式。

(9)导出 ArcView，增加了选项"Facade Points as Polygons"（建筑物立面坐标点导出为多段线）。

(10)APL 模块：更新至 AUSTAL2000（release 2.6.11）版本。

12.2 固定缩写（Abbreviation）

12.2.1 常用缩写

CadnaA 软件常用固定缩写释义见表 12-1，该表更新至 CadnaA4.5 版本。

表 12-1　　　　　　　　　固定缩写含义

缩写形式	意义
ABS	道路两侧建筑物的吸声属性，只读属性
ABSNR	用于 RLS-90 规范，考虑建筑多层反射修正时，反射面＝0；吸声面＝1；强吸声面＝2
ABST	考虑建筑多层反射修正时，建筑物之间的平均距离，m

缩写形式	意义
ACFE01-ACFE32，ACFN01-ACFN32，ACFT01-ACFT32	飞机班组（aircraft groups）事件数，傍晚、夜间、昼间
ALFAL	左侧吸声系数
ALFAR	右侧吸声系数
ANZMAXT ANZMAXN	FLG 模块，昼间(T)或夜间(N)预测点的超标个数
ACFT_CLASS	飞机班组，应用于雷达数据，FLG 模块，只读属性
ACFT_CODE	飞机代码，应用于雷达数据，FLG 模块，只读属性
ACTIVE	交通信号灯状态,0:全不使用,1＝昼间用,傍晚夜间不用....7＝昼间傍晚夜间全用
ACTIVE_D	交通信号灯昼间状态
ACTIVE_E	交通信号灯傍晚状态
ACTIVE_N	交通信号灯夜间状态
AIRPORT	机场名字,FLG 模块
ALFAL	左侧吸声系数
ALFAR	右侧吸声系数
ALFAW	按 ISO 11654 的计权吸声指数
APBEZX	FLG 模块,x 坐标,右侧
APBEZY	FLG 模块,y 坐标,上侧
AREA	面积(平方米)
area_i	Object-Scan 模块,闭合物体在某窗口中的面积比例
area_p	Object-Scan 模块,所有某类闭合物体的面积
area_w	Object-Scan 模块,窗口面积,单位:m^2
ART	land use 的缩写(短名)
ART_AUTO	自动确定土地类型
ARTI	land use 的标志量,整数,0 ＝未使用;1 ＝土地类型下拉框中第一个选项,以下类推对 FLG 模块: 航线类型,0:起飞航线,1:降落航线 飞机的辅助动力装置运作类型,0:起飞,1:降落,2:发动机测试
ARTL	land use 的全名
ART_AUTO	指定土地类型
AUTO	仅用于程序内部使用

缩写形式	意义
AUTOVAL	是否自动更新数值（桩号标注框及数值标注框），""：否，"X"：是
AUTOWINKEL	是否自动更新角度（桩号标注框），""：否，"X"：是
B	房屋密度（%）
BABS	地面吸声系数 G
BASISQ	Power Plant 模块，基本声源
BELE	停车场占用率（%），傍晚
BELN	停车场占用率（%），夜间
BELT	停车场占用率（%），昼间
BEWA_i BEWB_i BEWC_i BEWD_i	用于结果表（Result Table），A—，B—，C—，D—计权（31.5 Hz：i=0, 63 Hz：i=1, 125 Hz：i=2, ... 8000 Hz：i=9）
BEWE	停车场每小时事件数，傍晚 FLG 模块：起降数，傍晚，只读属性
BEWERT	频谱计权方式，线性计权（—）；A 计权（A）；B 计权（B）；C 计权（C）；D 计权（D）
BEWN	停车场每小时事件数，夜间 FLG 模块：起降数，夜间，只读属性
BEWT	停车场每小时事件数，昼间 FLG 模块：起降数，昼间，只读属性
BEZ	物体名称
BEZ_F	停车场：每个参考量（如 1m² ）的停车数
BEZGR	停车场：停车位数量/参考量（如 1m² ）的数量
BEZRAW	仅用于程序内部使用，不可访问
BOLD	文字是否加粗，""：否，"X"：是
BOXL/R/T/B	位图左下角及右上角的参照坐标
BTYP	建筑群的衰减类型，只读属性
BTYPNR	建筑群的衰减类型，0=att, 1=ind, 2=Scat
C01 — C13	自定义列车的属性
CANTI_HORZ	折臂型声屏障水平折向长度，米
CANTI_VERT	折臂型声屏障垂直折向长度，米
CENTER_X	ObjectScan 模块，房屋中心点的 x 坐标
CENTER_Y	ObjectScan 模块，房屋中心点的 y 坐标
CENTER_ANG	ObjectScan 模块，房屋中心点与房屋立面预测点的角度，正北向 = 0 度

缩写形式	意义
CLASSMANU	手动输入(雷达航道),on="x",off=""
CLASSMANUI	手动输入(雷达航道),on=1, off=0
CLOSED	辅助线,""=非闭合,"X"=闭合
CROWN	屏障顶部型式类型,0...5
CRTN_HGV	CRTN,道路类型,大货车比例
D1....D10	power plant 模块,衰减 1 到 10
DAEMPF	建筑或草地的衰减量,dB/100m
DAT_VON/DAT_BIS	日期间隔
DATA	FLG 模块,雷达航道数据,日期格式:dd:mm:yyyy
DBEB;DBEW	RLS90 规范,草地及房屋产生的衰减
DBEB_L;DBEB_R	RLS90 规范,道路左侧或右侧房屋之间的距离
DBR	桥梁修正量
DBUE	铁路十字交叉口修正量,(dB)
DEN_NUM	预测量,LP1 至 LP4
DFB	铁路轨道修正量,(dB)
DH	FLG 模块,单元航线长度的高度斜率
DIESEL	柴油车全功率运行,CRN 规范,on/off
DIFFK	power plant 模块,扩散修正
DIR_ANGLE	指向性方向,北向为 0,顺时针正数
DIR_AUTO	1 =自动;0 =手动,用于声源的 x, y, z 的指向性输入
DIR_TAUS	烟囱出气温度,℃,默认指向性为"Chimney"
DIR_TYP	已存储的指向性名字
DIR_VAUS	烟囱出口风速,m/s,默认指向性为"Chimney"
DIR_VX(_VY,_VZ)	指向性因子坐标 x, y, z
DISC	仅用于内部应用
DISCNR	仅用于内部应用
DISP_TEXT	在标注框中对属性的引用将被属性值替代,如引用 PO_LEN 将显示物体的实际长度
DISTANCE	测量距离,m,用于声功率计算 Lw from Lp + distance + sphere partition
DMP	点、线或面声源的衰减
DP	停车场类型修正
DRA	铁路曲线半径修正
DREFL	道路两侧由房屋形成的多次反射修正量,(dB(A))

缩写形式	意义
DSTRO	路面修正量,(dB(A))
DTV	平均每天车流密度
DURCH	直径,m
DV	FLG 模块,单元航线长度的速度斜率
DZ	FLG 模块,单元航线长度的高度斜率(垂直方向)
EGHOCH	地面高度
EINFB	FLG 模块,交错区域起点
EINFE	FLG 模块,交错区域终点
EINW	房屋居民数,某一土地类型的居民数
EMI	停车场计算的文献或标准,1...7,只读属性
EMINR	停车场计算的文献或标准,1...7,只读属性
EXCL	计算前排除,(x = 选择该选项)
FAC_AREA	ObjectScan 模块,与侧面预测点(faced point)对应的侧面面积,m²
FAC_EINW	ObjectScan 模块,每单位立面长度的居民数
FAC_EINW_V	ObjectScan 模块,根据德国 VBEB 规程,每个侧面预测点对应的居民数
FAC_LEN	ObjectScan 模块,与侧面预测点对应的侧面长度,m
FAC_NR	ObjectScan 模块,从第一个侧面预测点至最后一个侧面预测点计数,FAC_NR=1,FAC_NR=2 等等
F_COLOR	颜色代码,如 RGB(255,0,0)为红色
F_COLORB	颜色代码的蓝色部分,0...255
F_COLORG	颜色代码的绿色部分,0...255
F_COLORR	颜色代码的红色部分,0...255
F_COLORX	颜色代码,十六进制数字
F_STYLE	多段线的填充的类别,0...X
F_TRANSP	辅助线的透明属性,on="1", off="2"
FAC_AREA	ObjectScan 模块,立面预测点对应的立面面积
FAC_EINW	ObjectScan 模块,
FAC_EINW_V	ObjectScan 模块,根据德国 VBEB,指定立面预测点的居民数
FAC_LEN	ObjectScan 模块,对应建筑物立面预测点的二维长度
FAC_NR	ObjectScan 模块,建筑物从第一个坐标点到最后一个坐标点的编号,FAC_NR=1,FAC_NR=2 等
FB	铁路轨道类型,只读属性

缩写形式	意义
FBABST	标准横截面,用于道路,SCS/distance(m)
FBNR	铁路轨道类型对应的数字,1...X
FILE	Bitmap 的文件路径及名称
FLAECHE	发声面积,平方米
FLAECHK	power plant 模块,面积修正
FLOW	NMPB,流量类型,只读属性
FLOWNR	NMPB,流量类型对应的数字,0...3
FONT	文本字符对应的文字名字
FONTCOLOR	文本颜色
FONTCOLORB	文本颜色的蓝色部分,0...255
FONTCOLORG	文本颜色的绿色部分,0...255
FONTCOLORR	文本颜色的蓝色部分,0...255
FONTCOLORX	文本颜色,16 进制
FONTSIZE	字体大小,mm
FONTSIZEPT	字体大小,点数
FREQ	主导频率,Hz
GEN_RAYS	预测点的声线生成辅助线,on ="x", off = ""
GLOBAL	辅助线的全局属性,on ="x", off = ""
GRENZT/GRENZN	噪声限值 昼间/夜间
GRENZ1...GRENZ4	预测参数 LP1 到 LP4 所对应的噪声限值
GROUND	物体的地面高度
GROUND_ATT	物体的地面高度,I = 输入的高度(m);H = 利用紧邻点高度;other = 利用 DTM(地形)计算的高度,适用于点状物体
GWT/GWN	land use 的最大值或预测点的最大值
H	物体高度,m
H0	FLG 模块,航迹的第一个点高度
HA	物体第一个点高度,m
HA_ATT	物体起始点高度属性,r = 相对高度 a = 绝对高度,g = 高于屋面高度,h = 输入每一个点绝对高度,hg = 输入每一个点绝对高度/地面高度
HBEB_L;HBEB_R	道路左侧或右侧房屋平均高度,m
HB_LPT	房屋预测(building evaluation)噪声值,昼间及夜间
HB_GW1..4	建筑物立面声场,每个预测参数的标准限制,1..4
HB_LP1..4	房屋不同侧面噪声预测值(building noise level,对应预测量 1...4)

缩写形式	意义
HB_GWT	建筑侧面噪声（building evaluation）预测最大值，昼间
HB_GWN	建筑侧面噪声（building evaluation）预测最大值，夜间
HBEB	道路两侧房屋平均高度，m，用于计算道路两侧房屋产生的反射声影响时使用
HB_LPMINT/ HB_LPMINN	房屋预测（building evaluation）噪声最小值，昼间及夜间
HB_LPMIN1 .. 4	房屋不同侧面噪声预测值的最大值，对应预测量 1...4
HE	物体的最终高度，m
HE_ATT	物体最终点高度属性，r ＝ 相对高度 a ＝ 绝对高度，g ＝ 高于屋面高度，h ＝ 输入每一个点绝对高度，hg ＝ 输入每一个点绝对高度/地面高度
HO	FLG 模块，航线高度
HORZ	ObjectScan 模块，每个网格点的水平网格值
HREL	高于地面的相对高度，m
ID	标志符
ITALIC	文本是否斜体，on＝"x"，off＝""
int_lo	Object-Scan，某个间隔的下限值
int_hi	Object-Scan，某个间隔的上限值
K0	指向性因子，K0
KANK	管道修正，电厂模块
KE	傍晚修正量
KILO	道路或铁路的第一个点对应的桩号值
KILO_DESC	桩号排序属性，升序 ＝ 0，降序 ＝ 1
KN	夜间修正量
KRBREITE	堤岸（Embankment）的顶部宽度，m
KT	昼间修正量
L	文本框长度
L_COLOR	线的颜色
L_COLORB	线的颜色，蓝色部分，0...255
L_COLORG	线的颜色，绿色部分，0...255
L_COLORR	线的颜色，红色部分，0...255
L_COLORX	线的颜色，16 进制
L_STYLE	辅助线的线条样式，0...X
L_WIDTH	辅助线的线条宽度，mm
Lden	全天等效噪声值，d＝昼间，e＝傍晚，n＝夜间

缩写形式	意 义
LAERMART	噪声类型,road/railway/industry/aircraft/total 等
LAERMARTI	噪声类型,0:全部,1:工业噪声,2、道路噪声,3、铁路噪声,4:飞机噪声
LAT	FLG 模块,纬度
LB_IN_M	设置 scale of dimensions 状态" "=off,"x"=on,应用于文本框等,选中时,文本将随比例尺的变化自动缩放
LEN	物体长度,m
len_i	Object-Scan 模块,合闭或非闭合物体在某窗口中的比例
len_p	Object-Scan 模块,某类物体物体的长度(如果是闭合物体则代表周长)
LIN/LIT	室内声压级,(dBA),夜间/昼间
LIBZZ	对应于铁路设置框中的 train class 表中的列车类型及数量
LMEN	夜间辐射声级,(dB)
LMET	昼间辐射声级,(dB)
LMINT/LMINN/ LMAXT/LMAXN	最小值,昼间/夜间,最大值,昼间/夜间
LMEE	道路/铁路的辐射声级,傍晚
LMEE_RO	傍晚列车辐射 A 计权噪声级(仅应用于铁路特定标准下的设置,如 SRMⅡ规范),只读属性
LMEN	道路/铁路的辐射声级,夜间
LMEN_RO	夜间列车辐射 A 计权噪声级(仅应用于铁路特定标准下的设置,如 SRMⅡ规范),只读属性
LMET	道路/铁路的辐射声级,昼间
LMET_RO	昼间列车辐射 A 计权噪声级(仅应用于铁路特定标准下的设置,如 SRMⅡ规范),只读属性
LMINN , LMINT	BPL 模块,夜间、昼间声级
LON	FLG 模块,经度
LPMINT/LPMINN	房屋立面预测点(building evaluation)中的最小值,昼间/夜间
LP1_31 .. LP1_8000 to LP4_31 .. LP4_8000	预测点预测参数 1～4 的频谱值
LPMIN1 .. 4	预测点 1～4 预测参数的预测最小值
LPT/LPN	预测点昼间声级/夜间声级
LPT<n>LPN<n>	由数字<n>所代表的变量 n(variant)状态下的的昼间/夜间声级 如 LPTV01(或 LPT01)为 V01 变量下的昼间声级

缩写形式	意义
LPT_$<n>$	与上述类似,只是$<n>$代表的为相应频率的参考量,00=31.5,01=63,02=125,03=250,04=500,05=100,06=2000,07=4000,08=8000 如 LPT_01 为频率为 63HZ 时的昼间噪声值, LPTV01_01 为 V01 变量下频率为 63HZ 时的昼间噪声值
LUECK_L;LUECK_R	房屋之间的空隙比例,左侧/右侧
LW_LI	室内声压级,声功率级或每单位长度或单位面积声功率级
LWA	目前尚不可引用
LWA_I1 .. 9	SET 模块,1~9 对应的输入声功率级
LWA_O1 .. 9	SET 模块,1~9 对应的输出声功率级
LWAE	停车场的 A 计权声功率级,傍晚
LWAN	停车场的 A 计权声功率级,夜间
LWAT	停车场的 A 计权声功率级,昼间
LWE	声功率级,(dB(A)),傍晚
LWLIN	电厂模块,线性计权声功率级,只读属性
LWN	声功率级,(dB(A)),夜间
LWSE	每单位长度或单位面积声功率级,(dB(A)),傍晚
LWSN	每单位长度或单位面积声功率级,(dB(A)),夜间
LWST	每单位长度或单位面积声功率级,(dB(A)),昼间
LWT	声功率级,昼间
LWTYP	声功率级; L_l= 室内声压级,L_w= 总声功率级 $L_{w'}$:单位长度声功率级,$L_{w''}$:单位面积声功率级 PQ:移动点声源的声功率级
M	集中建筑群(Built-up Area)边长的倒数,1/m
M00 .. M23	每小时车流量(全天 24 小时流量输入状态,diurnal pattern)
MARK	激活状态(用标识符表示:激活 +;不激活 -)
ME	每小时车流密度,傍晚
MEMO	信息框窗口(memo-window)的内容
MEMOTXTVAR	信息框窗口(memo-window)的文字变量
MKE	Switzerland 规范,模型修正,傍晚
MKN	Switzerland 规范,模型修正,夜间
MKT	Switzerland 规范,模型修正,昼间
MN	每小时车流密度,夜间

缩写形式	意义
MON_GFZ	大城市模块,容积率(建筑面积/用地面积)
MON_LOKAL	大城市模块,本地经济数据,on＝"1",off＝"",对应 area of designated land use 设置中的 monetary data local 选项
MON_MIET	大城市模块,每平方米租金,对应 area of designated land use 设置中的 Rental /m^2/a 的数据
MON_MIND	大城市模块,租金损失率,对应 area of designated land use 设置中的 Rental abatement 的数据,租金损失率为增加 1dB(A)所对应的租金减少比例,如 0.01 表示没增加 1dB(A)噪声,租金降低 1%
MOTORWAY	CRTN 模块,道路类型,on/off
MT	每小时车流密度,昼间
N_31－8000	频谱,夜间
NACHT	夜间时段信号灯起作用
NAIND	land-use 中 industry 对应的噪声限值
NASTR	land-use 中 roads 对应的噪声限值
NASCH	land-use 中 aircraft noise 对应的噪声限值
NAFLG	land-use 中 aircraft noise 对应的噪声限值
NEARFIELD	近场修正量,dB,(用于计算声功率:Lw from Lp＋area＋nearfield correction)
NEIG	堤岸(embankment)的边坡斜率
NO_K1	K1 修正
NORM_A	代表归一化 A 声级,如果空白则表示不归一化
OBJ_HANDLE	物体句柄,程序内部物体编码,只读属性
ONLY_PTS	等高线"use points as height points"选项,on＝"1",off＝""
P00 .. P23	道路每小时的大车比例,对应 diurnal pattern
PART	停车场类型,只读属性
PARTNR	停车场类型对应的数字编号,1...X
PE	大车比例 %,傍晚
PLAE, N, T	低噪声卡车比例(RVS 规范)或大巴比例(TNM),傍晚、夜间、昼间
PLE, N, T	轻型货车比例(RVS 规范),傍晚、夜间、昼间
PLLAE, N, T	低噪声轻型货车比例(RVS 规范),傍晚、夜间、昼间
PMCE, N, T	机动车比例(TNM 规范),傍晚、夜间、昼间
PN	大车比例 %,夜间
PO_AREA	闭合多段线的面积,m^2
PO_AREA3	闭合物体的三维顶部面积,m^2

缩写形式	意义
PO_CENTERX	物体质心的 x 坐标
PO_CENTERY	物体质心的 y 坐标
PO_CLOCK	物体坐标点的序列顺序,顺时针=1,逆时针=0
PO_HABS	物体所有坐标点高度的平均值(z 坐标求和后/坐标点数)
PO_HABSMIN	物体所有坐标点高度的最小值(对 height at every point 有效)
PO_HABSMAX	物体所有坐标点高度的最大值(对 height at every point 有效)
PO_HGND	多段线所有坐标点地面高度的平均值(地面高度求和/坐标点数)
PO_HGND_P1	物体第一个点对应的地面高度
PO_HGNDMIN	物体所有坐标点最小地面高度
PO_HGNDMAX	物体所有坐标点最大地面高度
PO_HREL_P1	物体第一个点的相对高度
PO_LEN	多段线的长度(m)
PO_LENAREA	开放式多段线的长度(m)或闭合多边形的面积(m²)
PO_PKTANZ	物体的坐标点个数
PPLTYP	RLS 规范或 VDI 规范,停车场类型
PPLTYPI	标志量,0=RLS 规范,1=VDI 规范
PQ_ANZE, N, T	每小时点声源数量,对应于线声源的 PWL-Pt 源强输入方式,傍晚、夜间、昼间
PQ_V	点声源的移动速度,对应于线声源的 PWL-Pt 源强输入方式
PREC	预测值标注框及桩号标注框的精度
PSLAE, N, T	低噪声卡车的比例,傍晚、夜间、昼间
prop	Object-Scan 模块,在某窗口(Window)中的比例(如果是闭合体指面积比例,如果是非闭合物体指的是长度比例)
prop_l	窗口中开放或闭合物体的长度比例
PT	大卡车比例,% 昼间,
QTYP	power plant 模块,声源类型 点源=KU;线源=LI;面源=FH;垂直面源=FV
QUELLE	数据源(libraries)
R_31-8000	衰减系数 R(dB),频率范围 31.5 到 8000 Hz
RA	铁路轨道曲线半径,只读属性
RAHMEN	文本标注框的边框选择属性""=off,"x"=on
RB_LME	代表道路源强输入中的单选框(通过 LmE 输入时=0,输入 DTV=1,输入 M/p=2)
RICHTW	指向性名称
ROUND	取整值

缩写形式	意义
RQ	道路标准横断面
RVL	反射损失,左侧
RVR	反射损失,右侧
RVX	FLG 模块,发动机运行时,辐射指向性,X 向
RVY	FLG 模块,发动机运行时,辐射指向性,Y 向
RVZ	FLG 模块,发动机运行时,辐射指向性,Z 向
RW	衰减系数 R (dB)
RWY	机场跑道,只读属性
S_31…8000	频谱范围 31.5 to 8000 Hz (export) 说明:与通过 ODBC 的导入无关,后者用:SIN_31…8000!
S000_63 .. 180_8000	各频率的指向性角度
SD_31..8000, SE_31..8000, SN_31..8000	铁路辐射频谱值,昼间、傍晚、夜间,只读属性
SET_ID	本地 SET-S 模块的 ID,只读属性
SET_ID_BEZ	本地 SET-S 模块的名称,只读属性
SET_PARM_A .. _J	本地 SET-S 模块的参数值,A .. J
SIGMA	声源的标准偏差,dB
SIN_31…8000	从 31.5 到 8000 Hz (import) 的频谱
SPHEREPART	球形空间修正 % (应用于:Lw from Lp + distance + sphere partition 计算)
SP<n>	结果表(result table)中的列,<n>为相应列编号, 如 SP4 为结果表中第 4 列内容,列计数时不可见列也一并统计
SSCR_ADDWID	应用于 road's sel-fscreening 中,道路附加宽度,也适用于铁路
SSCR_AW_L	道路最左侧绕射边距最左侧行车道中线距离,m
SSCR_AW_R	道路最右侧绕射边距最右侧行车道中线距离,m
SSCR_H_R SSCR_H_L	应用于 road's self-screening 中,左侧 t (L) 及 右侧 t (R) 防撞墙的高度,也适用于铁路
SSCR_ONLYGA	应用于 road's self-screening 中,考虑地面吸声时的自我遮挡(起作用＝1,不起作用＝0)
SSCR_ST_B	self-screening 选项选中后的起始桩号
SSCR_ST_E	self-screening 选项选中后的截止桩号
ST_BIS	仅内部应用
ST_BIS_INT	仅内部应用

缩写形式	意义
ST_VON	仅内部应用
ST_VON_INT	仅内部应用
STEIG	道路坡度,%; 固定字符串:VA,AV,AA,VV 代表道路行车道组织方式
STEIG_AUTO	道路方向类型,0 = 输入,%,1=VA,2=AV,3=AA,4=VV
STELL	停车场的停车位个数
STHOCH	楼层之间高度
STRGATT	道路类型
STRGATTNR	道路类型(内部编号)
STRIKEOUT	文本是否为删除线,""=off,"X"=on
STRO	道路路面结构标识(目前仅用于输出)
STRONR	道路路面结构编号
STYPI	频谱类型,(0 = Li; 1 = Li from interiour sources; 2 = Lw; 3 = Lw calculated from Lp + area + nearfield correction; 4 = Lw calculated from Lp + area + nearfield correction)
T_AUSTRITT	电厂模块,排烟温度
T_31-8000	频谱,昼间
TAG	昼间信号灯起作用
TAKTMAX	指定时间段内最大噪声修正值(空白为无修正)
TAXI	FLG 模块,出租车道路
TEINWN	夜间运行时间(min)
TEINWR	傍晚运行时间(min)
TEINWT	昼间运行时间(min)
TEINW_OK	激活运行时间,1 = on, 0 = off
TEXDEP	道路面层厚度,TNW 规范
THROTTLE	TNW 规范,对应道路选项中的"throttle"选项
TIME	FLG 模块,雷达数据,时间,格式:hh:mm:ss
TOTD,TOTN	总噪声级,昼间,夜间
TOT_AREA	ObjectScan 模块,与侧面预测点对应的侧面面积之和
TOT_AREA_N	ObjectScan 模块,当选项"Additional Free Space"不选中时侧面预测点对应的侧面面积之和
TOT_EINW	与侧面预测点对应的居住功能房屋的总数
TOT_FAC	ObjectScan 模块,侧面总数

缩写形式	意 义
TOT_FACPTS	ObjectScan 模块,侧面预测点总数
TOT_FACP_N	ObjectScan 模块,侧面预测点总数,其中不考虑 "Additional Free Space" 未激活的侧面
TOT_LEN	ObjectScan 模块,与侧面预测点对应的侧面长度之和
TOT_LEN_N	ObjectScan 模块,当选项"Additional Free Space"不选择时侧面预测点对应的侧面长度之和
TRAM	铁路按 NMPB-Fer 规范的"Tram"选项,1=on, 0=off
TRANSP	声学透明度 (%)
UNDERLINE	文本框的下划线属性,""=off,"x"=on
USE_PCALC	building evaluation 的"use different calculation point"选项,on = "x", off =""
VAL	保持预测值标注框及桩号标注框的值不变
V_AUSTRITT	排风速度,电厂模块
VERT	ObjectScan 模块,每个网格点的网格宽度
VLKW	大卡车速度
VLKWD	大卡车速度,昼间
VLKWE	大卡车速度,傍晚
VLKWN	大卡车速度,夜间
VMAX	道路的最大车速单选框,"" = inactive,"XXX" = active
VPKW	客车速度
VPKWD	客车速度,昼间
VPKWE	客车速度,傍晚
VPKWN	客车速度,夜间
W	FLG 模块,下降角度
WG	房屋表质量,x(相当于选择)= 居民房屋,否则为非居民房屋
WG_NUM	1 =居民房屋,0 = 非居民房屋
WINKEL	旋转角度
WKNICKN, WKNICKT	BPL 模块,临界点及利用率,昼间、夜间
X	X 坐标
X1	power plant 声源的坐标
X2	power plant 声源的坐标
y	Y 坐标
Y1	power plant 声源的坐标
Y2	power plant 声源的坐标

缩写形式	意义
YEAR	Czech 道路预测规范,参考年
Z_AUSD	垂直面声源从顶部向下沿 Z 方向的长度
Z1	power plant 声源的坐标
Z2	power plant 声源的坐标
ZAUSD	屏障从顶部向下的延伸长度
ZKLST_ASC	列车等级列表,ASCII 格式
ZYL_MX	圆柱体中心点 x 坐标
ZYL_MY	圆柱体中心点 y 坐标
ZYL_R	圆柱体半径,m

12.2.2 Result table 使用的缩写

结果表可以显示单个预测点或建筑物立面声场各立面测点的预测结果,通过结果表对话框的 Edit 命令,可以自定义各列内容及属性。

主要表达式意义见表 12-2。

表 12-2　　　　　　　　　结果表缩写含义

表达式	意义
user defined	选中 user defined(用户自定义)后,可以输入用户自定义内容
String variable	选中 String variable(字符串变量)后,可以输入默认字符串变量或用户自定义变量
Name	预测点名称
ID	预测点 ID
Coordinates：X	预测点的 X 坐标
Coordinates：Y	预测点的 Y 坐标
Coordinates：Z	预测点的 Z 坐标
Coordinates：Ground	预测点对应的地面高度
Axis：Station	预测点对应的线声源(道路、铁路)的桩号
Axis：Distance	预测点距离线声源(道路、铁路)的垂直距离
Axis：Height Difference	预测点与线声源(道路、铁路)的高差
Axis：Emission Day	紧邻线声源(道路、铁路)的辐射源强,昼间
Axis：Emission Night	紧邻线声源(道路、铁路)的辐射源强,夜间
Axis：Emission Evening	紧邻线声源(道路、铁路)的辐射源强,傍晚
Axis：Name	紧邻预测点的线声源的名称
Axis：ID	紧邻预测点的线声源的 ID

表达式	意义
Land Use	单个预测点或建筑物立面预测点对应的 Land Use
Limiting Value Day	根据 Land Use 选项对应的预测噪声限制,昼间
Limiting Value Night	根据 Land Use 选项对应的预测噪声限制,夜间
Level Day)	预测点的预测值,昼间
Level Night	预测点的预测值,夜间

当选中"user defined"后,可以用于的变量如下:

表 12-3   user defined 的缩写含义

表达式	意义
LP1 to LP4	预测点对应的预测参数 1~4,在 Calculation≫Configuration≫Evaluation Parameters 设置
LP1V$<$n$>$ to LP4V$<$n$>$	n 为预测变量编号,预测变量对应的预测参数,如 LP1V03 为预测变量 V03 对应的预测参数 1,预测变量在 Table≫Virant 设置,默认情况下,预测参数 1、2 为昼间、夜间噪声
LP1_$<$n$>$ to LP4_$<$n$>$	与上述类似,但 n 为频率编号,00 = 31.3 / 01= 63 / 02 = 125 / 03 = 250 / 04 = 500 等,如 LP1V03_02 为预测变量 V03 对应下的预测参数 1 的 125hz 的预测结果
GW1 to GW4	预测参数 1~4 的噪声限制
SP$<$n$>$	Result Table 表中第 n 列的值,如 SP3 为 Result Table 表中第 3 列值。

当选中"String Variable"后,可以应用的变量如表 12-4 所示。

表 12-4   String Variable 的缩写含义

表达式	意义
BEWA_i BEWB_i BEWC_i BEWD_i	A、B、C、D 计权对应的频率下的噪声值,i 对应频率,31.5 Hz:i=0, 63 Hz:i=1,125 Hz:i=2, ... 8000 Hz:i=9
DIR	角度 0°~360°,0°为正北方向
FASSNR	Building Evaluation 立面预测点位置(相当于预测断面位置)的编号。 如正方形房屋,每个边有 4 个立面预测点位置),则共有 20 个立面预测点位置,如果房屋有 5 层,则每个预测点位置有 5 个不同高度的预测点。
HIRI	方向表征量,一个字母表示,N—北方,O—东方,S—南方,W—西方)
HIRI2	方向表征量,二个字母表示,如 NW:西北方,SE:东南风
STW	楼层标识,(地面=0,1 层=1,2 层=2 等)

12.2.3 Building Noise Map 使用的缩写

Building Noise Map 使用的缩写见表 12 - 5。

表 12 - 5   Building Noise Map 的缩写含义

表达式	意义
r0	代表水平声场预测值
r01 to r04	预测参数 LP1～LP4 对应的值，r01 即为 LP1 值.... r04 即为 LP4 值
x，y，z	预测点的坐标
g	预测点的地面高程

12.2.4 Grid Arithmetics 使用的缩写

Grid Arithmetics 使用的缩写见表 12 - 6。

表 12 - 6   网格计算中的缩写含义

表达式	意义
R0	当前计算的网格值，对预测参数 1～4 都有效
R01 to R04	计算参数 1～4 对应的预测值
R0g	当前的地面高程值
R1	通过文件导入的 R1 网格
R11 to R14	通过文件导入的 R1 网格对应的预测参数 1～4 的值
R1g	通过文件导入的 R1 网格对应的地面高程
R2	通过文件导入的 R1 网格
R2g	通过文件导入的 R2 网格对应的地面高程
R3 to R6	具体含义见上

部分例子如表 12 - 7 所示。

表 12 - 7   网格计算中的缩写含义的部分例子

表达式	意义
r0＋1	当前的计算网格值加 1，此处 r0 适用于预测参数 1～4，只要在对应的预测参数前勾选确认即可
r01＋1	预测参数 1 对应的预测值加 1
r1－－r0	r1 网格对应的值能量减当前网格计算值(用于预测参数 1～4)
r0＋＋r1	当前网格对应值能量加 r1 网格对应的值(用于预测参数 1～4)
r01－r1g	当前网格预测参数 1 的值减 r1 网格对应的地面高程值
r01＋＋r13	当前网格对应的预测参数 1 能量加 r1 网格对应的预测参数 3

12.2.5　Protocol 中使用的缩写

（1）Calculation≫Protocol 中勾选 Write Protocol

选择 Edit 可以使用的参数如下：

Bez：声源名称

ID：声源 ID

X、Y、Z 声源坐标（m）

Ground：地面高程（m）

ReflOrd：反射次数

LxT：声功率级，昼间 [dB(A)]

LxN：声功率级，夜间 [dB(A)]

L/A：声源的长度 L（m）或面积 A（m^2），对点声源 = 1

Dist：声源至预测点的距离（m）

hm：声线高于地面高度的平均值（m）

Freq：中心频率（Hz）

Adiv：几何发散衰减（dB）

K0b：指向性因子，见 ISO 9613－2，dB

Agr：地面衰减（dB）

Abar：屏障衰减（dB）

z：声程差（m）

Aatm：气象衰减（dB）

Afol：草地衰减（dB）

Ahous：集中建筑群引起的衰减（dB）

Cmet：气象修正，昼间（dB）

CmeN：气象修正，夜间（dB）

Dc：指向性修正（dB）

RL：反射损失（dB）

LrT：昼间分段计算的噪声值 [dB(A)]

LrN：夜间分段计算的噪声值 [dB(A)]

（2）ISO 9613 规范

Lw：声功率级别（dB）

Dt：声源运行时间的时间修正（dB）

K0：声源位置修正（dB），见 ISO 9613－2，dB

Dc：指向性修正（dB）

Adiv：几何发散衰减（dB）

Aatm：大气衰减因子（dB）

Agr：地面衰减（dB）

Afol：草地衰减（dB）

Ahous：集中建筑群引起的衰减（dB）

Abar：屏障衰减（dB）

Cmet：长期平均气象修正（dB）

（3）VDI 2714/2720 规范

Lw：声功率级（dB）

Dt：声源运行时间的时间修正（dB）

K0：声源位置修正（dB）

Di：声源指向性因子（dB）

Ds：几何发散衰减（dB）

Dl：大气吸收因子（dB）

Dbm：气象及地面衰减（dB）

Dd：草地衰减（dB）

Dg：房屋衰减（dB）

De：屏障衰减（dB）

Dlang：长时间平均值修正（dB）

（4）RLS90 规范

Lm,E：道路源强 [dB(A)]

Drefl：由于道路两旁建筑多次反射引起的噪声增加量（dB）

K：交通信号灯引起的修正量（dB）

L*m,E：停车场 25m 处的噪声值（dB）

Ds：几何发散衰减（dB）

Dbm：气象及地面衰减（dB）

Dz：屏障衰减（dB）

（5）Schall03 200X 规范

Lw：声功率级 [dB(A)]

K0：声源位置修正（dB），见 ISO 9613-2，dB

Dc：指向性修正（dB）

Adiv：几何发散衰减（dB）

Aatm：大气吸收因子（dB）

Agr：地面衰减（dB）

Afol：草地吸声衰减（dB）

Ahous：房屋引起的衰减（dB）

Abar：屏障衰减（dB）

Cmet：长期平均气象修正（dB）

其他规范常用的缩写见帮助手册。

12.3　RLS-90 交通噪声预测模式

车辆产生的噪声的源强 $L_{m,E}$ 定义为：

$$L_{m,E} = L_m^{(25)} + D_v + D_{stro} + D_{stg} \tag{12-1}$$

式中 $L_m^{(25)}$ 为自由声场中,距车道中心线水平距离 25m、高度 2.25m 处平均声级:

$$L_m^{(25)} = 37.3 + 10 \times \lg[M \times (1 + 0.082 \times p)] \tag{12-2}$$

其中,M 为单车道道路小时平均车流量,对于多车道道路,计算最外侧 2 条车道,每条车道流量为 $M/2$;p 为 2.8 吨以上车辆(相当于大型车)占有百分比。

D_v —— 不同车速的声级修正;

D_{Stro} —— 不同道路表面的声级修正;

D_{stg} —— 不同坡度的声级修正。

交通噪声影响声级

计算多车道道路声级,假定最外侧 2 条车道中心线位置、高度 0.5m 处为 2 个线声源,分别计算后叠加得到道路噪声的平均声级 L_m:

$$L_m = 10 \times \lg[10^{0.1 \times L_{m,n}} + 10^{0.1 \times L_{m,f}}] \tag{12-3}$$

式中,$L_{m,n}$、$L_{m,f}$ 分别为距预测点最近、最远车道的平均声级。对于单车道道路最近、最远车道的位置相同。单一车道声级用 L_{mi} 表示:

$$L_{m,i} = L_{m,E} + D_l + D_s + D_{BM} + D_B \tag{12-4}$$

式中 $L_{m,E}$ —— 车辆产生的噪声源强;

D_l —— 不同小段长度的修正,$D_l = 10 \times \lg(l)$,即计算中将线声源微分为各小段做为点声源,每小段的长度;

D_s —— 距离发散及空气吸收引起的衰减,

$$D_s = 11.2 - 20 \times \lg(s) - s/200; \tag{12-5}$$

s 为声源至预测点的距离

D_{BM} —— 不同地面吸声引起的衰减,当为吸声型地面时:

$$D_{BM} = (h_m/s) \times (34 + 600/s) - 4.8 \leqslant = 0 \tag{12-6}$$

式中 h_m —— 传播路径的平均离地高度,单位 m

s —— 噪声传播距离,单位 m。

D_B —— 不同地形、建筑物引起的修正。

另外,该模式可考虑道路两侧建筑物多次反射的影响,如经过城区的道路,道路两侧往往分布有密集建筑,由于噪声的"镜像"原理,噪声会在建筑间来回反射,最终导致噪声增加,计该修正量为 ΔL,其值为:

两侧建筑物表面为反射表面时:

$$\Delta L = 4H_b/w \leqslant 3.2 \quad \text{dB} \tag{12-7}$$

两侧建筑物表面为一般吸声型表面时:

$$\Delta L = 4H_b/w \leqslant 1.6 \quad \text{dB} \tag{12-8}$$

两侧建筑物表面为全吸声型表面时:

$$\Delta L \approx 0 \quad \text{dB} \tag{12-9}$$

式中 w —— 为线路两侧建筑物反射面的平均间距,m;

H_b—— 为道路两侧建筑物的平均高度,m。

如果障碍物位于声源和预测点之间,计算中将考虑屏障引起的衰减

$$D_z = 10\lg(3 + 80 \times z \times K_w) \tag{12-10}$$

其中:

$$Z = A + B + C - s \tag{12-11}$$

$$K_w = \exp[(-1/2000\,(A \times B \times s)/(2 \times z)] \tag{12-12}$$

式中　A—— 声源发射点到第一个屏障的距离;

　　　B—— 预测点到最后一个屏障的距离;

　　　C—— 屏障间的距离;

　　　s—— 声源发射点与预测点间的距离;

　　　K_w—— 气象修正。

12.4　其余模块简介

12.4.1　APL 模块

APL 模块标志着 CadnaA 的一个重大进步,即将 CadnaA 的功能扩展到计算,评价和显示空气污染的影响。如果在一个网络中使用 PCSP 技术(即软件控制分段处理技术)来进行全自动分段,项目分配和处理,那么电脑可以计算任意数量的项目的各种空气污染物的等值线图。

利用 APL 模块,使用现有的数字城市模型,来计算由工厂或道路等产生的空气污染分布(如:NO_x,CO,灰尘颗粒,PM_{10},HC),并给出相应的污染物浓度分布等值线图。

APL 模块将 candnaA 操作简单的用户界面和计算模型 AUSTAL2000(AUSTAL2000 由德国环境保护协会(UBA)开发)相结合。

APL 模块的主要特点为:

① 可使用已有的数字城市模型来生成空气污染物影响图(如:氧化氮 Nox、一氧化碳 CO、TSP、PM_{10}、碳氢化合物)等。

② 可输入年度气象数据,输入与时间相关的气象条件及对应的点,线和面源的污染物源强。

③ 从 MobileyGL2.0(用于计算公路交通所导致的空气污染源强的一个软件)针对不同的公路场景导入源强数据。

④ 对道路产生的汽车尾气可根据选择的标准选用相应源强。

12.4.2　SET 模块

SET 模块功能为:

(1)可由输入的参数确定声源的声功率级及频谱特性,如水泵噪声源强可由功率,流量、转速等参数估算;

(2)可由单一声源组合成具有多声源、多辐射特性的复杂的声源设备,即利用已有声源组合成一个新的复合声源;

(3)可利用用户自定义的模型任意扩展新的复合型声源；

(4)在声源传播方向插入一个消声器后会自动降低声源的辐射面积；

(5)通过修改声源的物理参数(如流量、转速,消声器金属板厚度、间距、空腔尺寸等)可轻松的得知参数调整后声源对预测点的噪声影响及贡献量,从而为噪声治理服务。

如果学习 SET 模块,用户可参考 Datakustic 公司的 SET 模块参考手册,该参考手册单独成册,未与 CadnaA 帮助手册一同装订,SET 模块参考手册包含的内容有：

(1)每个声源的阐述都配有一幅或一幅以上图片；

(2)SET 模型的输入(IN)及输出(OUT)图表；

(3)声源物理模型及噪声来源的阐述；

(4)SET 模块计算的基础(SET 模块的名称,应用的表达式及参量等)；

(5)SET 模块特殊声源的附加提示及信息,可能的噪声消减措施及使用该方法的不确定性等；

(6)与之相关的参考文献、标准及规范等。

12.4.3　CadnaA Rumtime 用于 GIS 输出

通过配置,CadnaA 可以作为一款后台运行时间计算软件。所有在计算建筑物立面噪声图和噪声声级用到的数据可以由权威机构所使用的 GIS 系统来提供。

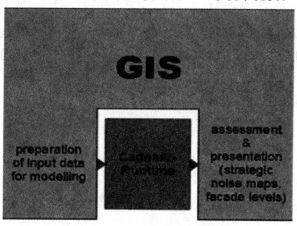

图 12-13　CadnaA 集成到 GIS 中

噪声计算做为一个选件集成到 GIS 系统,用户点击"Calc Noise"键后就可以开始进行噪声计算。接下来所有的工作都可以在不需要用户任何介入,自动执行。这些工作包括：

- 输入形状和数据库文件
- 将数据与完整的城市模型相结合
- 为整个区域创建一个区域覆盖图
- 将这一结构保存到指定目录下
- 为第一个区域区域载入数据,计算并保存计算结果
- 对所有的区域重复上一步操作(使用具有 CadnaA PCSP 功能的一个网络中的所有计算机)

- 载入所有区域噪声图并保存总噪声图。
- 输出结果数据（网格或正面声级）到 GIS 系统。

因此,用户如果想要实际的噪声显示或是基于实际数据的噪声评价,只需按下"Calc Noise"键。利用 PCSP 计算模式(见 9.8 节),用户也可以在屏幕上看到计算的过程,因为在整个区域里,已经计算过的区块是绿色的,正在计算的区块是蓝色的,剩下的还没处理的是红色的。如果有多台计算机安装了 PCSP 选件的话,那么每台计算机只用专门处理一个区块。

最后,整个噪声图被输出到 GIS 中,并在屏幕上显示。

CadnaA Runtime 提供最新的软件技术来满足欧盟环境噪声准则。

CadnaA Runtime 可以:

- 自动输入形状和数据库文件;
- 自动组合文件,分片和计算;
- 处理进程在 CadnaA-Part Viewer 中显示;
- 自动以 GIS 可读的格式(ESRI-Arc View 和-ArcInfo)输出结果数据(网格或立面声级)。

12.4.4 连接 BASTIAN 建筑声学软件

CadnaA 可以和 BASTIAN(DataKustik 公司的建筑声学软件)交换数据。在 CadnaA 中,如在一栋公寓窗外设置了预测点,那么这些预测点在与之链接的 BASTIAN 软件中可作为外部声源。此时用 BASTIAN 计算房间内的声级时会依据 CadnaA 的室外噪声计算结果及 BASTIAN 定义的建筑维护结构情况来计算对室内的影响,用户就可以直接通过改变所有可能影响因素来改善室内声环境。

13 噪声基础知识

13.1 基本术语

1. 点声源

以球面波形式辐射声波的声源,辐射声波的声压幅值与声波传播距离(r)成反比。任何形状的声源,只要声波波长远远大于声源几何尺寸,该声源可视为点声源。在噪声预测中,一般可认为声源中心到预测点之间的距离超过声源最大几何尺寸 2 倍时,可将该声源近似为点声源。

2. 线声源

以柱面波形式辐射声波的声源,辐射声波的声压幅值与声波传播距离的平方根(r)成反比,如道路连续车流、固定运输路线、传送设备、管线等均可认为线声源。

3. 面声源

以平面波形式辐射声波的声源,辐射声波的声压幅值不随传播距离改变(不考虑空气吸收时)。

4. 声压级(L_p)

媒质中,有声波时的压力与没有声波存在时的压力的差值称为声压。声压与基准声压之比的以 10 为底的对数乘以 20,以分贝计,称为声压级。在空气中,基准声压为 $20\mu Pa$。

$$L_p = 20\lg \frac{p}{p_0} \qquad (13-1)$$

基准声压:$p_0 = 2 \times 10^{-5} P_a$

声压和声压级反映的是声波对声场中某点的影响,一般称声压级时都不应只给出一个声压级的值,而应该说明指的是哪点的声压级。

5. 声强级(L_I)

声强:在声传播方向上单位时间内垂直通过单位面积的声能量,称为声音的强度,简称为声强,单位是瓦每平方米。

$$声强:I = \frac{P^2}{\rho c} \qquad (13-2)$$

b. 声强级:

该声音的声强与参考声强的比值取以 10 为底的对数再乘 10,即:

$$L_I = 10\lg \frac{I}{I_0} \qquad (13-3)$$

参考声强:$I_0 = 10^{-12} W/m^2$

6. 声功率级(L_W)

声功率是声源在单位时间内发射出的总能量。声功率与基准声功率之比的以 10 为底的对数乘以 10,以分贝计,称为声功率级。常用的基准声功率为 1pW。声功率级反映了声源的强度大小。

$$L_w = 10\lg \frac{W}{W_0} \qquad (13-4)$$

基准声功率:$W_0 = 10^{-12} W$

声压级与声强级的关系:

$$L_1 = 10\lg \left(\frac{p^2/\rho c}{p_0^2/\rho_0 c_0} \right) = 20\lg \frac{P}{P_0} + 10\lg \frac{\rho_0 c_0}{\rho c} \qquad (13-5)$$

$$L_I = L_p + 10\lg \frac{400}{\rho c} \qquad (13-6)$$

一般情况下,低海拔地区,ρc 约为 400m,此时声压级与声强级基本一致。但高海拔地区,ρc 显著低于 400m,此时声压级小于声强级。

7.声能密度(L_w)

声场中单位体积媒质所含有的声能量称为声能密度。单位为焦每立方米(J/m^3)。

$$E = \frac{P^2}{\rho c^2} \qquad (13-7)$$

8.频程或频带

在作频谱分析时,为了方便起见,我们把频率变化范围划分为若干较小的频段,叫做频程或频带。

每个频带的上限频率 f_1 与下限频率 f_2 的比值为 n,当 n=1 时,称为倍频程;当 n=1/3 时,称为 1/3 倍频程。倍频程和 1/3 倍频程是环境声学中最常用的频带划分。

$$\frac{f_2}{f_1} = 2^n \qquad (13-8)$$

中心频率:$f_c = \sqrt{f_2 f_1}$ \qquad (13-9)

$$带宽:\Delta f = f_2 - f_1 = \left(\sqrt{2^n} - \frac{1}{\sqrt{2^n}} \right) f_c \qquad (13-10)$$

可见,$n=1$ 时,中心频率之间频带的比例为 $2^1 = 2$,

$n=1/3$ 时,中心频率之间频带的比例为 $2^{1/3} = 1.25$。

《环境影响评价技术导则 声环境(HJ 2.4-2009)》中规定噪声预测时,至少包含 63Hz~8KHz 的 8 个倍频带的声功率级,也就是中心频率分别为 63Hz,125Hz,250Hz,500Hz,1000Hz,2000Hz,4000Hz,8000Hz 八个倍频带。

CadnaA 处理中,可将低频扩展至 31.5HZ。

9.响度和响度级

声压和声强都是客观物理量,声压越高,声音越强;声压越低,声音越弱,但是它们不能完全反映人耳对声音的感觉特性。

人耳对声音的感觉,不仅和声压有关,也和频率有关。一般对高频声音感觉灵敏,对低频声音感觉迟钝,声压级相同而频率不同的声音听起来可能不一样响。为了既考虑到声音的物理量效应,又考虑到声音对人耳听觉的生理效应,把声音的强度和频率用一个量统一起来，人们仿照声压级引出了一个响度级的概念。

使用等响实验方法，可以得到一组不同频率、不同声压级的等响度曲线。实验时用1000Hz的某一强度（例如 40dB）的声音为基准，用人耳试听的办法与其它频率（例如100Hz）声音进行比较，调节此声音的声压级，使它与 1000Hz 声音听起来响度相同，记下此频率的声压级（例如 50dB）。再用其它频率试验并记下它们与 1000Hz 声音响度相等的声压级，将这些数据画在坐标上，就得到一条与 1000Hz、40dB 声压级等响的曲线。这条曲线用1000Hz 时的声压级数值来表示它们的响度级值，单位为方，这里就是 40 方。同样以 1000Hz 其他声压级的声音为基准，进行不同频率的响度比较，可以得出其它的等响度曲线。经过大量试验得到的并由国际标准化组织（ISO）推荐为标准的等响度曲线示见图 13－1。

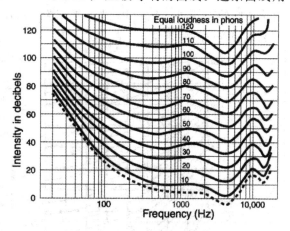

图 13－1　标准等响曲线图

从等响度曲线可以看出：

（1）当响度级比较低时，低频段等响度曲线弯曲较大，也就是不同频率的响度级（方值）与声压级（dB 值）相关很大，例如同样 40 方响度级，对 1000Hz 声音来说声压级是 40dB，对 100Hz 声音是 50dB，对 40Hz 声音是 70dB，对 20Hz 声音是 90dB。

（2）当响度级高于 100 方时，等响度曲线变得比较平坦，也就是声音的响度级主要决定于声压级，与频率关系不大。

（3）人耳对高频声音，特别是 3 000～4 000Hz 的声音最敏感，而对低频声音则频率越低越不敏感。

响度级虽然定量地确定了响度感觉与频率和声压级的关系，但是却未能确定这个声音比那个声音响多少。例如一个 80 方的声音比另一个 50 方的声音究竟响几倍？为此人们引出了响度的概念。

1947 年国际标准化组织采用了一个新的主观评价量——宋，并以 40 方为 1 宋（用符号N 表示）。响度级每增加 10 方，响度增加一倍，如 50 方为 2 宋，60 方为 4 宋等。

响度与响度级关系为：

$$L_N = 40 + 10 \log_2 S \tag{13-11}$$

$$S = 2^{0.1(L_N-40)} \tag{13-12}$$

式中　L_N——响度级，方；

$\quad\quad S$——响度，宋。

用响度表示声音的大小可以直接计算出声音响度增加或降低的百分数。如果声源经过隔声处理后响度级降低了 10 方，相当于响度降低了 50％；响度级降低 20 方，相当于响度降低了 75％等等。

上述公式只适用于纯音和窄带噪声，对于一般的宽带噪声则要采用响度指数的计算方法,或者利用史蒂文斯响度指数表来查找倍频带或 1/3 倍频带声压级对应的响度指数。

10.感觉噪声级和噪度

随着航空事业的发展,飞机噪声对人的危害日趋严重,为了评价航空噪声的影响,人们提出用感觉噪声级 L_{PN} 和噪度来进行评价。感觉噪声级的单位是 $dB(L_{PN})$,噪度的单位是呐(N_a),它们与响度级及响度相对应,但它们是以复合声音作为基础,而响度级和响度则是以纯音或窄带声为基础。图 13-2 画出了等噪度曲线及噪度和感觉噪声级的换算图表,噪度为 1 呐的声音同一个 40dB、中心频率为 1000Hz 的倍频带(或 1/3 倍频带)的无规噪声听起来有相等的吵闹感觉。

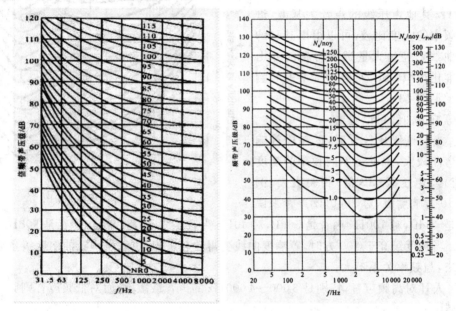

图 13-2 噪声评价(NR)曲线及等感觉噪度曲线

复合噪声总的感觉噪度的计算方法如下:

$$N_a = N_m + F \cdot \left(\sum_{i=1}^{n} N_i - N_m \right) \quad (13-13)$$

式中,N_m 是各噪度中最大的一个;$\sum_{i=1}^{n} N_i$ 是所有频带的噪度之和;F 是系数,对于倍频程为 0.30,对于 1/3 倍频程为 0.15。然后由上右图按下式,将总噪度化为感觉噪声级。

$$L_{PN} = 40 + 10 \log_2 N_a = 40 + 33.3 \lg N_a \quad (13-14)$$

对于具有用于航空噪声测量用的 D 计权网络的声级计,可以直接在测得的 D 计权声级上加 7dB 得到感觉噪声级。对 A 声级,可以直接在测得的 A 计权声级上加 13dB 得到感觉噪声级。

在感觉噪声级 L_{PN} 的基础上,对持续时间和可闻纯音及频率修正后,得到等效感觉噪声级(L_{EPN}),表达式如下。

$$L_{EPN} = 10 \lg \left[\sum_{i=0}^{N} 10^{0.1 L_{PN_i}} \right] - 13 \quad (13-15)$$

对航空噪声,用计权等效连续感觉噪声级(L_{WECPN}),表示如下:

$$L_{\text{WECPN}} = L_{\text{EPN}} + 10(N_1 + N_2 + N_3) - 39.4 \qquad (13-16)$$

式中,N_1 为白天飞行次数,N_2 为傍晚飞行次数,N_3 为夜间飞行次数。

11.计权网络

在声学测量仪器中,通常根据等响度曲线,设置一定的频率计权网络,使接收的声音按不同程度进行频率滤波,以模拟人耳的响度感觉特性。一般设置 A、B 和 C 三种计权网络,其中:

A 计权网络是模拟人耳对 40 方纯音的响应,当信号通过时,其低频段(500Hz 以下)的声音有较大的衰减;

B 计权网络是模拟人耳对 70 方纯音的响应,它使接收、通过的低频声音有一定的衰减;

C 计权网络是模拟人耳对 100 方纯音的响应,在整个可听频率范围内有近乎平直的特性。使所有频率的声音近乎平直通过。

A、B、C 计权网络不同频率下的修正值见表 13-1,相应曲线见图 13-3。

表 13-1　　　　　　　　　　　不同计权对应的修正量

频率 计权	31.5	63	125	250	500	1000	2000	4000	8000
A	−39.4	−26.2	−16.1	−8.6	−3.2	0	1.2	1	−1.1
B	−17.1	−9.3	−4.2	−1.3	−0.3	0	−0.1	−0.7	−2.9
C	−3	−0.8	−0.2	0	0	0	−0.2	−0.8	−3

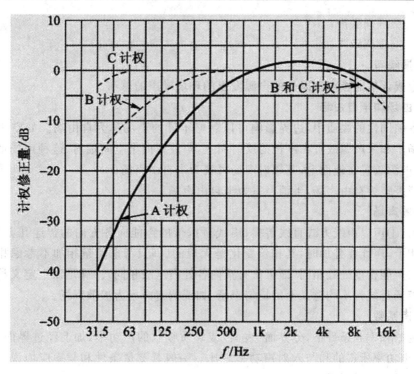

图 13-3　不同频率计权曲线图

12.等效连续 A 声级

在规定时间内,某一连续稳态声的 A[计权]声压,具有与随时间变化的噪声相同的均方 A[计权]声压,则这一连续稳态声的声级就是此变噪声的等效声级,单位为分贝(dB)。

等效声级的公式是

$$L_{Aeq,T} = 10\lg\left[\frac{1}{T}\int_0^T \frac{P_A^2}{P_0^2}dt\right] \tag{13-17}$$

式中　$L_{Aeq,T}$——等效声级,dB

T——指定的测量时间

$p_A(t)$——噪声瞬时 A[计权]声压,Pa

p_0——基准声压,$20\mu Pa$

当 A[计权]声压用 A 声级 L_{pA}(dB)表示时,则此公式为

$$L_{Aeq,T} = 10\lg\left[\frac{1}{T}\int_0^T 10^{(L_{PA}/10)\cdot dt}\right] \tag{13-18}$$

13.昼夜等效声级

通常噪声在晚上比白天更显得吵,尤其对睡眠的干扰是如此。评价结果表明,晚上噪声的干扰通常比白天高 10dB。为了把不同时间噪声对人的干扰不同的因素考虑进去,在计算一天 24h 的等效声级时,要对夜间的噪声加上 10dB 的计权,这样得到的等效声级为昼夜等效声级,以符号 L_{dn} 表示,计算如下。

$$L_{dn} = 10\lg_{10}\frac{1}{24}(16\times 10^{L_d/10} + 8\times 10^{(L_n+10)/10}) \tag{13-19}$$

式中　L_d——昼间噪声;

L_n——夜间噪声。

14.背景噪声

被测量或评估的噪声源以外的声源发出的环境噪声的总和。

15.自由场和半自由场

均匀各项同性的媒质中,边界影响可以忽略不计的声场称为自由场。如空中可近似视为自由声场。如果声源放置在刚性的反射面上,声波只向半空间辐射,这种声场通常叫做半自由场,如声源放置在地面上,其辐射声场可视为半自由声场。

如全消声室为自由声场,半消声室为半自由声场。

16.扩散声场

在室内:①声以声线方式直线传播,声线所携带的声能向各方向的传递几率相同;②各声线互不相干,声线在叠加时,其相位变化是无规的(即只考虑能量相加不考虑相位叠加);③室内平均声能密度处处相同(即可认为室内各处声压级相同)。满足以上定义称为扩散声场。扩散声场是统计平均意义上的均匀声场,如混响室声场为扩散声场。

17.吸声系数

在给定的频率和条件下,分界面(表面)或媒质吸收的声功率,加上经过界面(墙或间壁等)透射的声功率所得的和与入射声功率之比。一般其测量条件和频率应加说明。吸声系数等于损耗系数与透射系数之和。

18.降噪系数

在 250,500,1000,2000 Hz 测得的吸声系数的平均值,算到小数点后两位,末位取 0 或 5。

19. 隔声量及计权隔声量

墙或间壁一面的入射声能与另一面的透射声能的声级差称为隔声量,又称传声损失。隔声量是构件本身的性质,与位置无关。一般用来评价如墙、门、窗的隔声性能。

通常用隔声量表示一种材料的隔声性能。

$$\bar{R} = 10\log\frac{1}{\tau} \qquad (13-20)$$

τ:材料的透射系数

计权隔声量:隔声构件空气声传声损失的单一值评价量,由 100~3150 Hz 的 1/3 倍频带的传声损失推导计算而得。

计权隔声量的测量方法可根据《声学建筑和建筑构件隔声测量》(GB/T 19889—2005)中的相关要求进行。此标准由 18 个部分组成,详细的规定了各种条件的下隔声量的测量方法。

如对单个隔声构件(如声屏障屏体或隔声窗)隔声量测量,一般在混响室测量,

隔声构件隔声量计算公式如下:

$$R = L_1 - L_2 + 10\lg\frac{S_0}{\alpha S} = L_1 - L_2 + 10\lg\frac{S_0}{A} \qquad (13-21)$$

式中　L_1——发声室中的平均声压级;

L_2——接收室的平均声压级;

S_0——试验样品的面积,m^2;

α——接收室的平均吸声系数;

S——接收室的总内表面积(含墙面、地面等),m^2;

A——吸声量。

该式应用范围极广,如某建筑由于交通噪声影响室外超标,需采取隔声窗措施确保室内达标时,对隔声窗隔声量要求应该按上式计算,而不是简单的隔声量为 L_1-L_2。一定要考虑室内混响声的修正影响。

20. 频谱修正量

计权隔声量考虑了不同频率噪声感觉的差异,但由于不同声源辐射噪声的频谱差异往往较大,因此同样的隔声结构应用于不同的场合时,人耳实际感觉到的效果往往仍有差异。为解决这个问题,《声学建筑和建筑构件隔声测量》(GB/T 19889—2005)引入了两个频谱修正量,C 及 C_{tr},以评价同一隔声结构在不同声源情况下的实际隔声效果,频谱修正量 C 及 C_{tr} 分别考虑了以社会生活噪声为代表的中高频成分较多的噪声源和以交通噪声为代表的中、低频成分较多的噪声源对隔声结构的实际隔声性能的影响。频谱修正量 C 及 C_{tr} 又分别成为粉红噪声修正量和交通噪声修正量,频谱噪声修正量可按相应的计算方法进行计算,具体参见上述标准。

根据《声学建筑和建筑构件隔声测量》(GB/T 19889—2005)隔声构件的空气隔声性能指标采用计权隔声量及频谱隔声量之和的方式进行表示,及 R_w+C 或 R_w+C_{tr} 表述。

21. 插入损失

离声源一定距离某处测得的隔声结构设置前后的声能的声级差称为插入损失。插入损失与位置有关，故插入损失应当明确指出是该结构在何位置的插入损失。插入损失一般用来评价隔声罩、消声器、声屏障等的降噪性能。

22. 暴露声级 L_{AE}

在某一规定时间内或对某一噪声事件，其 A[计权]声压的平方的时间积分与基准声压（20μpa）的平方和基准持续时间（1s）的乘积的比的以 10 为底的对数。单位为 dB。

$$L_{AE} = 10\lg\left[\frac{1}{t_0}\int_{t_1}^{t_2}\frac{P_A^2(t)}{P_0^2}\mathrm{d}t\right] \tag{13-22}$$

式中　t_0——基准持续时间，1s

$t_2 - t_1$——规定的时间间隔，时间应足够长，应包含所说明时间的所有有意义的噪声；

$P_A(t)$——瞬时声压级；

P_0——基准声压级，20μPa。

如一单次噪声事件的时间过程如图 13-4 所示，则在确定（$t_2 - t_1$）的时间间隔时，可取最高声级以下降低 10dB 以内的总能量计算，就不会引起不可忽略的误差。如果用积分式声级计进行声暴露级的自动测量，就可按此原则进行设计，测量飞机噪声或铁路经过的噪声多采用此原则。

声暴露级本身是单次噪声事件的评价量，此外，知道了单次噪声事件的声暴露级，也可从它计算 T 时段内的等效声级。如果在 T 时段内有 n 个单次噪声事件，其声暴露级分别为 L_{AEi}，则 T 时段内的等效声级为：

$$L_{Aeq,T} = 10\lg\left[\frac{1}{T}\sum_{i=1}^{n}10^{0.1L_{AEi}}\right] \tag{13-23}$$

暴露声级表征的为一段时间内的噪声总能量，相当于右图的阴影面积。

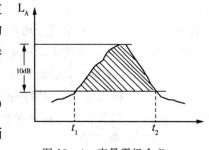

图 13-4　声暴露级含义

23. 噪声暴露量（噪声剂量）

噪声对人的影响不仅与噪声的强度有关，而且与噪声暴露的时间有关。为此，提出了噪声暴露量，用 E 表示，单位是 Pa²·h（帕方·小时）。

噪声暴露量 E 定义为噪声的 A 计权声压值平方的时间积分，即：

$$E = \int_0^T\left[P_A(t)\right]^2\mathrm{d}t \tag{13-24}$$

式中　T——是测量时间（h）；

$P_A(t)$——是瞬时 A 计权声压。

假如 $P_A(t)$ 在试验期保持恒定不变，则：

$$E = P_A^2 \cdot T \tag{13-25}$$

1Pa²·h 相当于 85dB 声级暴露了 8h，我国《工业企业噪声卫生标准》（试行草案）中，规定工人每天工作 8h，噪声声级不得超过 85dB，相应的噪声暴露量为 1Pa²·h。如果工人每天工作 4h，允许噪声声级增加 3dB，噪声暴露量仍保持不变。

某一时间内的等效连续声级(Leq)与噪声暴露量(E)之间的关系为:

$$L_{eq}\left(10\lg\frac{E}{TP_0^2}\right)dB \qquad\qquad (13-26)$$

有的国家将噪声暴露量用噪声剂量来表示,并以规定的允许噪声暴露量作为 100%,例如以 $1\text{Pa}^2\cdot h$ 作为 100%,则 $0.5\text{Pa}^2\cdot h$ 噪声剂量为 50%,$2\text{Pa}^2\cdot h$ 为 200% 等。

24. 累计百分声级(统计声级)

由于环境噪声,如交通噪声,往往呈现不规则且大幅度变动的情况,因此需要用统计的方法,用不同的噪声级出现的概率或累积概率来表示。定义为:累计百分声级 L_N 表示某一 A 声级,且大于此声级的出现概率为 N%。如 $L_5=70\text{dB}$ 表示整个测量期间噪声超过 70dB 的比例占 5%。L_{10},L_{95} 的意义依此类推。

当一段时间内的噪声测量值符合正态分布时,则有如下关系:

$$L_{Aeq} = L_{50} + \frac{(L_{10}-L_{90})}{60} \qquad\qquad (13-27)$$

25. 声级计

(1)概念:声级计是根据国际标准和国家标准按照一定的频率计权和时间计权测量声压级的仪器,它是声学测量中最基本、最常用的仪器,适用于室内噪声、环境保护、机器噪声、建筑噪声等各种噪声测量。

(2)分类:按精度来分:根据最新国际标准 IEC61672-1 和国家计量检定规 JJG188-2002,声级计分为 1 级和 2 级两种。在参考条件下,1 级声级计的准确度±0.7dB,2 级声级计的准确度±1dB。

按功能来分:分为测量指数时间计权声级的常规声级计,测量时间平均声级的积分平均声级计,测量声暴露的积分声级计(以前称为噪声暴露计)。另外有的具有噪声统计分析功能的称为噪声统计分析仪,具有采集功能的称为噪声采集器(记录式声级计),具有频谱分析功能的称为频谱分析仪。

声级计工作原理见图 13-5。

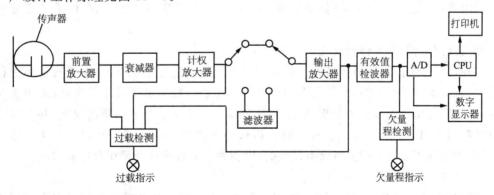

图 13-5 声级计计算原理

①传声器:用来把声信号转换成电信号的换能器,在声级计中一般均用测试电容传声器,它具有性能稳定、动态范围宽、频响平直、体积小等特点。

传声器灵敏度单位为 V/Pa(或 mV/Pa),并以 1V/Pa 为参考,叫灵敏度级。例如 1/2 英寸电容传声器标称灵敏度为 50mV/Pa,灵敏度级为-26dB。传声器出厂时均提供它的灵敏度级以及相对于－26dB 的修正值 K,以便声级计内部电校准时使用。传声器的外形尺寸有1 英寸(Φ23.77mm)、1/2 英寸(Φ12.7mm)、1/4 英寸(Φ6.35mm)、1/8 英寸等。外径小,频率范围宽,能测高声级,方向性好,但灵敏度低,现在用得最多的是 1/2 英寸,它的保护罩外径为 Φ13.2mm。

②前置放大器:由于电容传声器电容量很小,内阻很高,而后级衰减器和放大器阻抗不可能很高,因此中间需要加前置放大器进行阻抗变换。前置放大器通常由场效应管接成源极跟随器,加上自举电路,使其输入电阻达到几千兆欧以上,输入电容小于 3pF,甚至 0.5pF。输入电阻低影响低频响应,输入电容大则降低传声器灵敏度。

③衰减器:将大的信号衰减,提高测量范围。

④计权放大器,将微弱信号放大,按要求进行频率计权(频率滤波),A、B、C 及 D 频率计权频率响应。声级计中一般均有 A 计权,另外也可有 C 计权或不计权(简称 Z 计权,Zero 计权)及平直特性(F)。

⑤有效值检波器:将交流信号检波整流成直流信号,直流信号大小与交流信号有效值成比例。检波器要有一定的时间计权特性,在指数时间计权声级测量中,"F"特性时间常数为0.125s,"S"特性时间常数为 1s。在时间平均声级中,进行线性时间平均。为了测量不连续的脉冲声和冲击声,有的声级计设置有"I"特性,它是一种快上升、慢下降特性,上升时间常数为 35ms,下限时间常数为 1s。但是,I 特性并不反应脉冲声对人耳的影响,在新的声级计标准中已不建议使用 I 计权特性。新的声级计标准还规定可以有测量峰值 C 声级的功能,它测量 C 声级的峰值。通常的检波器都是模拟检波器,这种检波器动态范围小,温度稳定性差。我公司已在产品中普遍采用数字检波器,大大提高了动态范围和稳定性。

⑥ A/D:将模拟信号变换成数字信号,以便进行数字指示或送 CPU 进行计算、处理。

⑦数字指示器:以数字形式直接指示被测声级的分贝数,读数更加直观。数字显示器件通常为 LCD 或 LED 显示。

⑧ CPU:微处理器(单片机),对测量值进行计算、处理。

⑨电源:一般是 DC/DC,将供电电源(电池)进行电压变换及稳压后,供给各部分电路工作。

26.实时分析和数字信号处理

以往,信号的分析,则只能借助于磁带记录器把瞬态信号记录下来,做成磁带环进行反复重放,使瞬态信号变成"稳态信号",然后再进行分析。随着电子技术的发展,采用实时分析仪,则只要将信号直接输入分析仪,立刻就可以在显示屏上显示出频谱变化,并可将分析得到的数据输出并记录下来。有些实时分析仪还能作相关函数、相干函数、传递函数等分析,其功能也就更多。实时分析仪有模拟的、模拟数字混合的以及采用数字技术的。而现在普遍采用数字技术来进行实时分析。

数字频率分析仪是一种采用数字滤波、检波和平均技术代替模拟滤波器来进行频谱分析的分析仪。数字滤波器是一种数字运算规则,当模拟信号通过采样及 A/D 转换成数字信号后,进入数字计算机进行运算,使输出信号变成经过滤波了的信号,也就是说,这种运算起了滤波器的作用。我们称这种起滤波器作用的数字处理机为数字滤波器。

快速傅里叶变换(FFT)是一种用以获得离散傅里叶变换(DFT)的快速算法或运算程

序。与直接计算方法相比,它大大减少了运算次数。最初,FFT 算法是在大型计算机上用高级语言(如 FORTRAN)实现的。随后,以汇编语言在小型计算机上实现。自从微处理器出现以后,计算机和仪器成为一个整体的小型 FFT 分析仪。

27. 白噪声

白噪声(White Noise),是一种功率频谱密度为常数的随机信号或随机过程。换句话说,此信号在各个频段上的功率是一样的,由于白光是由各种频率(颜色)的单色光混合而成,因而此信号的这种具有平坦功率谱的性质被称作是"白色的",此信号也因此被称作白噪声。相对的,其他不具有这一性质的噪声信号被称为有色噪声。

理想的白噪声具有无限带宽,因而其能量是无限大,这在现实世界是不可能存在的。实际上,我们常常将有限带宽的平整讯号视为白噪音,因为这让我们在数学分析上更加方便。然而,白噪声在数学处理上比较方便,因此它是系统分析的有力工具。一般,只要一个噪声过程所具有的频谱宽度远远大于它所作用系统的带宽,并且在该带宽中其频谱密度基本上可以作为常数来考虑,就可以把它作为白噪声来处理。例如,热噪声和散弹噪声在很宽的频率范围内具有均匀的功率谱密度,通常可以认为它们是白噪声。

在对数坐标里,白噪声的能量是以每倍频程增加 3dB 分布。

28. 粉红噪声

粉红声(Pink Noise)是自然界最常见的噪音,简单说来,粉红噪声的频率分量功率主要分布在中低频段。从波形角度看,粉红噪声是分形的,在一定的范围内音频数据具有相同或类似的能量。从功率(能量)的角度来看,粉红噪声的能量从低频向高频不断衰减,曲线为 $1/f$,通常为每 8 度下降 3 分贝。粉红噪声是最常用于进行声学测试的声音。利用粉红噪声可以模拟出比如瀑布或者下雨的声音。

粉红噪声与白噪声的区别:

①在对数坐标里,白噪声的能量是以每倍频程增加 3dB 分布,粉红噪声是均匀分布。

②在线性坐标里,白噪声的能量分布是均匀的,粉红噪声是以每倍频程下降 3dB 分布。

29. 噪声掩蔽

由于噪声的存在,降低了人耳对另外一种声音听觉的灵敏度,使听域发生了迁移,这种现象叫做噪声掩蔽。因为噪声掩蔽使听阈提高的分数称为掩蔽值。例如频率为 1000Hz 纯音,当声压级为 3dB 时,正常人就可以听到(再降低正常人耳就听不见了),即 1000Hz 纯音的听阈为 3dB。然而当一个有 70dB 的噪声存在的环境中,1000Hz 纯音的声压级必须要提高到 84dB 才能被听到,听阈提高的分贝数为 81dB(即 84dB−3dB)。由此就认为此噪声对1000Hz 纯音的掩蔽值为 81dB。

13.2 基础计算

13.2.1 声级相加

两个声级叠加:

$$L_{pr} = 10\lg \frac{p_r^2}{p_0^2} = 10\lg[10^{0.1L_{p1}} + 10^{0.1L_p 2}] \qquad (13-28)$$

n 个声源时：

$$L_{pr} = 10\lg\left(\sum_{i=1}^{n} 10^{0.1L_{pi}}\right) \tag{13-29}$$

两个声级叠加时：

$$\Delta L_p = L_{p1} - L_{p2} \tag{13-30}$$

$$L_{pr} = 10\lg\left[10^{0.1L_{p1}} + 10^{0.1(L_{p1}-\Delta L_p)}\right] \tag{13-31}$$

$$\Delta L' = 10\lg\left[1 + 10^{0.1\Delta L_p}\right] \tag{13-32}$$

$$L_{pr} = L_{p1} + \Delta L' \tag{13-33}$$

两个声级相加为较大的声级加上一个修正量，修正量见下表。可见当 2 个声级相差 10dB(A)以上时，较小声级可基本忽略(产生的增量已小于 I 级声级计的误差范围)。

表 13-2　　　　　　　　　　　　　　噪声级相加修正量

两声级差值	0	1	2	3	4	5	6	7	8	9	10
修正量	3.0	2.5	2.1	1.8	1.5	1.2	1.0	0.8	0.6	0.5	0.4

13.2.2　声级相减

$$L_{ps} = 10\lg\left[10^{0.1L_{pr}} - 10^{0.1L_{pB}}\right] \tag{13-34}$$

$$令：\Delta L_{pB} = L_{pr} - L_{pB} \tag{13-35}$$

$$\Delta L_{ps} = L_{pT} - L_{ps} = -10\lg\left[1 - 10^{-0.1\Delta L_{pB}}\right] \tag{13-36}$$

两个声级相减为较大的声级减去一个修正量，修正量见下表。

表 13-3　　　　　　　　　　　　　　噪声级相减修正量

两声级差值	1	2	3	4	5	6	7	8	9	10
修正量	6.9	4.3	3.0	2.2	1.7	1.3	1.0	0.7	0.6	0.5

13.2.3　计权隔声量的计算

计权隔声量的确定步骤如下：

首先将隔声构件各频带的隔声量画在纵坐标为隔声量，横坐标为频率的坐标纸上，并连成隔声频率特性曲线。然后将评价计权隔声量的标准曲线画在具有相同坐标刻度的透明纸上（或将标准曲线复印在透明涤纶薄膜上），把透明的标准曲线图放在构件隔声频率特性曲线图的上面，对准两图的频率坐标，并沿垂直方向上下移动，直至满足以下两个条件。

对于 1/3 倍频程隔声频率特性曲线应满足：

(1)各频带在标准曲线之下不利偏差的 dB 数总和不大于 32dB，即

$$\sum_{i=1}^{16} P_i \leqslant 32 \tag{13-37}$$

式中　i——频带序号，$i=1\sim16$，代表 $100\sim3150\text{Hz}$ 的 16 个 1/3 倍频程频带；

　　　P_i——不利偏差，按下式计算

$$\begin{cases} R_w + K_i - R_i, & R_w + K_i - R_i > 0 \\ 0 & R_w + K_i - R_i \leqslant 0 \end{cases} \tag{13-38}$$

R_w—— 计权隔声量,dB;

K_i—— 与表 13－4 中第 i 个频带对应的基准值,dB;

R_i—— 第 i 个频带的隔声量,精确到 0.1dB。

(2)隔声频率特性曲线的任一频带的隔声量在标准曲线之下不利偏差的最大值不大于 8dB。

对于 1/1 倍频程隔声频率特性曲线应满足:

(1)各频带在标准曲线之下的 dB 数总和不大于 10dB,即

$$\sum_{i=1}^{5} P_i \leqslant 10 \qquad\qquad (13-39)$$

式中　　i—— 频带序号,$i = 1 \sim 5$,代表 $125 \sim 2000$Hz 的 5 个倍频程频带;

　　　　P_i—— 不利偏差,按公式(13－37)计算。

(2)隔声频率特性曲线的任一频带的隔声量在标准曲线之下不利偏差的最大值不大于 5dB。

然后,从 500Hz 处向上作垂线与标准曲线相交,通过交点作水平线与隔声频率特性曲线图的纵坐标相交,则交点的 dB 数即为所求的计权隔声量 R_w。

表 13－4　　　　　　　　　　　空气声隔声基准值

频率 Hz	1/3 倍频程基准值 K_i （dB）	倍频程基准值 K_i （dB）
100	－19	
125	－16	－16
160	－13	
200	－10	
250	－7	－7
315	－4	
400	－1	
500	0	0
630	1	
800	2	
1000	3	3
1250	4	
1600	4	
2000	4	4
2500	4	
3150	4	－

13.3　声功率级测量

13.3.1　自由声场法

在自由声场中,无指向性点声源的功率级为

$$L_w = L_p + 20\lg r + 11 \qquad (13-40)$$

实际测量时,用设定的测量表面上各测点的平均声压级及包络面面积求声功率级。

$$L_w = 10\lg \frac{W}{W_0} \qquad (13-41)$$

$$L_w = \overline{L_p} + 10\lg S \qquad (13-42)$$

13.3.2　现场测量法

现场测量时,当测量房间的总吸声量 A 和测量表面积之比满足条件时:

$$L_w = \overline{L_p} + 10\lg S_0 - K \qquad (13-43)$$

K 为环境修正值。

13.3.3　混响室法

$$L_p = L_w + 10\lg\left(\frac{Q}{4\pi r^2} + \frac{4}{R}\right) \qquad (13-44)$$

Q 为声源指向性因素;R 为房间常数,与房间面积和吸声系数有关。

在混响室内离开声源一定距离,上式可近似写成

$$L_p = L_w + 10\lg\left(\frac{4}{R}\right) \qquad (13-45)$$

R 为房间常数。

$$R = \frac{S\alpha}{1-\alpha} \qquad (13-46)$$

α 为房间平均吸声系数。

13.3.4　标准声源法

标准声源:在一定频带内具有均匀声功率谱的特制声源

测出待测声源周围各测点声压级,取平均值 L_p。再在相同测点处测出标准声源的声压级并计算平均值 L_{pr},则可用下式计算 L_w

$$L_w = L_{Wr} + L_p - \overline{L_{pr}} \qquad (13-47)$$

13.4　常用的标准说明

国内与噪声预测相关的常用标准说明见表 13-5。

表 13-5　　　　　与噪声预测及降噪措施相关的主要标准或规范

序号	标准名称	说　明
1	GBT 17247.1-2000 声学户外声传播衰减第 1 部分:大气声吸收的计算(等效于 ISO9613-1)	除了声源在户外传播的计算方法,考虑了大气吸收、地面吸收、建筑物群、屏障、草地等的影响,点声源的影响是计算的基础。线声源及面声源的影响可微分为点声源后进行计算。
2	GBT 17247.2-1998 声学户外声传播的衰减第 2 部分:一般计算方法(等效于 ISO9613-2)	给出的计算方法是噪声影响预测的基础
3	环境影响评价技术导则声环境(HJ2.4-2009)	给出了点、线、面、道路、铁路(含轨道交通)、飞机噪声的影响预测方法。对铁路预测,声源位置主要等效于轮轨处,该计算方法对预测大部分轨道交通噪声影响误差较小,但对预测高铁噪声(轮轨噪声仅占部分)误差较大
4	环境影响评价技术导则城市轨道交通(HJ453-2008)	给出的轨道交通噪声预测方法与 HJ2.4-2009 一致,该导则同时给出了轨道下穿建筑物时室内结构噪声的预测方法
5	公路建设项目环境影响评价规范 JTG B03-2006	行业标准,环保部发文不认可该规范,但规范中给出了小型车、中型车、大型车的源强(距车辆 7.5m 处)表达式,在预测中可以使用
6	公路建设项目环境影响评价规范 JTG 005-1996	行业标准,该规范版本较早,给出的噪声预测模式与现行道路影响误差较大,特别是车速及源强计算方法误差较大,不建议使用
7	内河航运建设项目环境影响评价规范 JTJ227-2001	行业标准,给出了航道噪声的预测方法,公示推导过程与道路类似,一定流量的船舶按固定航线以某速度航行产生的噪声影响近似于线声源的衰减规律
8	声环境质量标准 GB3096-2008	规定了五类声环境功能区的环境噪声限值及测量方法,机场周围区域受飞机通过(起飞、降落、低空飞越)噪声的影响,不适用于本标准
9	机场周围飞机噪声环境标准 GB 9660-88	规定了机场周围飞机噪声的环境标准
10	工业企业厂界环境噪声排放标准 GB 12348-2008	规定了工业企业和固定设备厂界环境噪声排放限值及其测量方法
11	社会生活环境噪声排放标准 GB 22337-2008	规定了营业性文化娱乐场所和商业经营活动中可能产生环境噪声污染的设备、设施边界噪声排放限值和测量方法
12	铁路边界噪声限值及其测量方法 GB12525-90	规定了城市铁路边界处铁路噪声的限值及其测量方法

序号	标准名称	说　明
13	汽车加速行驶车外噪声限值及测量方法 GB 1495-2002	规定了新生产汽车加速行驶室外噪声的限制及测量方法,适用于《机动车辆分类》(GB/T 15089-2001)的 M 及 N1 类汽车
14	摩托车和轻便摩托车加速行驶噪声限制及测量方法 GB16169-2005	规定了摩托车(赛车除外)和轻便摩托车加速行驶噪声限值及测量方法
15	隔声窗标准 HJ/T 17-1996	环保行业标准,根据计权隔声量的大小将隔声窗分类为Ⅰ～Ⅴ级,规定了隔声窗的产品技术性能及检验方法
16	声屏障声学设计和测量规范 HJ/T 90-2004	环保行业标准,规定了声屏障声学设计和声学性能测量的方法
17	公路声屏障材料技术要求和检测方法 JT/T 646-2005	交通行业标准,规定了公路声屏障材料的分类、技术要求和检测方法
18	铁路声屏障声学构件技术要求及测试方法 TB/T 3122-2005	铁道部行业标准,规定了铁路声屏障声学构件术语和定义、技术要求和测试方法
19	环境保护产品技术要求通风消声器 HJ2523-2012	环保部行业标准,规定了通风消声器的技术要求、试验方法和检验规则
20	GBT 14367-2006 声学噪声源声功率级的测定基础标准使用指南(等效于 ISO 3740:2000)	规定了用于测定各类机器与设备声功率级的一系列标准使用的导则
21	GBT 6882-2008 声学声压法测定噪声源声功率级消声室和半消声室精密法(等效于 ISO 3745:2003)	规定了应用具有特定声学性能的消声室或半消声室来测定声源声功率的实验方法,标准给定的方法仅用于特定实验室中的室内测量,本标准准确度等级为 1 级
22	GBT 3767 声压法测定声功率级反射面上方近似自由场的工程法(等效于准 ISO 3744:1994)	本标准规定了一种在包络声源的测量表面上测量声压级以计算声功率级的方法。包络表面法对三种准确度等级均适用,本标准准确度等级为 2 级
23	GBT 3768-1996 声学声压法测定噪声源声功率级反射面上方采用包络测量表面的简易法(等效于 ISO 3746:1995)	规定了在包络面上测量声压级以计算声源声功率级的方法。同时给除了测量环境、测试仪器的要求及表面声压级及声功率级的计算方法,测量结果准确度等级为 3 级

序号	标准名称	说　明
24	GB/T 19512-2004 声学消声器现场测量等效于(ISO 11820:1996)	规定了消声器现场测量方法。适用于在实际应用中的消声器测量,以进行声学分析、验收试验及评价。按测量方法,测量结果可分为:插入损失 D_{is} 或传递损失 D_{ts}。测量方法取决于消声器的种类和安装条件(例如,对于排气放空的消声器必须用插入损失来测量)。如使用人工声源测量,消声器辐射声指向性等其他特征量测量也可以参考本标准进行
25	GB 50118-2010 民用建筑隔声设计规范	适用于全国城镇新建、改建和扩建的住宅、学校、医院、旅馆、办公建筑及商业建筑等六类建筑中主要用房的隔声、吸声、减噪设计,规定了各类建筑室内允许噪声级及分户墙、分户楼板等的隔声指标要求
26	GB/T 50121-2005 建筑隔声评价标准	适用于建筑物和建筑构件的空气声隔声和撞击声隔声的单值评价和性能分级
27	GB/T 19889-2005 声学建筑和建筑构件隔声测量(等效于 ISO 140:1997)	该标准共分为 14 部分,规定了不同情况下的建筑及建筑构件的隔声测量方法
28	建筑隔声与吸声构造 08J931	标准给出了常见吸声及隔声结构构造做法图集,适用于新建、扩建和改建的各类民用建筑中对声学有要求的建筑和房间,以及民用建筑中配套的水泵房、风机房、空调机房、锅炉房等设备用房的隔声与吸声构造
29	环境噪声与振动控制工程技术导则 HJ 2034-2013	环保行业标准,规定了环境噪声与振动控制工程对设计、施工、验收和运行维护的通用技术要求
30	GB/T 50087-2013 工业企业噪声控制设计规范	本规范适用于工业企业的新建、改建、扩建与技术改造工程的噪声控制设计
31	GB/T 17249-2005 声学低噪声工作场所设计指南(等效于 ISO 11690-:1996)	共 3 个部分,给出了工作场所(包括室内外)的噪声控制程序,包括噪声控制规划、噪声控制措施和噪声预测等内容